# 圖解B-Band指標

## 技術指標中的『愛馬仕（HERMES）』
## — 包寧傑帶狀（又稱布林線、保力加通道）
## 準確率可達95.44%

董鍾祥 著

寰宇出版股份有限公司

# 目錄

# 前言

B-Band（Bollinger-Band）指標是John Bollinger於80年代所創，迄今已超過三十年，是當今全世界投資人最廣泛使用，且最具可靠性的技術指標。因爲使用者眾，故其翻譯的名稱非常多種，如：布林線、布林曲線、布林通道、布林軌道線、保歷加通道、保力加通道、包寧傑帶狀操作法……等，筆者將其簡稱爲B-Band指標，它在筆者心目中的地位，猶如女士們心目中的『愛馬仕（HERMES）』——包中之王；也就是指標中的指標——『指標之王』。

B-Band指標使用的範圍極廣泛，可以運用在：

1. **股票市場**：可以作爲全球股市和個股投資的參考指標。
2. **期貨市場**：可以作爲指數商品、貴重金屬、大宗物資和原物料……等商品的參考指標。
3. **外匯市場**：可以作爲美元、歐元、人民幣……等貨幣的參考指標。
4. **債券市場**：可以作爲政府公債、公司債……等債券的參考指標。
5. **權證市場**：可以作爲指數權證、個股權證、牛熊證……等權證的參考指標。

B-Band指標使用的週期亦非常多元，適用於不同屬性的投資人，適合於：

1. 長線投資人
2. 波段投資人
3. 短線投資人
4. 極短線、當日沖銷的投資人

B-Band指標幾乎可以運用在全世界的金融商品投資上，更適合所有不同投資屬性的投資人運用，可以說是一個萬用指標，它是指標中的指標，我稱它爲技術指標之王。這麼棒的技術指標，風行全球金融市場已超過三十年，但是在台灣的投資人，甚至是法人機構投資人，亦鮮有眞正熟悉B-Band指標的妙用，大多數的投資人還停留在RSI、KD、MACD……等初級的技術指標上，就連教授技術指標課程的機構和老師們，亦鮮有教授B-Band指標。

目前市面上出版B-Band指標的專書有四本：第一本當然是B-Band指標的發明人John Bollinger所寫的《Bollinger on Bollinger Band》（英文版）、第二本是台灣寰宇出版社出的《Bollinger on Bollinger Band》（中文譯本），書名翻譯爲《包寧傑帶狀操作法》（F179）、第三本是中國地震出版社出的《Bollinger on Bollinger Band》（中文譯本），書名翻譯爲《布林線（珍藏版）》、第四本是香港博顯出版有限公司出版的《保歷加通道 港股應用法》。上述四本著作都非常專業，若沒有師父領進門，是無法一窺全貌，甚至會覺得有點深奧難懂；筆者摸索、研究、使用B-Band指標十多年，終於恍然大悟，如獲至寶，自創B-Band指標多頭市場上漲三部曲和空頭市場下跌三部曲，以及蓮藕、花生、牽牛（喇叭）花等三種漲、跌型態。

筆者想透過本書的出版，推廣B-Band指標的妙用；本書是一本圖例書，所有的重要觀念和經驗法則，都包括在圖例中，筆者希望藉由簡易的文字和圖例說明，讓讀者們能多看圖例、將圖例輕鬆印入腦海中，產生圖像記憶法的功效，讓想一窺B-Band指標奧秘的投資人、想學而不得其門而入的讀者們，都能輕鬆入門並且有一點就通、恍然大悟的感覺，然後會心一笑的說：『原來B-Band指標這麼簡單』！俗話說：『江湖一點訣』，未點破之前價值千金，點破之後就不值錢了。

筆者願將多年運用B-Band指標的心得，毫無保留地分享給所有想認識B-Band指標的有緣人，當讀者讀通、讀懂之後，可以依自己的喜好和興趣，投資於股票、期貨、債券、權證或外匯……等不同的金融商品，希望大家在金融市場投資遊刃有餘，在獲利的同時，可否請大家共襄盛舉，贊助世界展望會每個月700元新台幣，認養一位貧窮落後國家（地區）的小朋友，這是筆者出版本書的初衷，感恩，願上帝祝福大家。

**董鍾祥**

# 第一篇
# B-Band指標的重要基礎

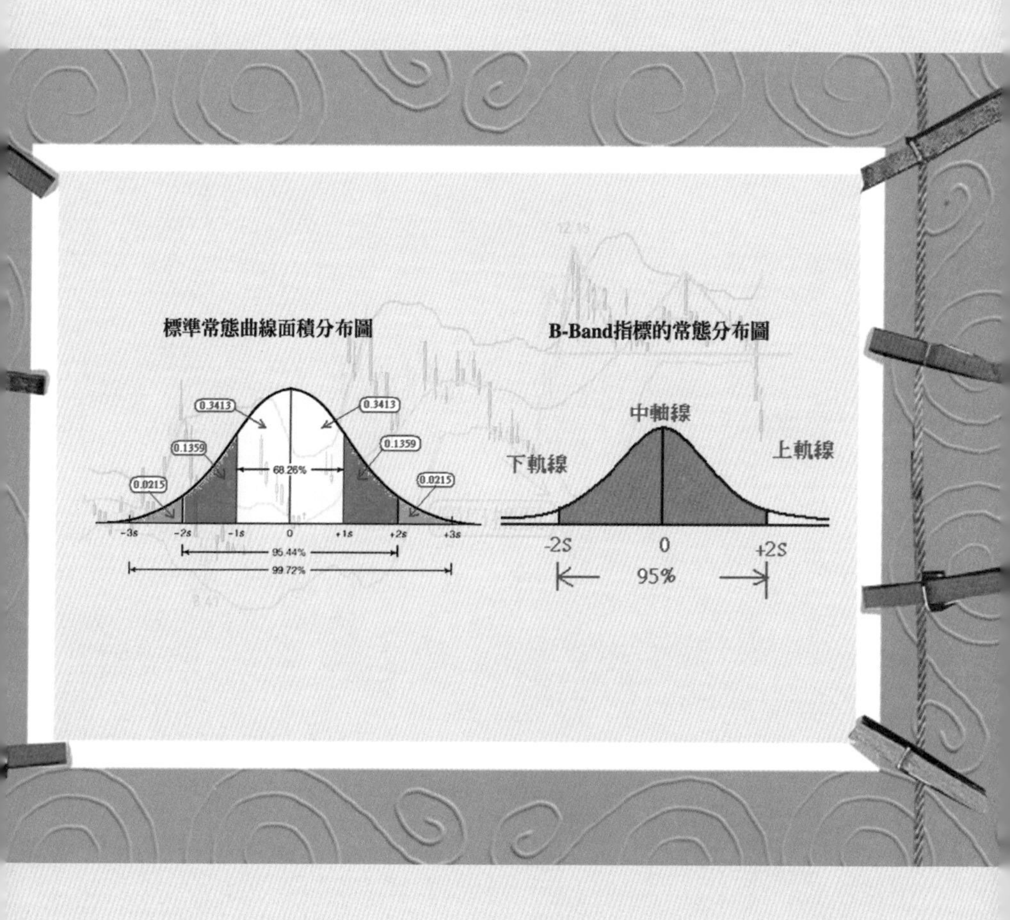

# 第一章

# B-Band指標的簡介

圖1-1：John Bollinger

B-Band（Bollinger-Band）指標是約翰・包寧傑（John Bollinger）於80年代所發明，約翰・包寧傑（John Bollinger）畢業於The School of Visual Arts（視覺藝術學院），主修Cinematography（電影攝影），他同時具備Chartered Financial Analyst（CFA，特許財務分析師）及Chartered Market Technician（CMT，特許市場技術師）資格，現在是包寧傑資本管理公司（Bollinger Capital Management）的創辦人與總經理，這是一家投資管理顧問公司，專門提供技術分析導向的管理服務給個人、企業、信託基金與退休基金；也提供專業研究報告給機構法人與個人。包寧傑也是《資本成長通訊》

（Capital Growth Letter）的發行人，每週在CNBC電視頻道發表評論與分析，過去曾多年擔任「金融新聞網」的首席市場分析師。包寧傑經常在《華爾街日報》、《投資人經濟日報》、《股票與商品技術分析》、《紐約時報》與《今日美國》發表文章，是媒體公認的金融專家。

B-Band指標是根據統計學中的常態曲線（The Normal Curve）及常態分配的觀念，配合平均數及標準差原理設計出來的一種非常實用的技術指標。B-Band指標中的中軸線MA20，蘊含有移動平均線理論和葛蘭碧八大法則的精髓在其中。

B-Band指標必須先找到一條正確的移動平均線，通常是20日移動平均線（MA20），當作中軸線。在中軸線之上，加上兩倍標準差，構成上軌線；在中軸線之下，減去兩倍標準差，構成下軌線，B-Band指標就是由上軌線、下軌線及中軸線，三條線所組成。金融商品的價格會在上軌線和下軌線的範圍內波動，機率(信賴區間)大約爲95%。也就是說，上軌線是壓力線，價格往上突破的機率非常小；下軌線是支撐線，價格往下跌破的機率亦非常小。B-Band指標提供價格波動的上下運行軌道，價格走勢會位於上軌線和中軸線或中軸線和下軌線的範圍內波動。價格走勢位於上軌線和中軸線的範圍內波動，屬於強勢或上漲趨勢；價格走勢位於中軸線和下軌線的範圍內波動，屬於弱勢或下跌趨勢。

標準差可以用來衡量價格的波動程度，所以B-Band指標的軌道形狀會隨著市場的狀況而變化。市場波動越大，軌道曲線相距越遠（寬）；市場波動越小，軌道曲線相距越近（窄）。

B-Band指標的使用週期有很多種，因人而異，分爲日線圖的B-Band指標、週線圖的B-Band指標、月線圖的B-Band指標、年線圖的B-Band指標，以及分鐘、小時走勢圖的B-Band指標……等各種類型。經常被投資人用於股市研判的是日線圖的B-Band指標和週線圖的B-Band指標；而經常被用於期貨研判的B-Band指標，除了日線圖和週線圖的B-Band指標外，5分鐘和30分鐘走勢圖亦爲多數人使用。雖然它們在計算時，所採用的數值不同，但計算的方法是一樣的。以日線圖爲例（日線圖爲多數人採用），B-Band指標的計算公式（日線圖）如下：

p-期的Bolinger Bands公式：

B-BandV＝p-期移動平均線

U-Band＝B-BandV＋2*SD

L-Band＝B-BandV－2*SD

其中，

SD＝標準差

B-BandV＝中軸線＝N日的移動平均線

U-Band＝上軌線＝中軸線＋兩倍的標準差

L-Band＝下軌線＝中軸線－兩倍的標準差

約翰・包寧傑（John Bollinger）在他的著作《Bollinger on Bollinger Band》中，提出十五條基本規則：

1. 對於價格高點與低點，包寧傑帶狀提供相對定義。
2. 包寧傑帶狀提供的相對定義，可以用來比較價格走勢與指標行爲，取得嚴格的買進／賣出訊號。
3. 可以透過動能、成交量、人氣、未平倉量、跨市資料……等數列衍生適當技術指標。
4. 包寧傑帶狀的建構，已經採用價格趨勢與價格波動率等資料，所以不建議採用包寧傑帶狀來確認價格行爲。
5. 各種確認指標之間不應該存在直接關聯。相同類別的兩種指標並不能提高確認效率。避免共線性的問題。
6. 包寧傑帶狀可以用來釐清純粹的價格型態，例如：M頭、W底或動能移動等。
7. 價格可能——實際上也會——觸及包寧傑帶狀上限或下限。
8. 收盤價穿越到包寧傑帶狀之外，應該視爲趨勢繼續發展的訊號，不應該視爲趨勢反轉訊號——如同某些非常成功的價格波動率突破系統所運用的包寧傑帶狀一樣。
9. 就預設值而言，包寧傑帶狀的移動平均計算期間爲20期，帶寬爲2個標準差，但這只是預設值而已。實際參數值必須根據市場或狀況來決定。
10. 所採用的移動平均不應該是實際能夠提供最佳穿越訊號的均線，而應該是最能夠反映中期趨勢的均線。
11. 如果移動平均長度增加，帶寬的標準差個數也需要增加——

由20期的2個標準差，增加爲50期的2.1個標準差。同理，如果移動平均期間縮短，標準差個數也需要減少——由20期的2個標準差，減少爲10期的1.9個標準差。

12. 基於一貫性的考量，包寧傑帶狀採用簡單移動平均，因爲標準差計算也採用簡單移動平均。
13. 雖然包寧傑帶狀的建構採用標準差，但不要因此而認定某些統計假設。關於包寧傑帶狀運用，樣本個數通常都很小而不具備統計顯著性，而且相關的資料分配也很少呈現常態分配。
14. 技術指標可以藉由%b的格式進行常態化，消除固定讀數的門檻水準。
15. 最後，價格觸及帶狀，只是代表觸及而已，不應該視爲交易訊號。價格觸及帶狀上限本身，並不代表賣出訊號。同理，價格觸及帶狀下限本身，並不代表買進訊號。

附註：上述15條基本規則的中文翻譯，出自於寰宇出版社的《包寧傑帶狀操作法》（F179）一書。

B-Band（Bollinger-Band）指標是一個非常實用且準確性很高的技術指標。它除了有統計學中的標準差原理之外，還存有移動平均線理論和葛蘭碧八大法則的精神。

- **『2倍標準差原理』**：價格會在B-Band（Bollinger-Band）指標的上軌線和下軌線之間波動。

- **『移動平均線理論』**：中軸線MA20就是移動平均線理論所稱的『月線』，適合波段多、空操作。MA20移動平均線向上，會有波段助漲支撐作用；MA20移動平均線向下也會有波段助跌壓力作用。

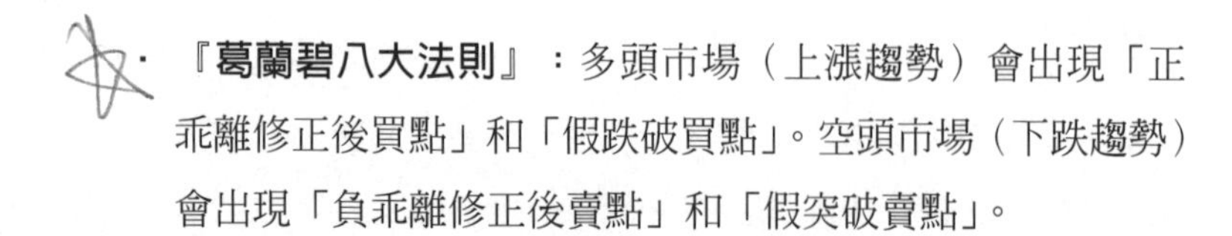

- **『葛蘭碧八大法則』**：多頭市場（上漲趨勢）會出現「正乖離修正後買點」和「假跌破買點」。空頭市場（下跌趨勢）會出現「負乖離修正後賣點」和「假突破賣點」。

# 第二章

# B-Band指標的重要原理

B-Band指標是運用統計學的常態曲線（The Normal Curve）及常態分配的觀念，作爲推論統計的基礎，配合平均數及標準差，可以對實證研究所得之資料分配，做相當精確之描述及推論。常態曲線最重要的特性是其形狀爲左右對稱若鐘形之曲線（參閱圖2-1）。

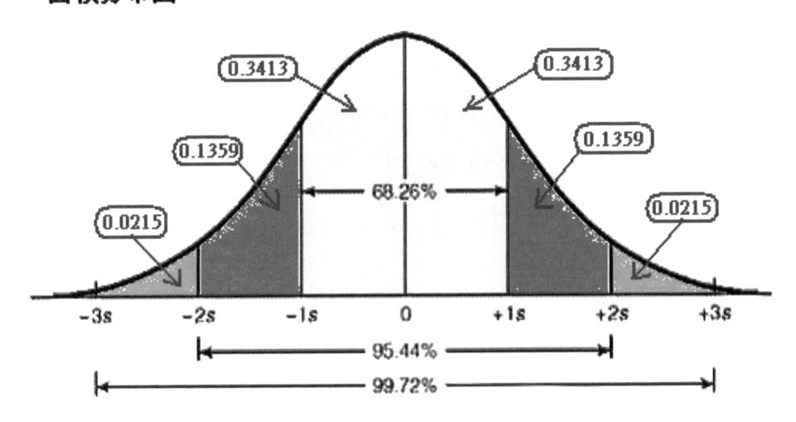


圖2-1：標準常態曲線面積分布圖

約翰‧包寧傑（John Bollinger）就是用統計學常態分配的概念加上標準差原理，發明了B-Band（Bollinger-Band）指標。B-Band指標必須先找到一條正確的移動平均線，也就是統計學的平均數，通常是20日移動平均線（MA20），當作中軸線。在中軸線之上，加上兩倍標準差，構成上軌線；在中軸線之下，減去兩倍標準差，構成下軌線，B-Band指標就是由上軌線、下軌線及中軸線，三條線所組成。

簡而言之：

1. 當中軸線（MA20）加減一倍標準差（0-1S～0＋1S），其價格位於上軌線和下軌線範圍內波動的常態分配機率為68.26％，就是黃顏色的部分。
2. 當中軸線（MA20）加減兩倍標準差（0-2S～0＋2S），其價格位於上軌線和下軌線範圍內波動的常態分配機率為95.44％，就是紅顏色的部分。
3. 當中軸線（MA20）加減三倍標準差（0-3S～0＋3S），其價格位於上軌線和下軌線範圍內波動的常態分配機率為99.72％，就是綠顏色的部分。

就常態分配而言，只有少數的樣本是在平均數加減三個標準差以外。也就是說：價格要突破上軌線或跌破下軌線的機率非常小。

約翰‧包寧傑（John Bollinger）的B-Band（Bollinger-Band）

指標，就是採用兩倍標準差，常態分配機率高達95.44%的模式，運用在金融商品的投資上，是一個準確度高且風行全球的極佳指標（參閱圖2-2、圖2-3）。

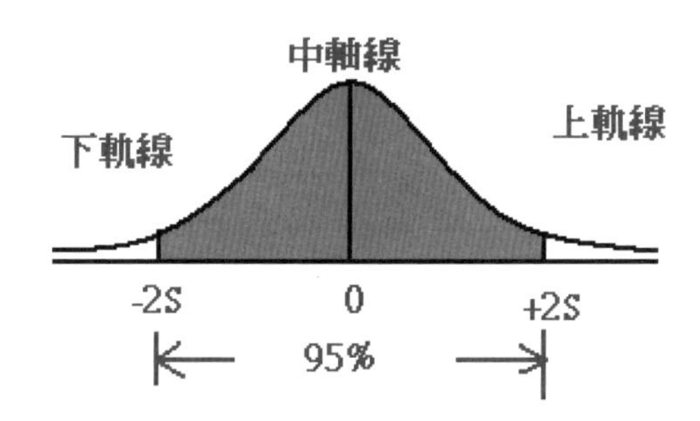


圖2-2：B-Band指標的常態分布圖

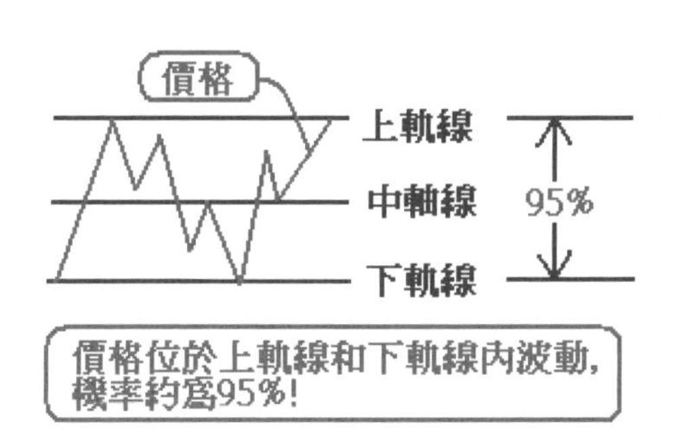


圖2-3：B-Band指標的波動圖

B-Band（Bollinger-Band）指標，是約翰・包寧傑（John Bollinger）採用統計學原理中兩倍標準差而發明，其最大的功用之一，就是價格會位於上軌線和下軌線之間波動，機率約高達95%。其適用的範疇：股票、期貨、債券、權證……等，幾乎包括了所有的金融商品，可稱之爲『萬用指標』。

# 第三章

# B-Band指標的名詞解釋和經驗法則

## 一、擠壓

**擠壓**：就是橫向盤整，盤整待變之意。橫向盤整分為強勢盤整和弱勢盤整兩種。

**（一）強勢盤整**：當價格位於中軸線MA20和上軌線之間波動時，稱之為強勢盤整。MA20在移動平均線理論中，稱之為『月線』，也就是最近一個月的平均成本；當價格位於MA20『月線』之上，表示強勢格局（參閱圖3-1）。

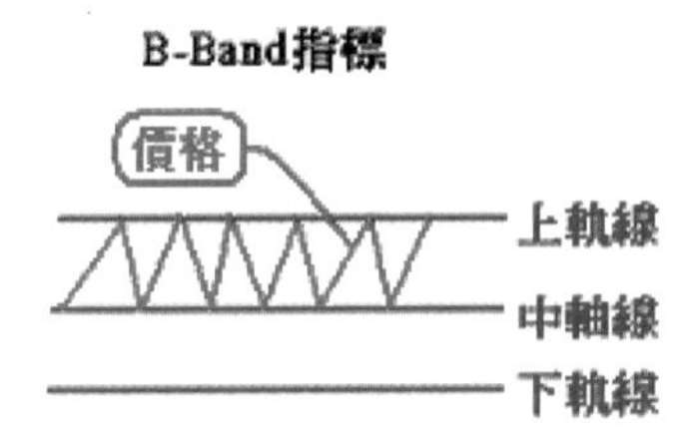


圖3-1：強勢格局

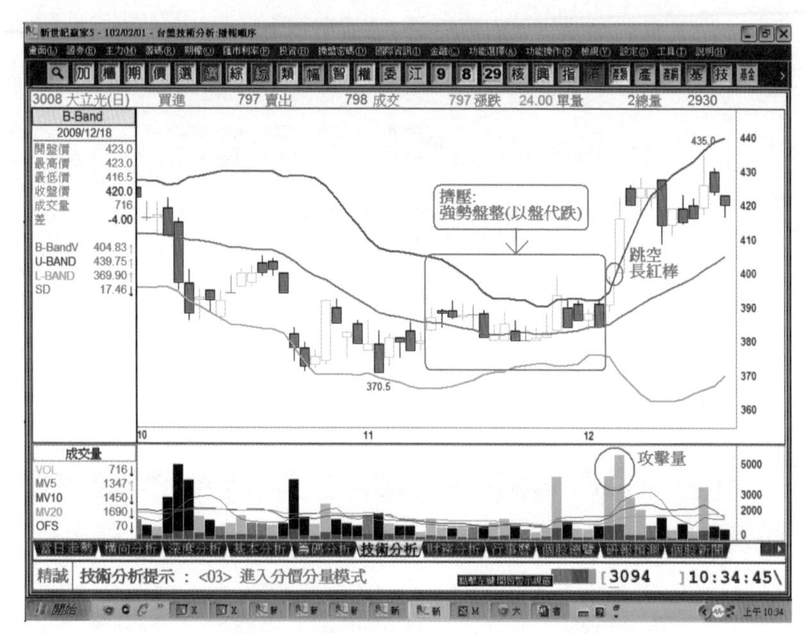


圖3-2：擠壓：強勢盤整（以盤代跌）

## 經驗法則：

1. 強勢盤整大多屬於『以盤代跌』模式，強勢盤整之後，價格會形成跳空上漲或帶量長紅棒，一舉突破B-Band指標的上軌線（壓力線）；扭轉橫向盤整趨勢，變成多頭上漲趨勢（參閱圖3-2）。

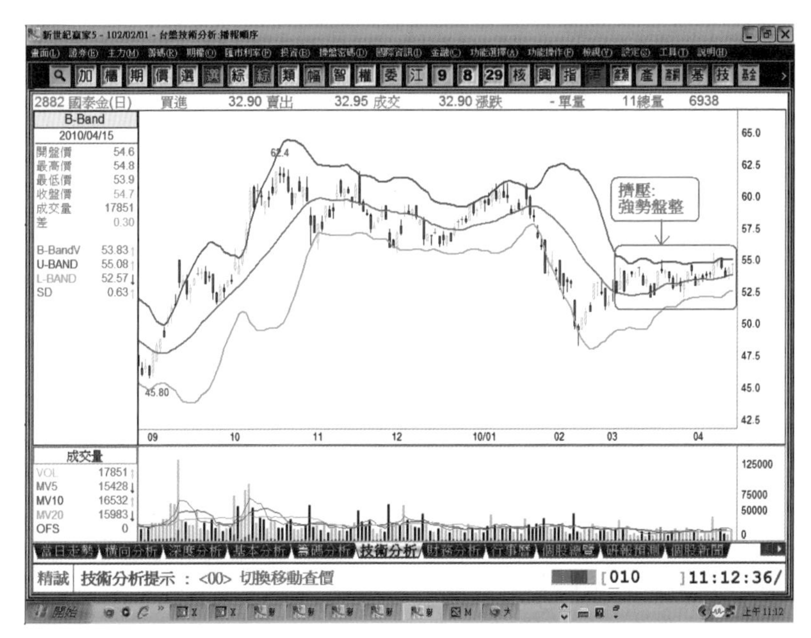


圖3-3：擠壓：強勢盤整

2. 當價格未形成跳空上漲或長紅棒扭轉橫向盤整趨勢之前，B-Band指標的上軌線為橫向盤整的壓力線或稱之為壓力關卡，通常價格不易突破。反之，當價格未形成跳空上漲或長紅棒扭轉橫向盤整趨勢之前，B-Band指標的下軌線為橫向盤整的支撐線或稱之為支撐關卡，通常價格會在上軌線和下軌線的範圍內波動，大多時間價格是守在中軸線之上波動（參閱圖3-3）。

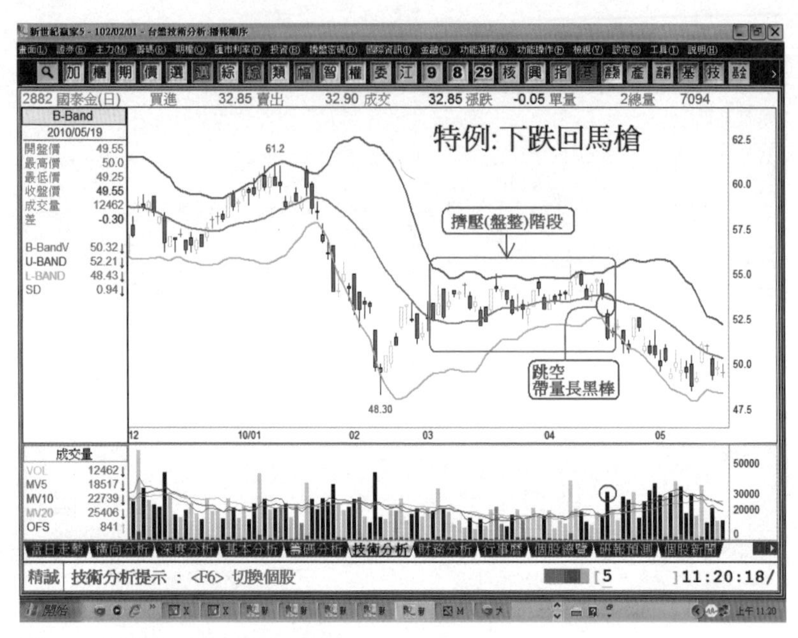


圖3-4：擠壓特例：下跌回馬槍

3. 特例（回馬槍）：經過一段長時間的強勢整理，價格未形成跳空上漲或長紅棒扭轉橫向盤整趨勢，反而突然出現跳空下跌或帶量長黑棒，一舉跌破B-Band指標的中軸線（支撐線），變成橫向弱勢盤整趨勢；甚至可能出現連續兩天中長黑棒或連跌數天，趨勢突然大逆轉，由橫向盤整變成下跌趨勢（參閱圖3-4）。

**（二）弱勢盤整**：當價格位於中軸線MA20和下軌線之間波動時，稱之爲弱勢盤整。MA20在移動平均線理論中，稱之爲『月線』，也就是最近一個月的平均成本；當價格位於MA20『月線』之下，表示弱勢格局（參閱圖3-5）。

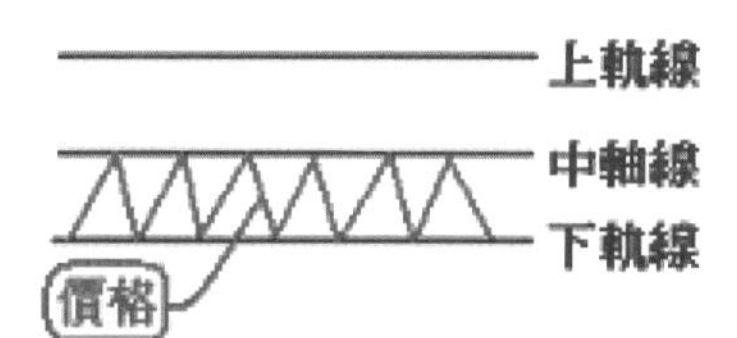


圖3-5：弱勢格局

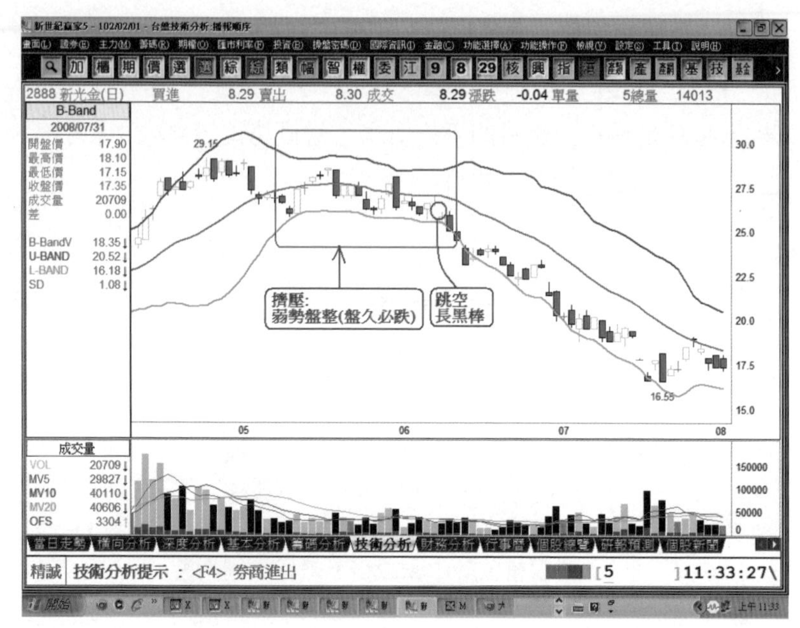


圖3-6：擠壓：弱勢盤整（盤久必跌）

## 經驗法則：

1. 弱勢盤整大多屬於『盤久必跌』模式，弱勢盤整之後，價格會形成跳空下跌或帶量長黑棒，一舉跌破B-Band指標的下軌線（支撐線）；扭轉橫向盤整趨勢，變成空頭下跌趨勢。（參閱圖3-6）。

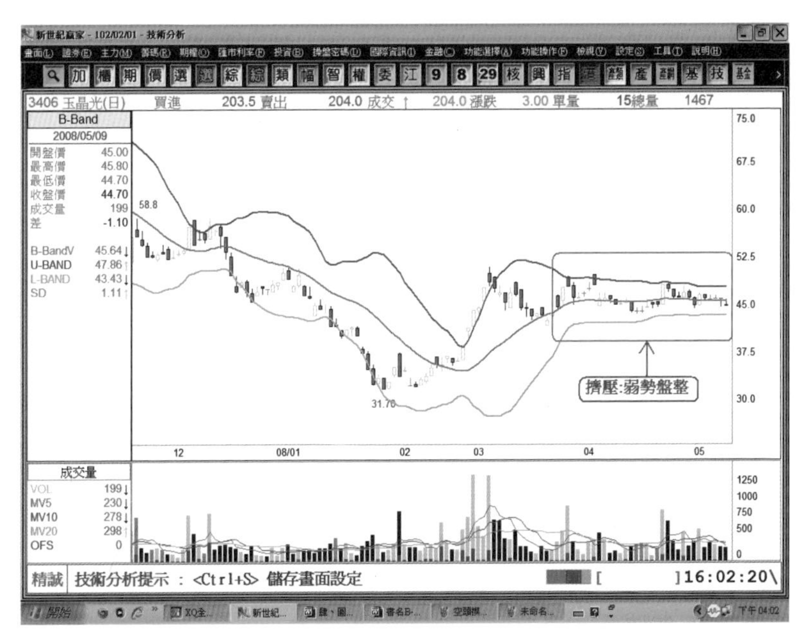


圖3-7：擠壓：弱勢盤整

2. 當價格未形成跳空下跌或帶量長黑棒扭轉橫向盤整趨勢之前，B-Band指標的下軌線為橫向盤整的支撐線或稱之為支撐關卡，通常價格不易跌破。反之，當價格未形成跳空下跌或帶量長黑棒扭轉橫向盤整趨勢之前，B-Band指標的上軌線為橫向盤整的壓力線或稱之為壓力關卡，通常價格會在下軌線和上軌線的範圍內波動，大多時間價格是守在下軌線之上波動（參閱圖3-7）。

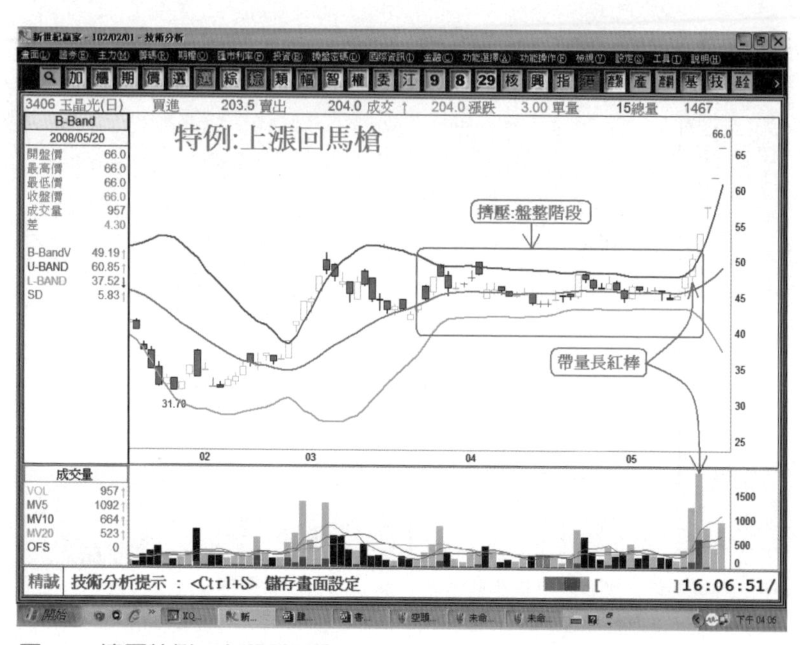


圖3-8：擠壓特例：上漲回馬槍

3. 特例（回馬槍）：經過一段長時間的弱勢整理，價格未形成跳空下跌或帶量長黑棒扭轉橫向盤整趨勢，反而突然出現跳空上漲或帶量長紅棒，一舉突破B-Band指標的中軸線（壓力線），變成橫向強勢盤整趨勢；甚至可能出現連續兩天中長紅棒或連漲數天，趨勢突然大逆轉，由橫向盤整變成上漲趨勢（參閱圖3-8）。

# 二、擴張

**擴張**：代表方向出現，也就是漲勢開始或跌勢開始之意。擴張分爲多頭（上漲）擴張和空頭（下跌）擴張兩種。

**（一）多頭（上漲）擴張**：就是漲勢開始。多頭（上漲）擴張的模式又可分爲三種：

・模式一：『擠壓後擴張』（參閱圖3-9、圖3-10）。

・模式二：『收斂後擴張』（參閱圖3-11、圖3-12）。

・模式三：『半收斂後擴張』（參閱圖3-13、圖3-14）。

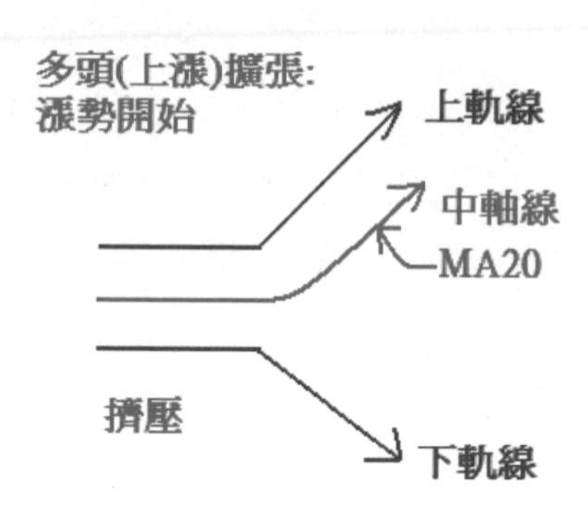


圖3-9：擠壓後擴張（上漲）

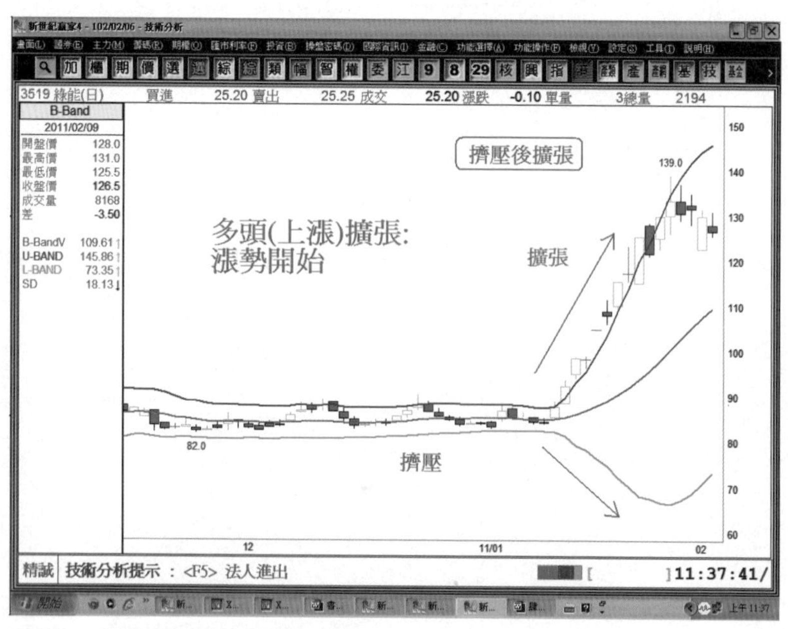


圖3-10：擠壓後擴張（上漲）圖例

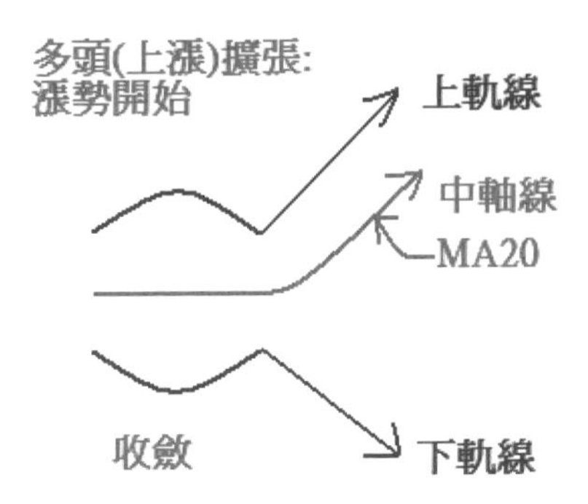


圖3-11：收斂後擴張（上漲）

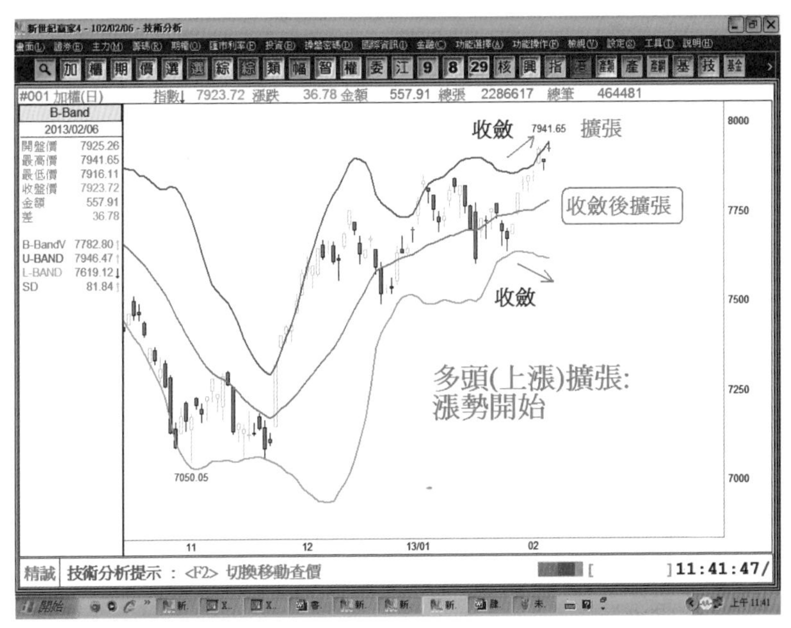


圖3-12：收斂後擴張（上漲）圖例

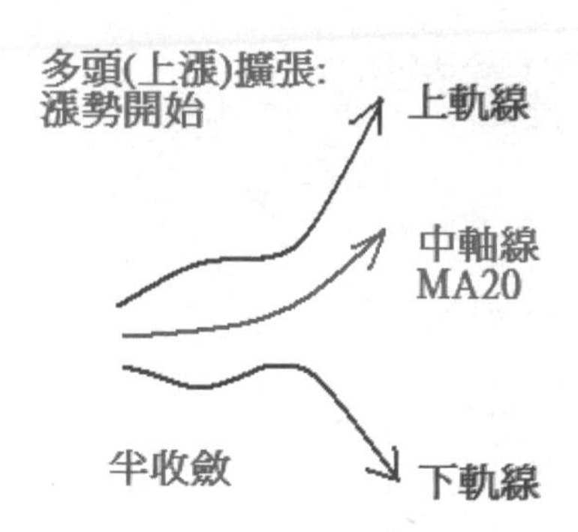


圖3-13：半收斂後擴張（上漲）

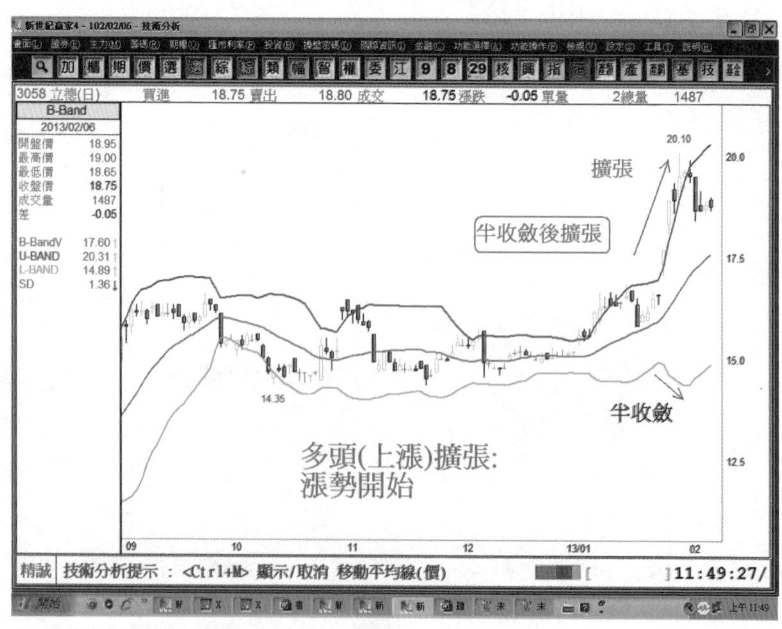


圖3-14：半收斂後擴張（上漲）圖例

## 經驗法則：

1. 多頭（上漲）擴張的模式：B-Band指標的上軌線向上且下軌線同時向下，輔助配合條件：

   (1) 價量關係：價漲量增。[1]

   (2) K線理論：跳空長紅棒、長紅棒、切入線、陽包陰。[2]

   (3) 技術指標：RSI、KD、MACD、多空指標……等，『黃金交叉』。[3]

---

[1] 『價漲量增』：多頭市場（上漲趨勢）的價量關係有兩種模式：『價漲量增』和『價跌量縮』。『價漲量增』表示現階段處於多頭市場（上漲趨勢）。

[2] 『K線理論』：『跳空長紅棒』、『長紅棒』、『切入線』、『陽包陰』，最常出現在底部區或盤整的半山腰區。『切入線』：乃是今日收紅K棒，收盤價＞前一天黑K棒的1/2，謂之『切入線』。『陽包陰』：乃是今日收紅K棒，收盤價＞前三天黑K棒的最高點，謂之『陽包陰』。

[3] 『黃金交叉』：是技術指標的買進訊號；當技術指標的短天期數值由下往上穿越長天期的數值，謂之『黃金交叉』買進訊號。例如：RSI指標的6日RSI由下往上穿越12日RSI或KD指標的9日K值由下往上穿越9日D值或MACD指標的DIF數值由下往上穿越MACD數值或多空指標的收盤價由下往上穿越0軸，皆謂之『黃金交叉』買進訊號。

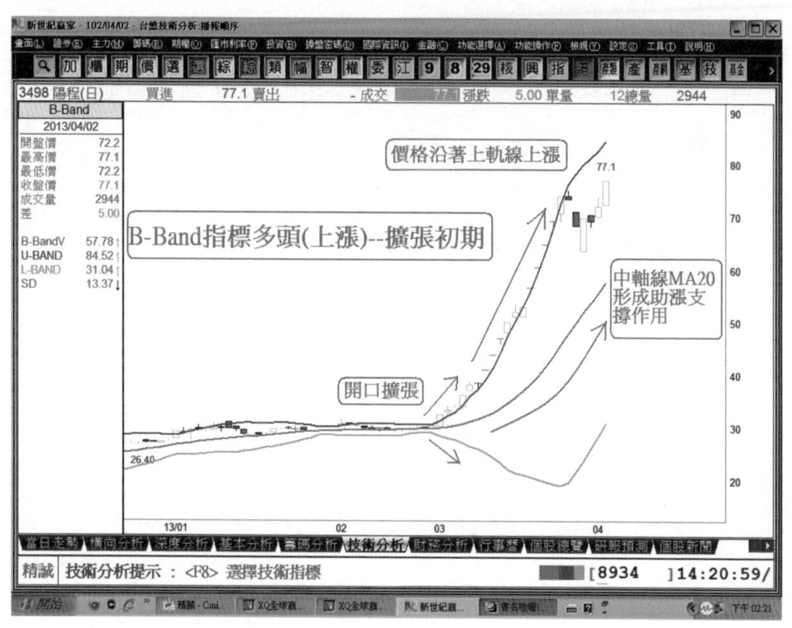


圖3-15：多頭（上漲）擴張初期

2. B-Band指標多頭（上漲）擴張的特徵：

(1) 擴張初期：B-Band指標的上軌線向上延伸且下軌線也同時向下延伸，形成『開口』的現象，價格會沿著上軌線一直上漲，其中軸線MA20亦會同步往上延伸，形成助漲、支撐的作用。擴張的漲勢何時歇息？必須密切觀察【下軌線】，當B-Band指標的下軌線未由下往上反轉之前，價格會沿著上軌線一直往上漲（參閱圖3-15）。

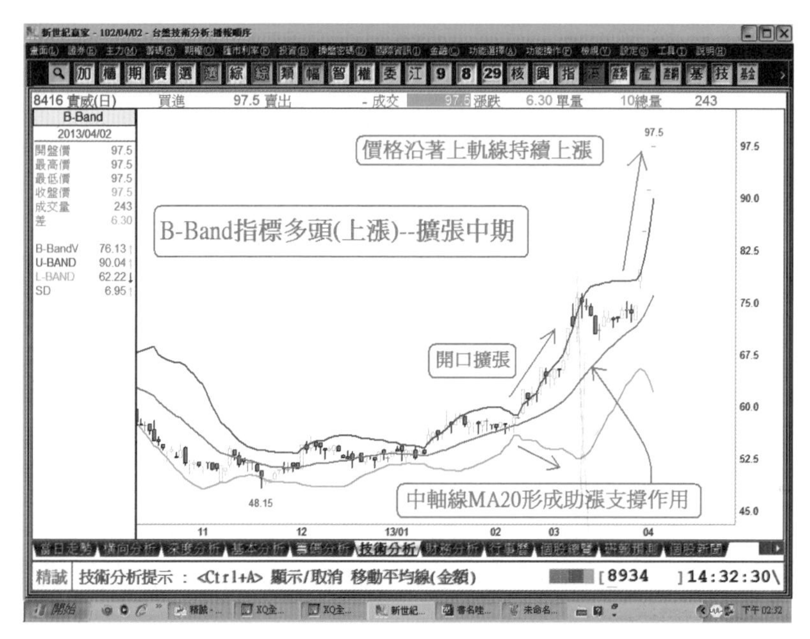


圖3-16：多頭（上漲）擴張中期

(2) 擴張中期：價格沿著上軌線持續上漲，中軸線MA20也會同步往上延伸，發揮移動平均線功能，形成助漲和支撐作用（參閱圖3-16）。

在漲升的過程中：

- 當價格漲到B-Band指標的上軌線之外，形成正乖離過大，價格會出現漲多拉回修正，可能回測中軸線MA20（月線）。[4]
- 當價格上漲而成交量卻未同步上漲，形成『價量背離』賣出警訊，價格會出現漲多拉回修正，可能回測中軸線MA20（月線）。[5]
- 當價格上漲而技術指標卻未同步上漲，形成『熊市背離』賣出警訊，價格會出現漲多拉回修正，可能回測中軸線MA20（月線）。[6]
- 當價格出現漲多拉回修正，回測中軸線MA20（月線）時，只要中軸線MA20（月線）的趨勢仍然向上，無論價格跌破或未跌破中軸線MA20（月線），都沒有影響多頭上漲的格局，符合葛蘭碧八大法則在多頭市場的第2買點和第3買點。[7]

---

[4] 『正乖離過大』：當價格漲幅超越上軌線之外，謂之『正乖離過大』，表示價格將醞釀拉回修正。

[5] 『價量背離』：當價格上漲而成交量未同步增加，反而萎縮，稱之爲『價量背離』賣出警訊，表示價格將醞釀拉回修正。

[6] 『熊市背離』：當價格上漲時，技術指標（RSI、KD、MACD……）皆未同步上漲，稱之爲『熊市背離』賣出警訊。

[7] 葛蘭碧八大法則』：葛蘭碧八大法則在多頭市場有三個買點和一個賣點。B-Band指標在多頭市場（上漲趨勢）會出現第2買點（漲多拉回修正買點）和第3買點（假跌破買點）。

(3) 擴張末期：當B-Band指標的下軌線由下往上反轉，表示價格來到相對高檔區，此時B-Band指標的上軌線仍然向上，並未由上往下反轉，但是價格會漸漸脫離上軌線，醞釀形成『M頭』或『頭肩頂』或『島型反轉』或『熊市背離』……等頭部賣出型態（參閱圖3-17至圖3-20）。接下來頭部型態進入『收斂』階段，醞釀漲多拉回修正。[8]

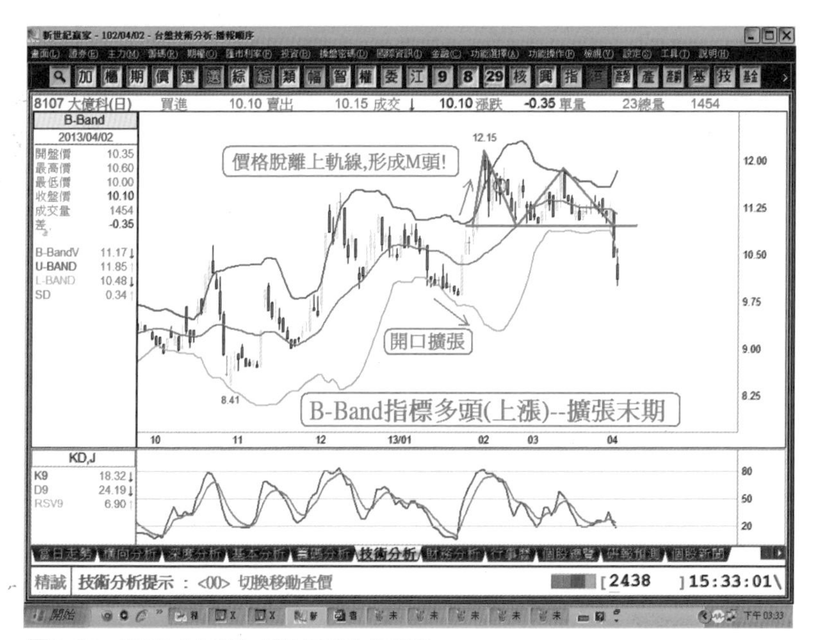


圖3-17：多頭（上漲）擴張末期（M頭）

8 『頭部賣出型態』：在多頭市場（上漲趨勢）最常出現的賣出型態有：『M頭』或『頭肩頂』或『島型反轉』或『熊市背離』……等。

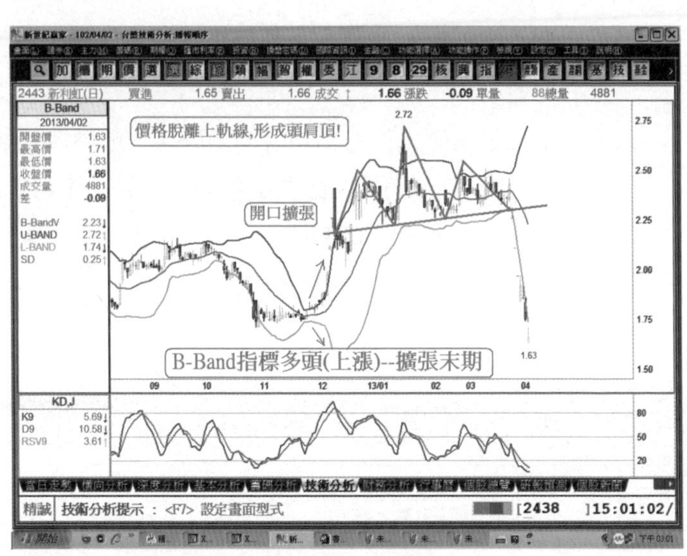


圖3-18：多頭（上漲）擴張末期（頭肩頂）

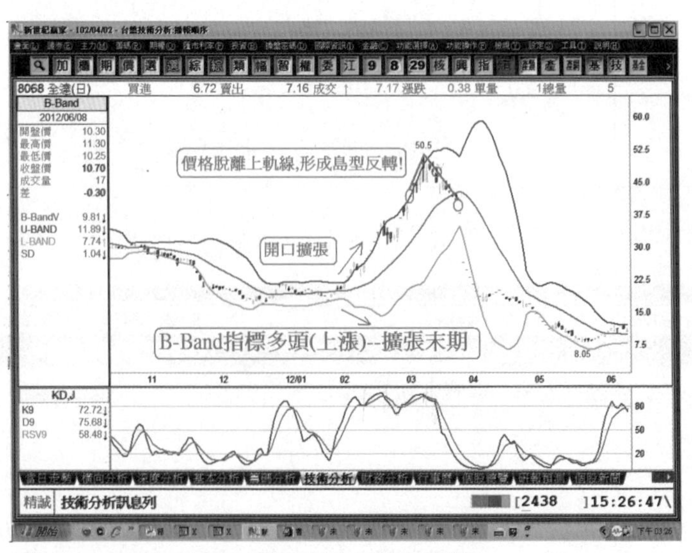


圖3-19：多頭（上漲）擴張末期（島型反轉）

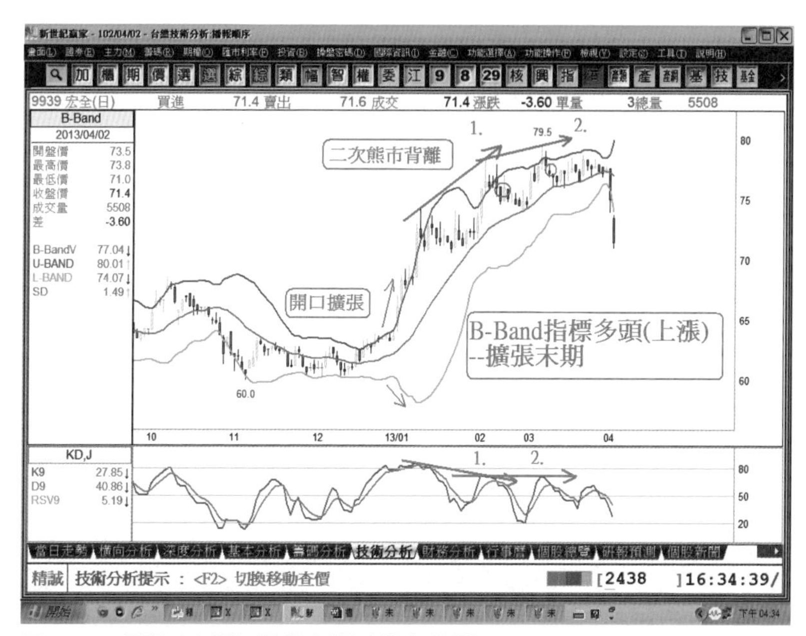


圖3-20：多頭（上漲）擴張末期（熊市背離）

**（二）空頭（下跌）擴張**：就是跌勢開始。空頭（下跌）擴張的模式亦可分為三種：

- 模式一：『擠壓後擴張』（參閱圖3-21、圖3-22）。
- 模式二：『收斂後擴張』（參閱圖3-23、圖3-24）。
- 模式三：『半收斂後擴張』（參閱圖3-25、圖3-26）。

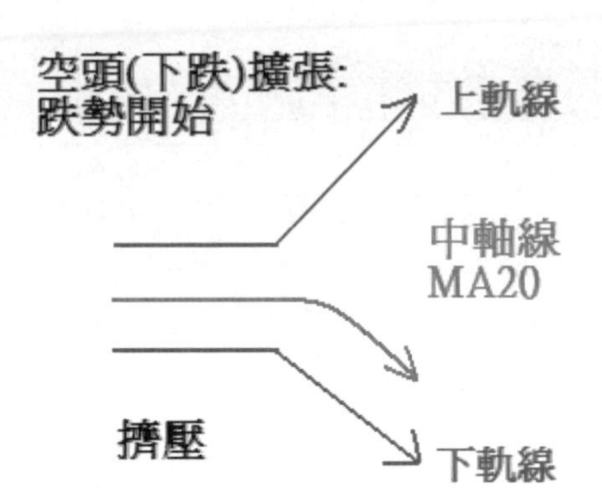


圖3-21：擠壓後擴張（下跌）

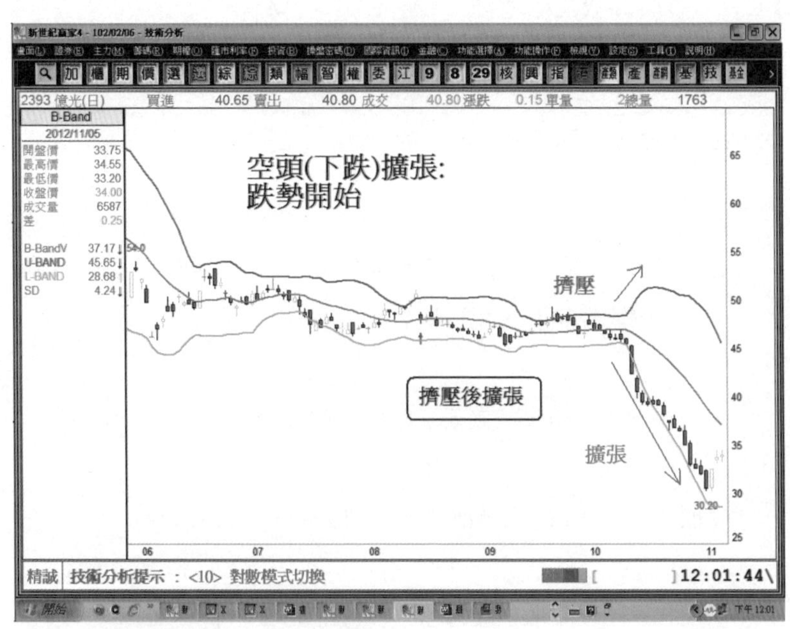


圖3-22：擠壓後擴張（下跌）圖例

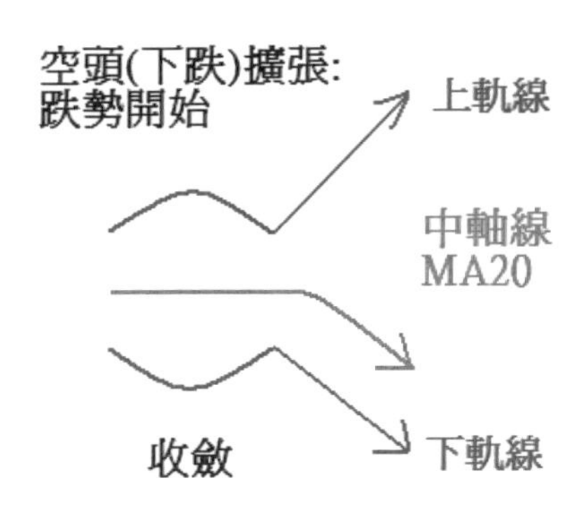


圖3-23：收斂後擴張（下跌）

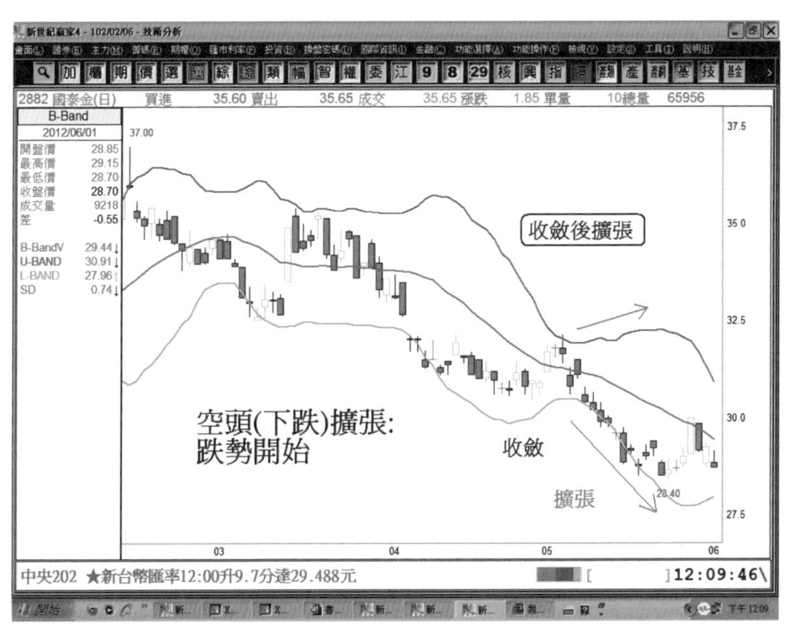


圖3-24：收斂後擴張（下跌）圖例

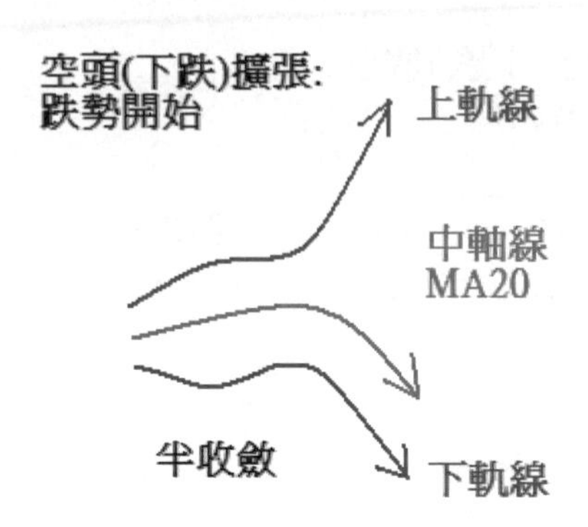


圖3-25：半收斂後擴張（下跌）

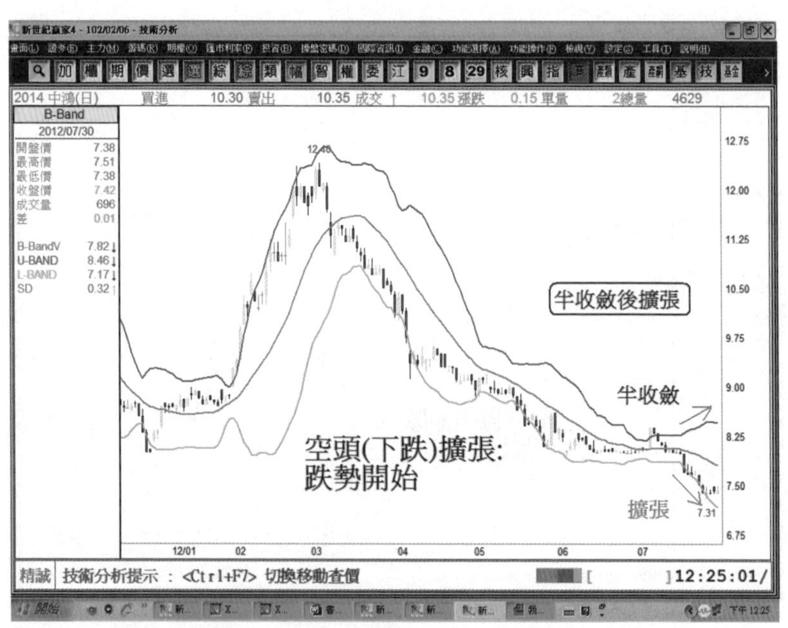


圖3-26：半收斂後擴張（下跌）圖例

## 經驗法則：

1. 空頭（下跌）擴張的模式：B-Band指標的上軌線向上且下軌線同時向下，輔助配合條件：

   (1) 價量關係：價跌量增。[9]
   (2) K線理論：跳空長黑棒、長黑棒、覆蓋線、陰包陽。[10]
   (3) 技術指標：RSI、KD、MACD、多空指標……等，『死亡交叉』。[11]

---

[9] 『價跌量增』：空頭市場（下跌趨勢）的價量關係有兩種模式：『價漲量縮』和『價跌量增』。『價跌量增』表示現階段處於空頭市場（下跌趨勢）。

[10] 『K線理論』：跳空長黑棒、長黑棒、覆蓋線、陰包陽，最常出現在頭部區或盤整的半山腰區。『覆蓋線』：乃是今日收黑K棒，收盤價＜前一天紅K棒的1/2，謂之『覆蓋線』。『陰包陽』：乃是今日收黑K棒，收盤價＜前三天紅K棒的最低點，謂之『陰包陽』。

[11] 『死亡交叉』：是技術指標的賣出訊號；當技術指標的短天期數值由上往下跌破長天期的數值，謂之『死亡交叉』賣出訊號。例如：RSI指標的6日RSI由上往下跌破12日RSI或KD指標的9日K值由上往下跌破9日D值或MACD指標的DIF數值由上往下跌破MACD數值或多空指標的收盤價由上往下跌破0軸，皆謂之『死亡交叉』賣出訊號。

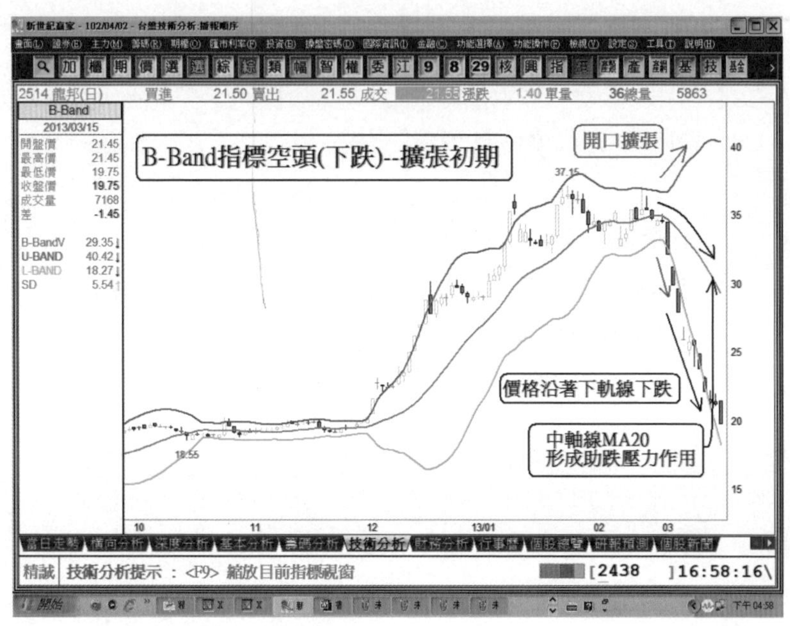


圖3-27：空頭（下跌）擴張初期

2. B-Band指標空頭（下跌）擴張的特徵：

(1) 擴張初期：B-Band指標的上軌線向上延伸且下軌線也同時向下延伸，形成『開口』的現象，價格會沿著下軌線一直下跌，其中軸線MA20亦會同步往下延伸，形成助跌、壓力的作用。擴張的跌勢何時止穩？必須密切觀察【上軌線】，當B-Band指標的上軌線未由上往下反轉之前，價格會沿著下軌線一直往下跌（參閱圖3-27）。

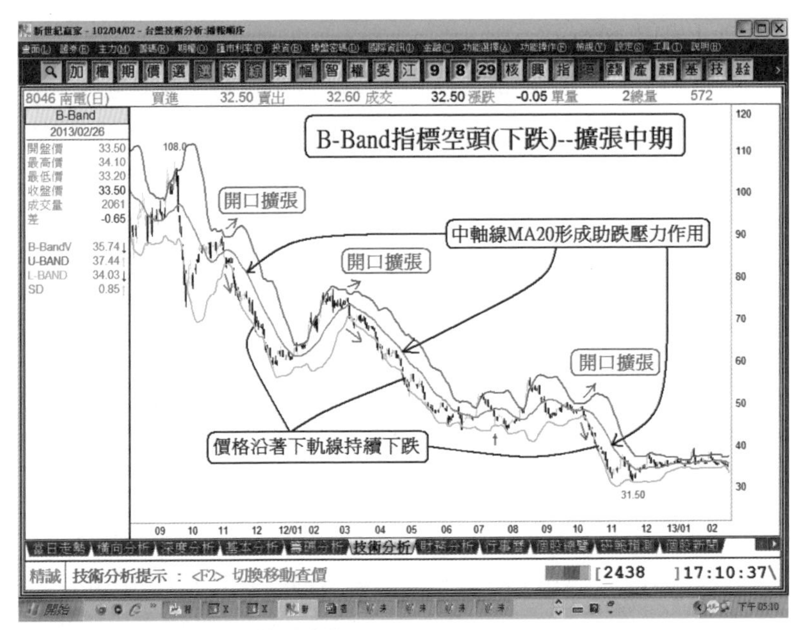


圖3-28：空頭（下跌）擴張中期

(2) 擴張中期：價格沿著下軌線持續下跌，中軸線MA20也會同步往下延伸，發揮移動平均線功能，形成助跌和壓力作用（參閱圖3-28）。

在下跌的過程中：

- 當價格跌到B-Band指標的下軌線之外，形成負乖離過大，價格會出現跌深反彈漲勢，可能挑戰中軸線MA20（月線）。[12]
- 當價格下跌而成交量亦同步萎縮，形成『凹洞量』或價格下跌暴大量，醞釀形成『換手量』或形成『價漲量增』背離現象，價格將會出現跌深反彈漲勢，亦可能挑戰中軸線MA20（月線）。[13]
- 當價格下跌而技術指標卻未同步下跌，形成『牛市背離』買進警訊，價格會醞釀出現跌深反彈漲勢，可能挑戰中軸線MA20（月線）。[14]
- 當價格出現跌深反彈漲勢，挑戰中軸線MA20（月線）時，只要中軸線MA20（月線）的趨勢仍然向下，無論價格突破或未突破中軸線MA20（月線），都沒有影響空頭下跌的格局，符合葛蘭碧八大法則在空頭市場的第2賣點和第3賣點。[15]

---

[12] 『負乖離過大』：當價格跌幅超越下軌線之外，謂之『負乖離過大』，表示價格將醞釀跌深反彈。

[13] 『凹洞量』：在空頭市場（下跌趨勢）的成交量會萎縮，當成交量出現波段相對最低量後，成交量會逐步增加，形成類似凹洞現象，謂之『凹洞量』，表示盤勢將反轉向上。

[14] 『牛市背離』：當價格下跌時，技術指標（RSI、KD、MACD……）皆未同步下跌，稱之爲『牛市背離』買進警訊。

[15] 『葛蘭碧八大法則』：葛蘭碧八大法則在空頭市場有三個賣點和一個買點。B-Band指標在空頭市場（下跌趨勢）會出現第2賣點（跌深反彈修正賣點）和第3賣點（假突破賣點）。

(3) 擴張末期：當B-Band指標的上軌線由上往下反轉，表示價格來到相對低檔區，此時B-Band指標的下軌線仍然向下，並未由下往上反轉，但是價格會漸漸脫離下軌線，醞釀形成『W底』或『頭肩底』或『島型反轉』或『牛市背離』……等，底部買進型態（參閱圖3-29至圖3-32）。接下來底部型態進入『收斂』階段，醞釀展開跌深反彈。[16]

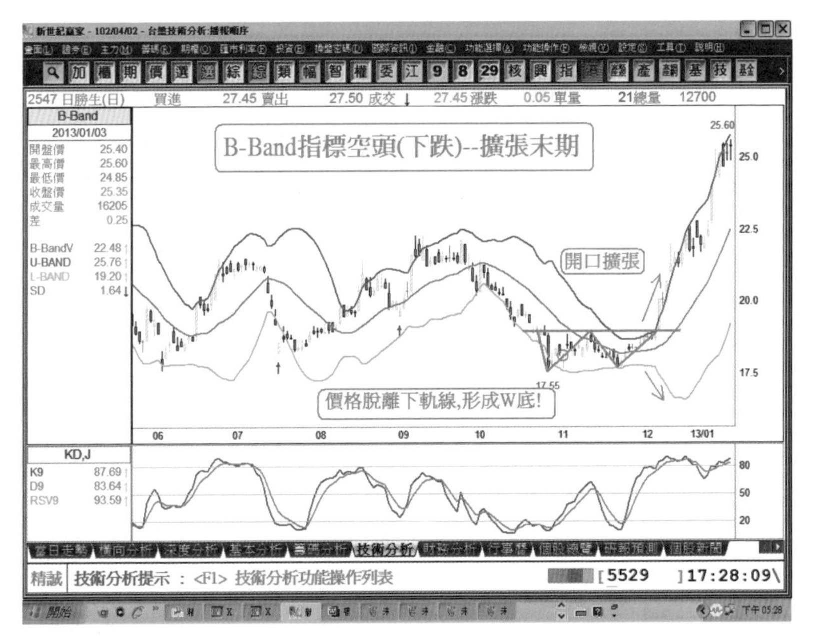


圖3-29：空頭（下跌）擴張末期（W底）

16 『底部買進型態』：在空頭市場（下跌趨勢）最常出現的買進型態有：『W底』或『頭肩底』或『島型反轉』或『牛市背離』……等。

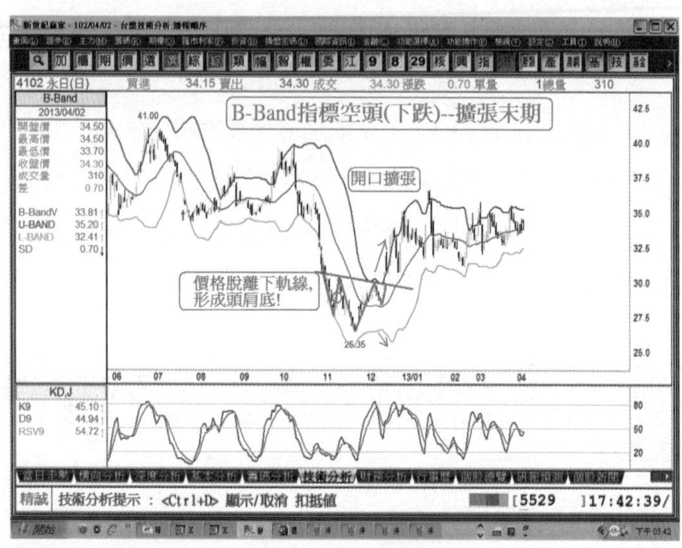


圖3-30：空頭（下跌）擴張末期（頭肩底）

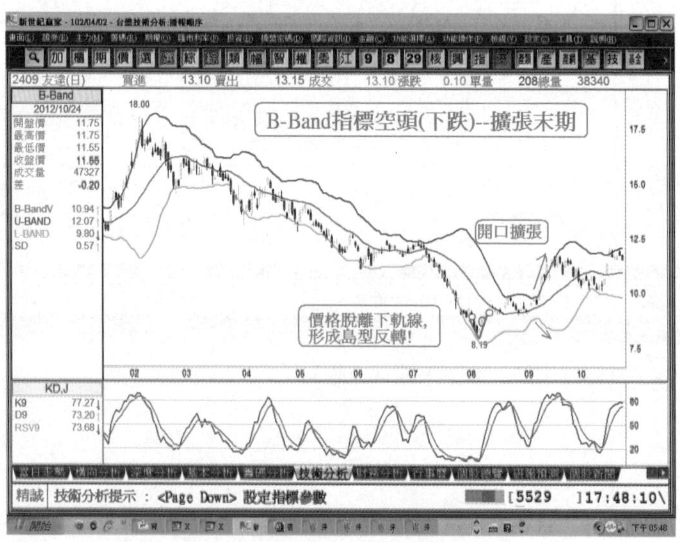


圖3-31：空頭（下跌）擴張末期（島型反轉）

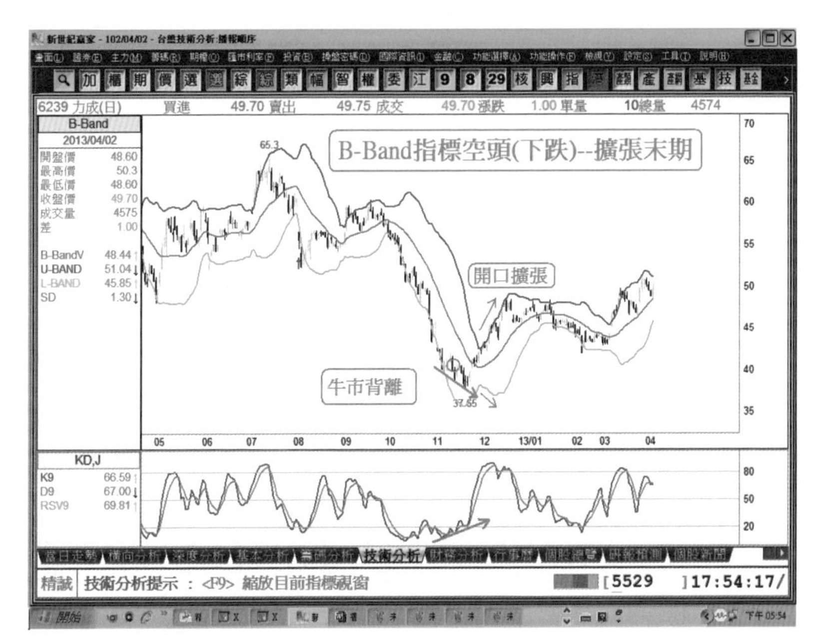


圖3-32：空頭（下跌）擴張末期（牛市背離）

# 三、收斂

收斂：就是漲多拉回修正或跌深反彈之意。收斂分爲多頭市場（上漲趨勢）的收斂和空頭市場（下跌趨勢）的收斂兩種。

（一）多頭市場（上漲趨勢）的收斂，就是漲多拉回修正，有兩種模式，參閱圖3-33至圖3-36：

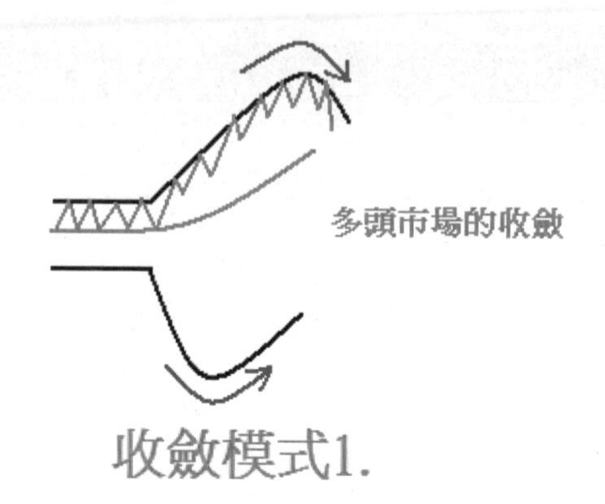


圖3-33：多頭市場的收斂：收斂模式1

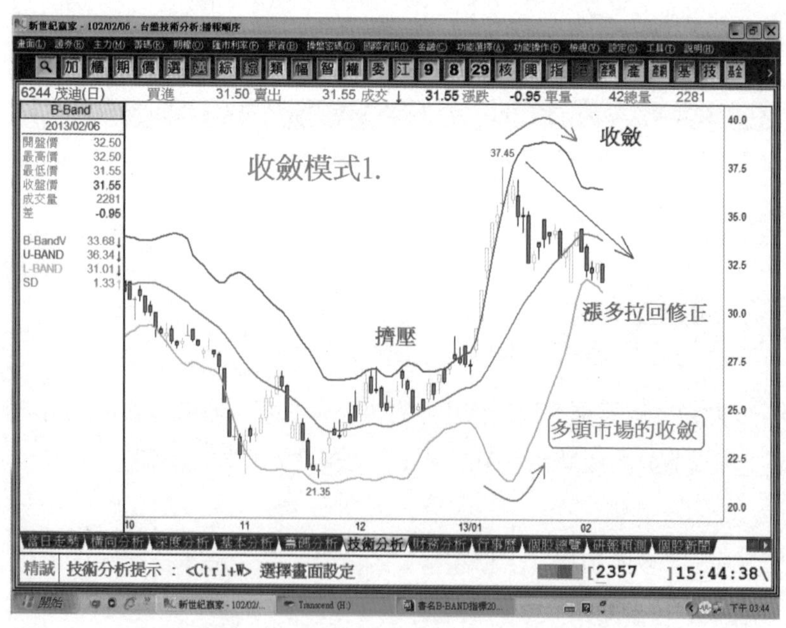


圖3-34：多頭市場的收斂：收斂模式1圖例

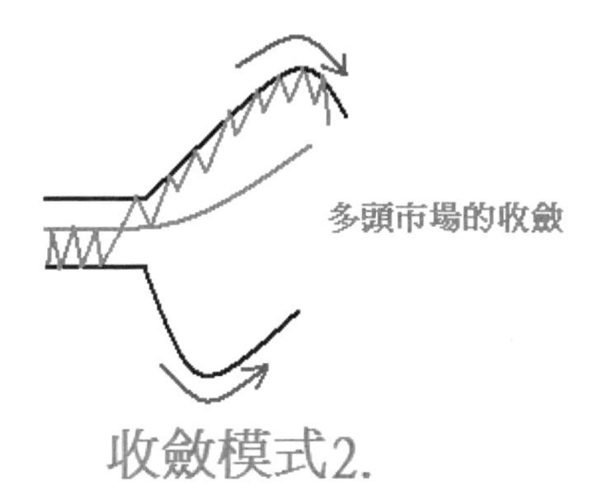


圖3-35：多頭市場的收斂：收斂模式2

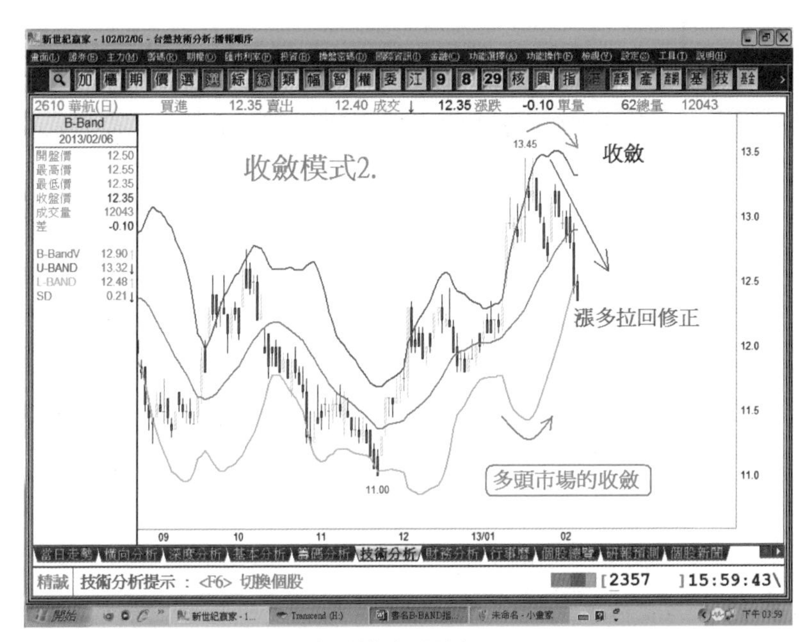


圖3-36：多頭市場的收斂：收斂模式2圖例

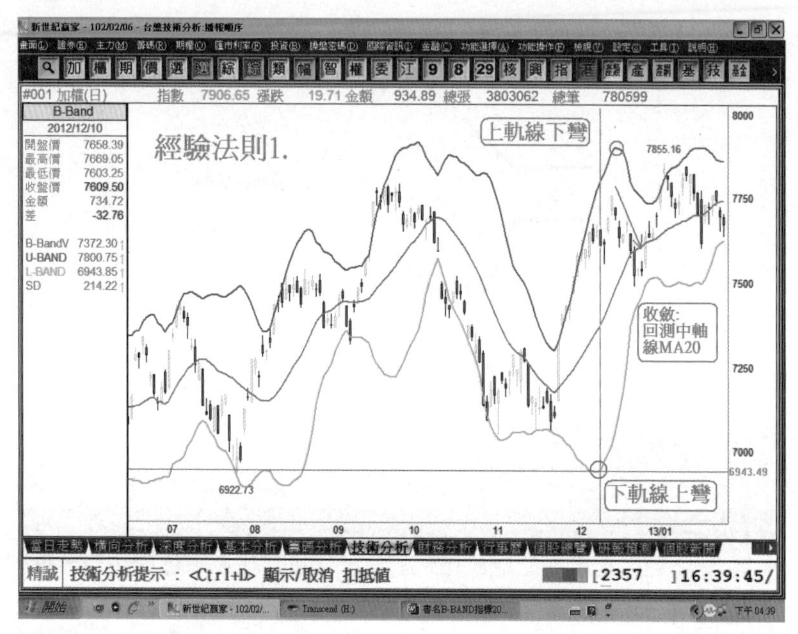


圖3-37：經驗法則1

## 經驗法則：

1. 當B-Band指標的下軌線由下往上反轉，表示價格來到相對高檔區，醞釀拉回修正；之後，當B-Band指標的上軌線也由上往下反轉，就形成收斂模式，價格將拉回修正，回測中軸線MA20（月線）支撐（參閱圖3-37）。

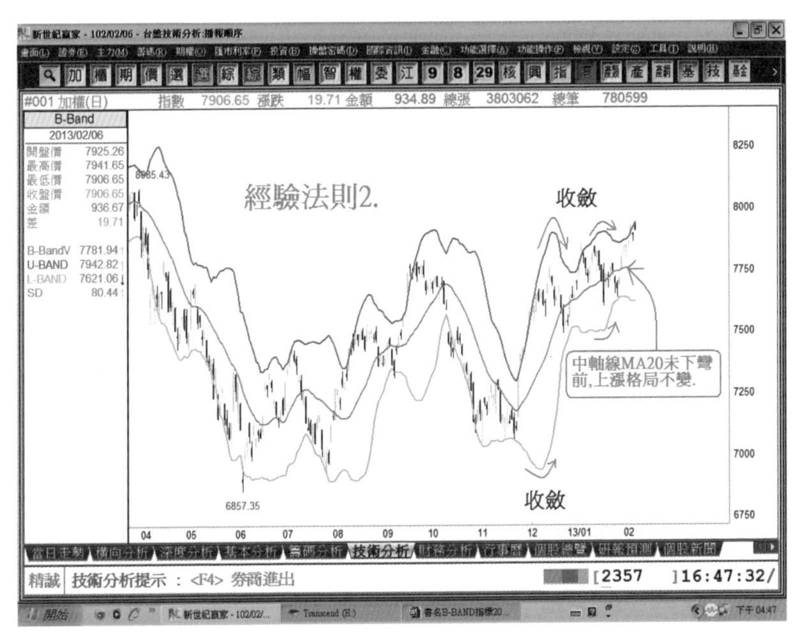


圖3-38：經驗法則2

2. 當B-Band指標形成收斂模式時，價格會回測中軸線MA20（月線），若中軸線MA20尚未由上漲趨勢轉為下跌趨勢，無論價格是否跌破中軸線MA20，都不會改變原來的上漲格局（參閱圖3-38）。

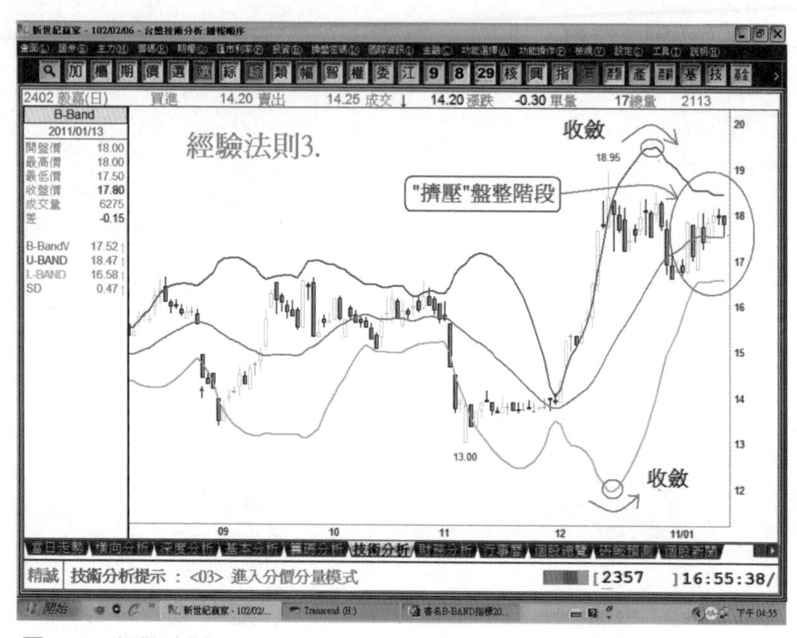


圖3-39：經驗法則3

3. 當B-Band指標形成收斂模式時，價格會回測中軸線MA20（月線），若中軸線MA20尚未由上漲趨勢轉爲下跌趨勢，而是呈現水平趨勢，雖然價格跌破了中軸線MA20，但是下軌線會形成支撐作用，B-Band指標又進入『擠壓』盤整階段，醞釀盤整待變（參閱圖3-39）。

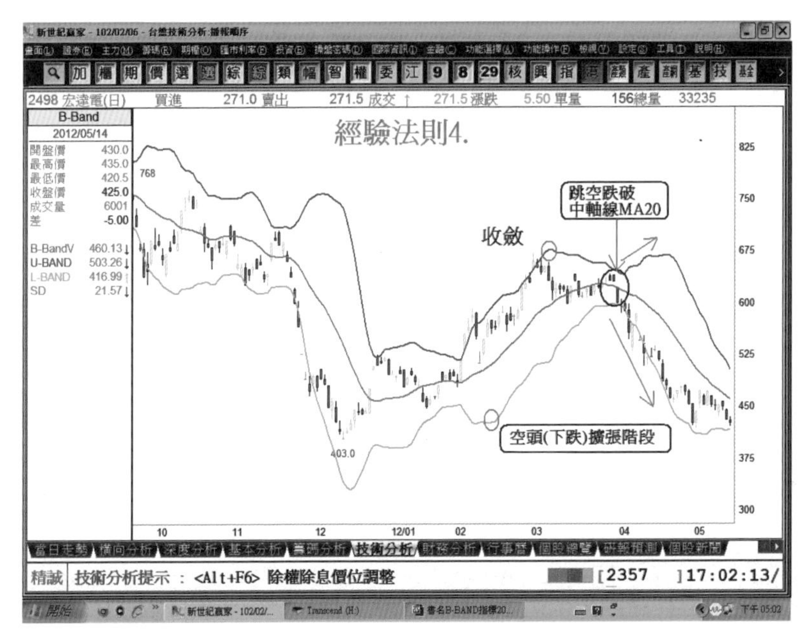


圖3-40：經驗法則4

4. 當B-Band指標形成收斂模式時，價格會回測中軸線MA20（月線），若價格跌破中軸線MA20且中軸線MA20亦由上漲趨勢轉爲下跌趨勢，則B-Band指標就進入空頭（下跌）『擴張』階段，價格就會由原來多頭市場的漲多拉回修正，變成空頭市場的下跌趨勢（參閱圖3-40）。

MA20 ↘
破MA20
空頭

**（二）空頭市場（下跌趨勢）的收斂**：就是跌深反彈，有兩種模式，參閱圖3-41至圖3-44：

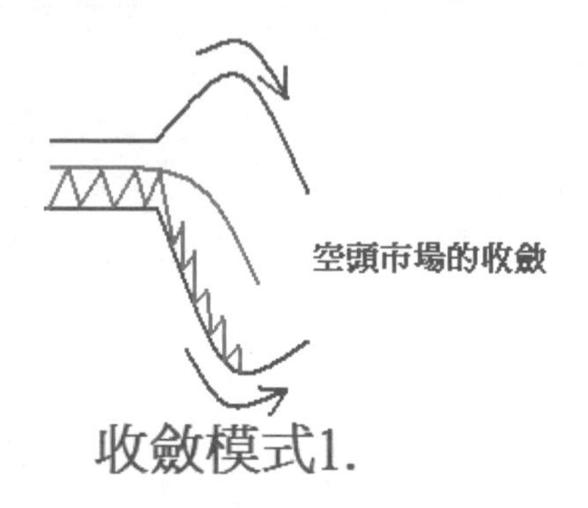


圖3-41：空頭市場的收斂：收斂模式1

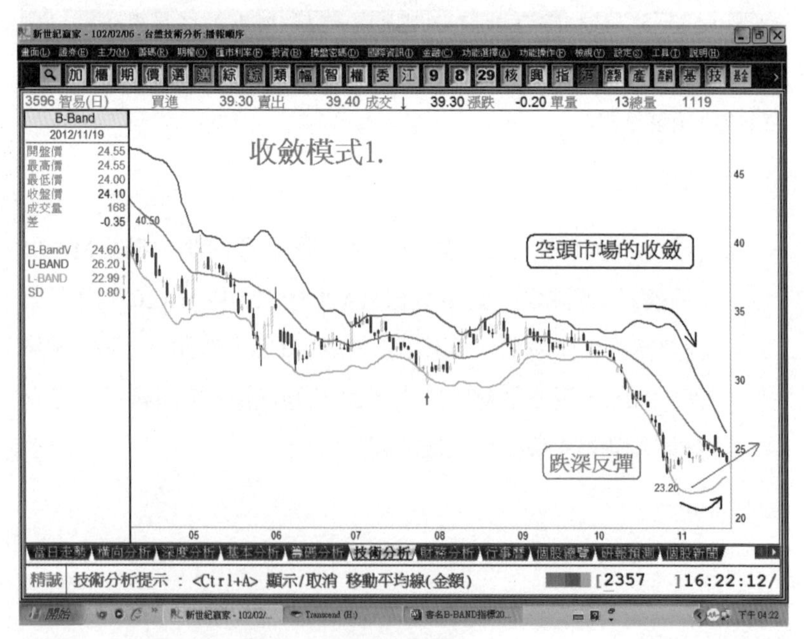


圖3-42：空頭市場的收斂：收斂模式1圖例

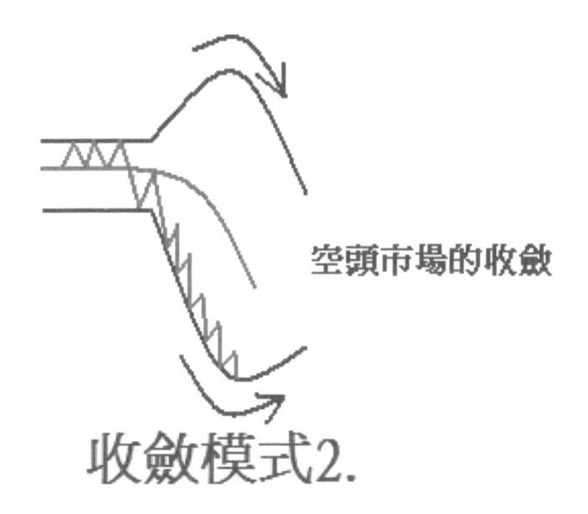


圖3-43：空頭市場的收斂：收斂模式2

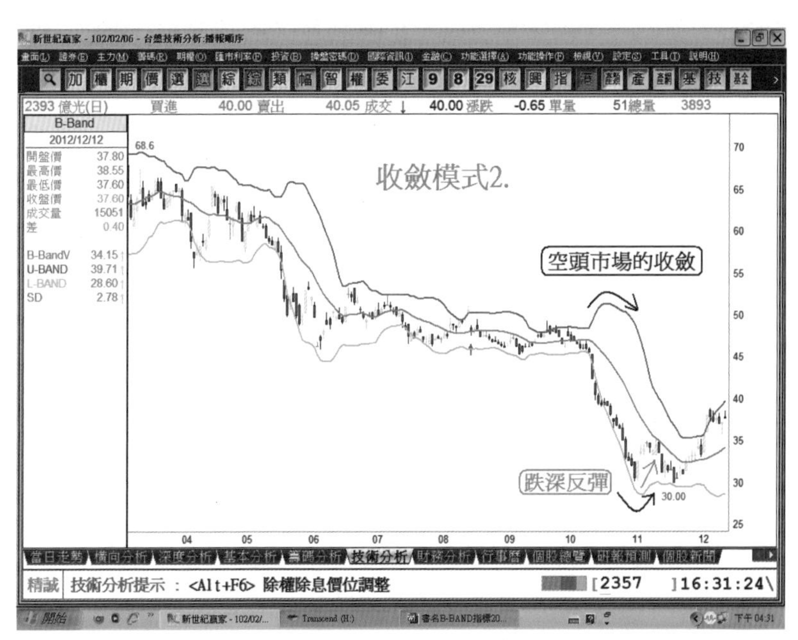


圖3-44：空頭市場的收斂：收斂模式2圖例

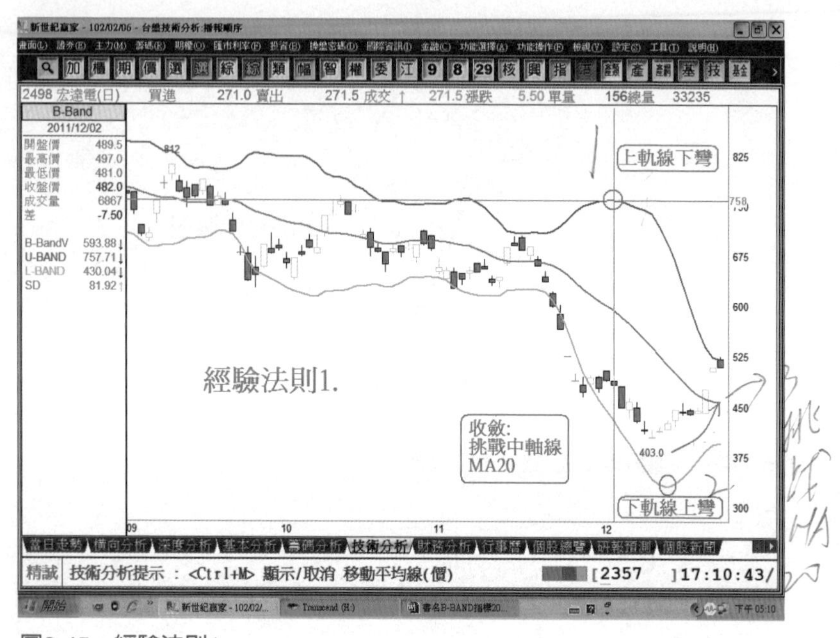


圖3-45：經驗法則1

## 經驗法則：

1. 當B-Band指標的上軌線由上往下反轉，表示價格來到相對低檔區，價格醞釀跌深反彈；之後，當B-Band指標的下軌線也由下往上反轉，就形成收斂模式，價格將展開跌深反彈走勢，挑戰中軸線MA20（月線）壓力（參閱圖3-45）。

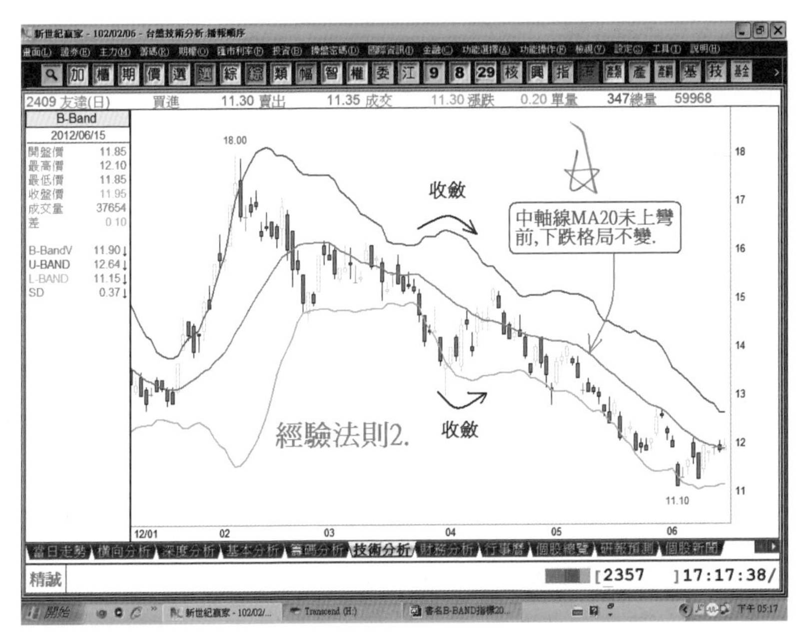

圖3-46：經驗法則2

2. 當B-Band指標形成收斂模式時，價格會挑戰中軸線MA20（月線），若中軸線MA20尚未由下跌趨勢轉爲上漲趨勢，無論價格是否突破中軸線MA20，都不會改變原來的下跌格局（參閱圖3-46）。

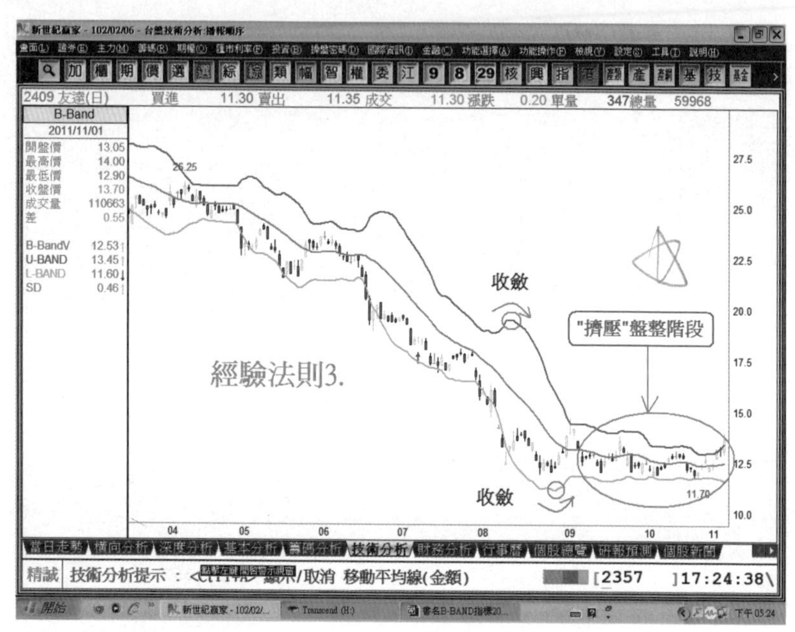


圖3-47：經驗法則3

3. 當B-Band指標形成收斂模式時，價格會挑戰中軸線MA20（月線），若中軸線MA20尚未由下跌趨勢轉爲上漲趨勢，而是呈現水平趨勢，雖然價格突破了中軸線MA20，但是上軌線會形成壓力作用，B-Band指標又進入『擠壓』盤整階段，醞釀盤整待變（參閱圖3-47）。

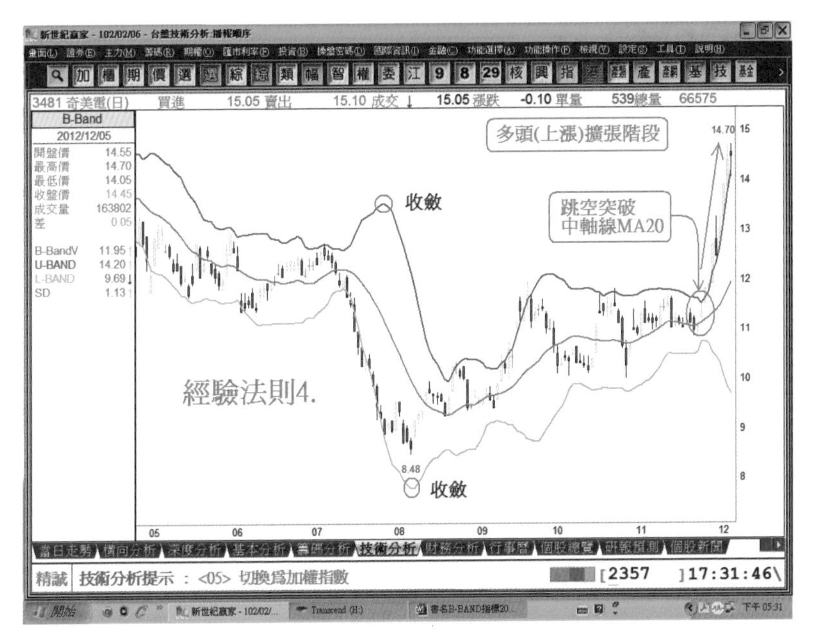


圖3-48：經驗法則4

4. 當B-Band指標形成收斂模式時，價格會挑戰中軸線MA20（月線），若價格突破中軸線MA20且中軸線MA20亦由下跌趨勢轉為上漲趨勢，則B-Band指標就進入多頭（上漲）『擴張』階段，價格就會由原來空頭市場的跌深反彈，變成多頭市場的上漲趨勢（參閱圖3-48）。

B-Band指標的價格呈現區間波動或上漲波動或下跌波動，筆者分別將其命名爲『擠壓』、『擴張』和『收斂』。

『擠壓』就是技術分析中所說的『橫向盤整』，也就是『盤整待變』之意。通常在『橫向盤整』階段，大多數的投資人都不太能研判『盤整待變』的未來方向，是漲或跌？每次到了『橫向盤整』階段，就會有兩派不同的看法：（一）、盤久必跌（二）、以盤代跌。

經驗豐富的老手，一眼就能看出『盤整待變』的未來方向，是漲或跌？菜鳥和散戶只能亂猜一通，猜對了不一定賺得到錢，猜錯了肯定賠大錢。現在有了B-Band指標（菜鳥和散戶的救星），大家都不必猜了，因爲B-Band指標進入『擠壓』盤整階段後，下一個階段就是『擴張』階段，『擴張』就是上漲或下跌的開始，也就是多、空方向明朗。

『擴張』就是技術分析中所說的『上漲』、或『下跌』，也就是『多頭市場趨勢上漲』或『空頭市場趨勢下跌』之意。

『收斂』就是技術分析中所說的『下跌』或『上漲』，也就是『多頭市場的漲多拉回』或『空頭市場的跌深反彈』之意。換句話說，當價格進入『擠壓』橫向盤整階段，後續會有兩種發展方向：

(1)『擴張』上漲──『收斂』漲多拉回。

(2)『擴張』下跌──『收斂』跌深反彈。

若讀者們都了解明白『擠壓』、『擴張』和『收斂』的意義，我們就可以進入下一章了。

# 第四章

# B-Band指標的型態介紹和經驗法則

## 一、蓮藕型態

（一）在多頭市場（上升趨勢），B-Band指標的上漲三部曲是：『擠壓－擴張－收斂』；也就是大家所熟悉的『盤整－上漲－下跌（漲多拉回）』。當價格漲多之後會出現漲多拉回修正走勢，價格會回測中軸線MA20（月線）支撐，若B-Band指標的上軌線、中軸線和下軌線三條線均呈現水平橫向趨勢，則B-Band指標進入擠壓（盤整）階段，類似蓮藕和蓮藕相連處的一段藕節，如圖4-1與圖4-2所示。

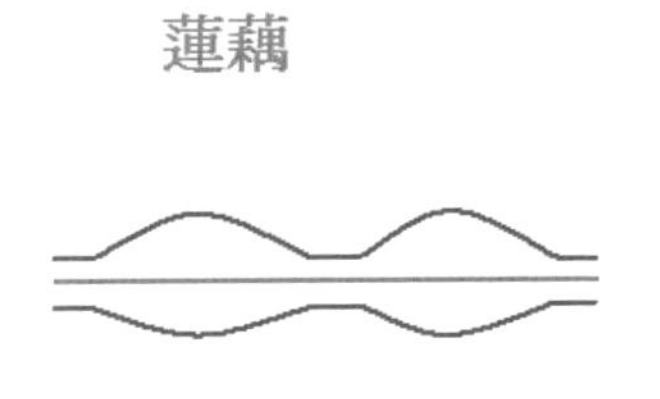


圖4-1：蓮藕型態

圖4-2：蓮藕

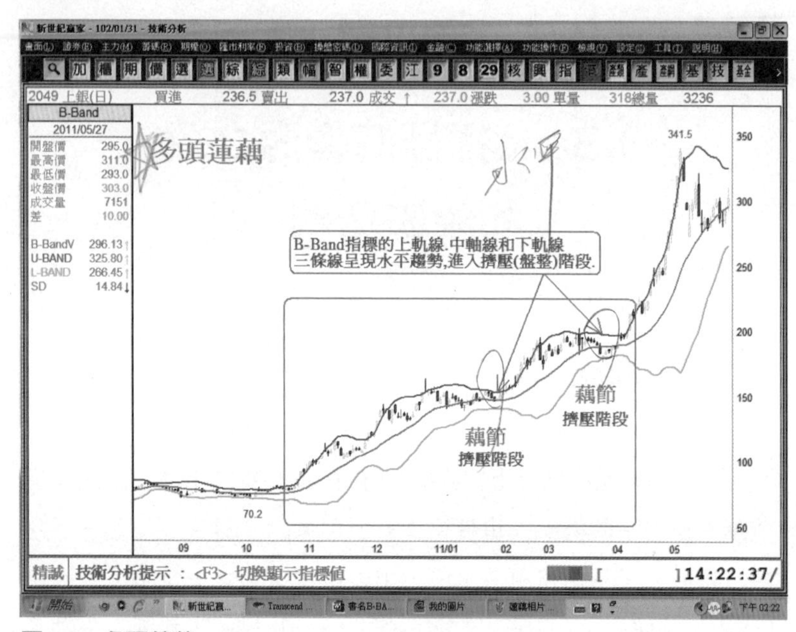


圖4-3：多頭蓮藕

在多頭市場（上升趨勢），B-Band指標從『擠壓』－擴張－收斂再到『擠壓』階段，其形狀好像向上長的『蓮藕』，稱之為『多頭蓮藕』（參閱圖4-3）。

（二）在空頭市場（下跌趨勢），B-Band指標的下跌三部曲是：『擠壓－擴張－收斂』；也就是大家所熟悉的『盤整－下跌－上漲（跌深反彈）』。當價格跌深之後會出現跌深反彈走勢，價格會挑戰中軸線MA20（月線）壓力，若B-Band指標的上軌線、中軸線和下軌線三條線均呈現水平橫向趨勢，則B-Band指標進入擠壓（盤整）階段，類似蓮藕和蓮藕相連處的一段藕節。

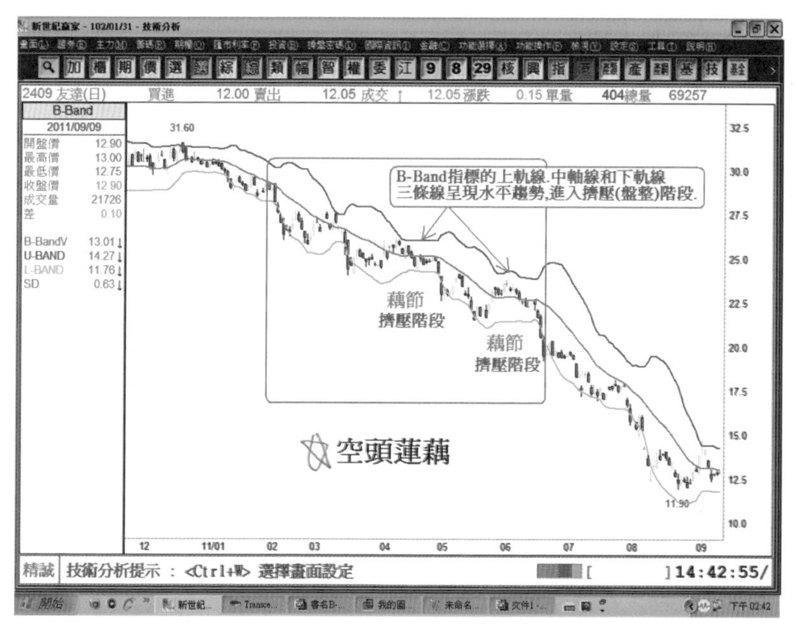


圖4-4：空頭蓮藕

在空頭市場（下跌趨勢），B-Band指標從『擠壓』－擴張－收斂再到『擠壓』階段，其形狀好像向下長的『蓮藕』，稱之為『空頭蓮藕』（參閱圖4-4）。

## 二、花生型態

（一）在多頭市場（上升趨勢），B-Band指標的上漲三部曲是：『擠壓－擴張－收斂』；也就是大家所熟悉的『盤整－上漲－下跌（漲多拉回）』。當價格漲多進入『收斂』階段，之後會出現漲多拉回修正走勢，價格會回測中軸線MA20（月線）支撐，若B-Band指標的上軌線、中軸線和下軌線三條線均呈現水平橫向趨勢，則B-Band指標進入擠壓（盤整）階段，類似蓮藕形狀。

若B-Band指標的上軌線、中軸線和下軌線三條線不是呈現水平橫向趨勢的蓮藕形態，而是上軌線往上，同時下軌線往下，形成開口現象，則B-Band指標再度進入擴張（上漲）階段，其形狀類似花生，如圖4-5與圖4-6所示。在多頭市場（上升趨勢），B-Band指標從『擠壓』－擴張－收斂再到『擴張』階段，其形狀好像向上長的『花生』，稱之為『多頭花生』（參閱圖4-7）。

花生

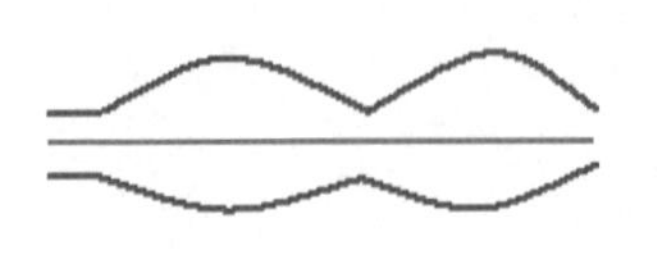

圖4-5：花生型態

圖4-6：花生

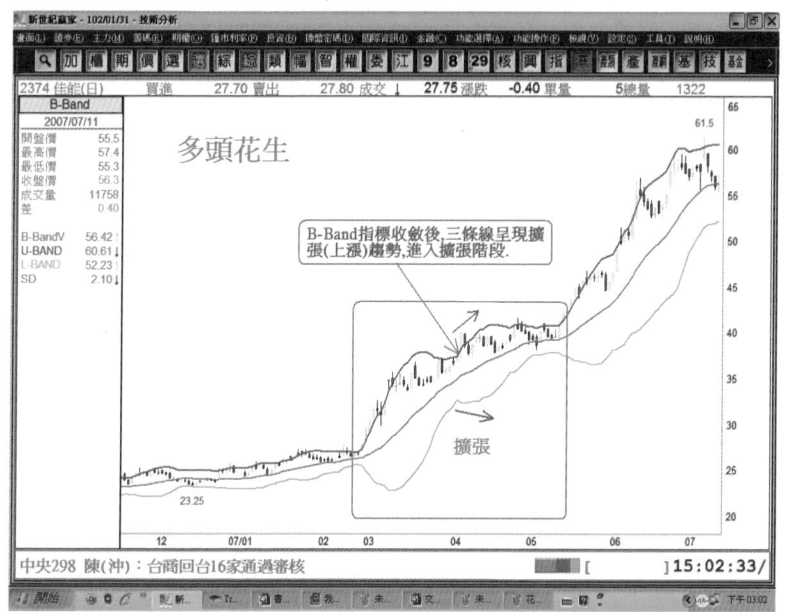


圖4-7：多頭花生

（二）在空頭市場（下跌趨勢），B-Band指標的下跌三部曲是：『擠壓－擴張－收斂』；也就是大家所熟悉的『盤整－下跌－上漲（跌深反彈）』。當價格跌深之後會出現跌深反彈走勢，價格會挑戰中軸線MA20（月線）壓力，若B-Band指標的上軌線、中軸線和下軌線三條線均呈現水平橫向趨勢，則B-Band指標進入擠壓（盤整）階段，類似蓮藕形狀。

若B-Band指標的上軌線、中軸線和下軌線三條線不是呈現水平橫向趨勢的蓮藕形態，而是上軌線往上，同時下軌線往下，形成開

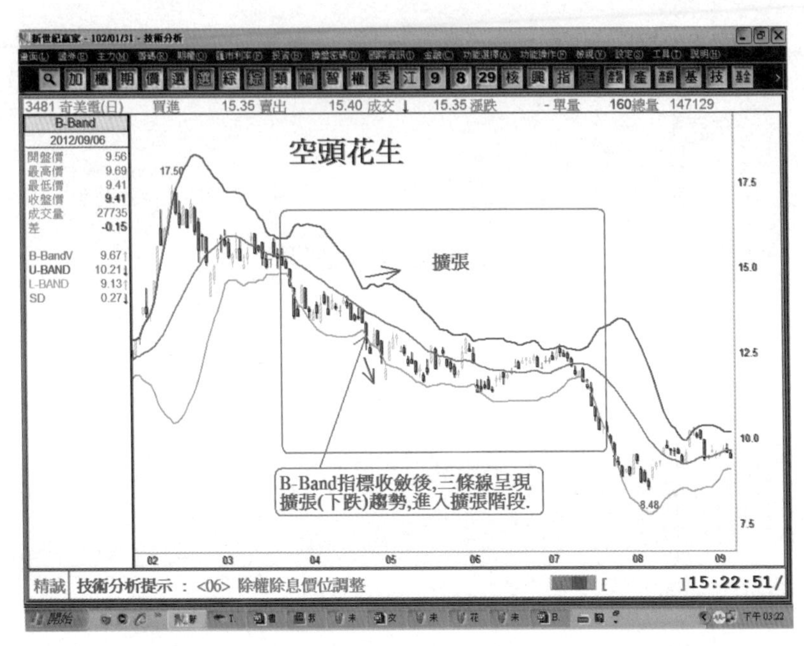


圖4-8：空頭花生

口現象，則B-Band指標再度進入擴張（下跌）階段，其形狀類似花生。在空頭市場（下跌趨勢），B-Band指標從『擠壓』－擴張－收斂再到『擴張』階段，其形狀好像向下長的『花生』，稱之爲『空頭花生』（參閱圖4-8）。

## 三、牽牛（喇叭）花型態

（一）在多頭市場（上升趨勢），B-Band指標的上漲三部曲是：『擠壓－擴張－收斂』；也就是大家所熟悉的『盤整－上漲－下跌（漲多拉回）』。當價格漲多進入『收斂』階段，之後會出現漲多拉回修正走勢，價格會回測中軸線MA20（月線）支撐，若B-Band指標的上軌線、中軸線和下軌線三條線均呈現水平橫向趨勢，則B-Band指標進入擠壓（盤整）階段，形成蓮藕形狀。

若B-Band指標的上軌線、中軸線和下軌線三條線不是呈現水平橫向趨勢的蓮藕形態，而是上軌線往上，同時下軌線往下，形成開口現象，則B-Band指標再度進入擴張（上漲）階段，形成花生形狀。

當B-Band指標呈現花生形狀，之後，又進入漲多拉回修正的收斂階段，但是收斂階段只進行到一半，拉回修正還未測試到B-Band指標的中軸線MA20，價格即突然上漲，上軌線往上，同時下軌線往下，再次形成開口現象，則B-Band指標又進入擴張（上漲）階段，其型態類似牽牛（喇叭）花形狀，如圖4-9與圖4-10所示。

在多頭市場（上升趨勢），B-Band指標從『擠壓』－擴張－收斂到『擴張』－半收斂－再次進入『擴張』階段，其形狀好像向上長的『牽牛（喇叭）花』，稱之爲『多頭牽牛（喇叭）花』（參閱圖4-11）。

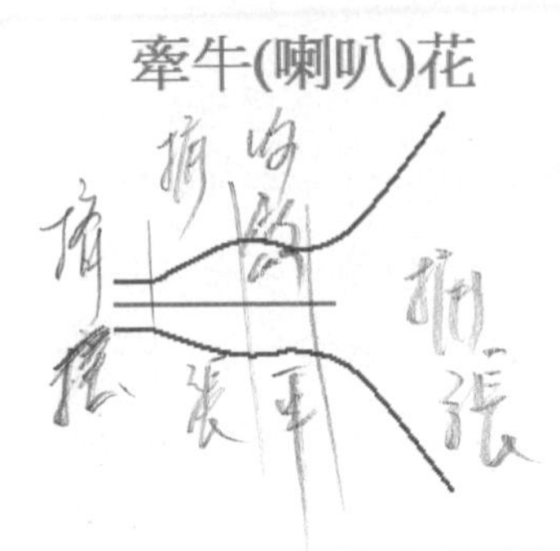


圖4-9：牽牛（喇叭）花型態

圖4-10：牽牛（喇叭）花

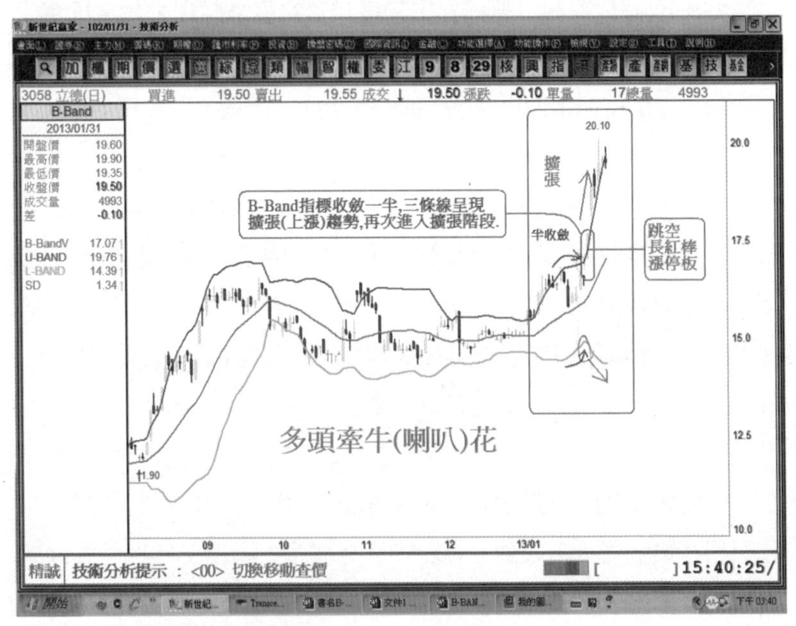


圖4-11：多頭牽牛（喇叭）花

（二）在空頭市場（下跌趨勢），B-Band指標的下跌三部曲是：『擠壓－擴張－收斂』；也就是大家所熟悉的『盤整－下跌－上漲（跌深反彈）』。當價格跌深之後會出現跌深反彈走勢，價格會挑戰中軸線MA20（月線）壓力，若B-Band指標的上軌線、中軸線和下軌線三條線均呈現水平橫向趨勢，則B-Band指標進入擠壓（盤整）階段，形成蓮藕形狀。

若B-Band指標的上軌線、中軸線和下軌線三條線不是呈現水平橫向趨勢的蓮藕形態，而是上軌線往上，同時下軌線往下，形成開口現象，則B-Band指標再度進入擴張（下跌）階段，形成花生形狀。

當B-Band指標呈現花生形狀，之後，又進入跌深反彈的收斂階段，但是收斂階段只進行到一半，跌深反彈還未挑戰到B-Band指標的中軸線MA20，價格即突然下跌，上軌線往上，同時下軌線往下，再次形成開口現象，則B-Band指標又進入擴張（下跌）階段，其型態類似牽牛（喇叭）花形狀。

在空頭市場（下跌趨勢），B-Band指標從『擠壓』－擴張－收斂到『擴張』－半收斂－再次進入『擴張』階段，其形狀好像向下長的『牽牛（喇叭）花』，稱之爲『空頭牽牛（喇叭）花』（參閱圖4-12）。

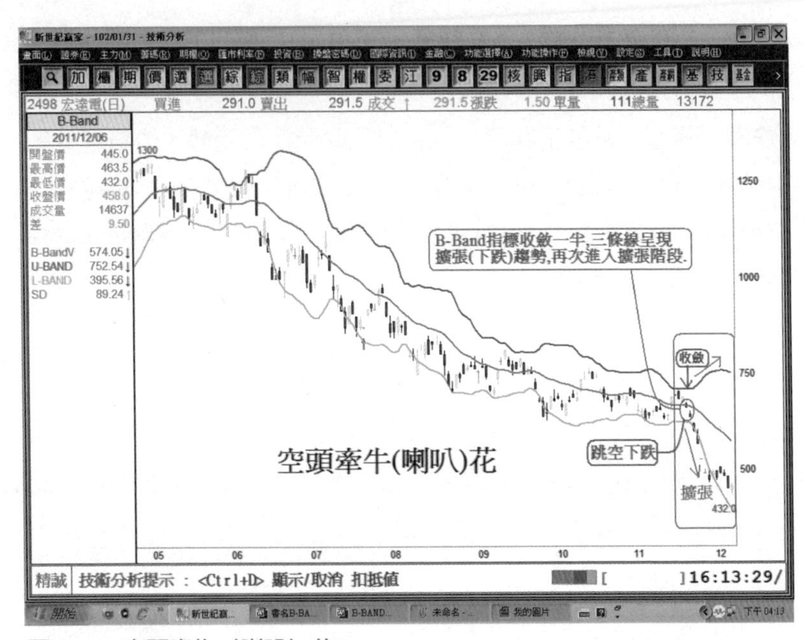


圖4-12：空頭牽牛（喇叭）花

# 讀後心得

B-Band指標的價格呈現波動上漲或波動下跌，筆者發現在價格波動上漲或波動下跌的過程中，會出現『蓮藕』、『花生』和『牽牛（喇叭）花』的型態。筆者分別將其命名爲『多頭蓮藕或空頭蓮藕』、『多頭花生或空頭花生』和『多頭牽牛（喇叭）花或空頭牽牛（喇叭）花』。

蓮藕和蓮藕的交接處，會有一小段藕節，這段藕節就是『擠壓』

階段，當價格『開口擴張』，形成波段上漲，就變成下一段的藕身；當價格漲多拉回，形成收斂階段，就是一段完整的藕身。接下來非常重要，B-Band指標的價格波動將進入『擠壓』盤整階段，又重回到蓮藕和蓮藕交接處的藕節，或是價格波動將進入『擴張』上漲階段，形成『多頭花生』的型態。

當價格波動形成『多頭花生』的型態，表示價格進行第二波漲勢，『多頭花生』漲多之後，會再度進入漲多拉回的『收斂』階段，其後續發展又可分爲三種：1.B-Band指標的價格波動又進入『擠壓』盤整階段，再次重回到蓮藕和蓮藕交接處的藕節。2.價格波動又將進入『擴張』上漲階段，再次形成『多頭花生』的型態。3.漲多拉回的『收斂』階段，約只進行到一半，也就是『半收斂』階段，價格會突然『擴張』上漲，其型態像極了一朵『牽牛（喇叭）花』，表示價格進行第三波漲勢，大多是噴出急漲之勢；隨後將進入漲多拉回的『收斂』階段或是更慘烈的由多翻空的『空頭蓮藕』型態。反之，在空頭市場（下跌趨勢）時，B-Band指標價格波動的下跌型態，會先出現『空頭蓮藕』型態，然後是『空頭花生』的型態，最後是『空頭牽牛（喇叭）花』型態，價格會進行三波跌勢。

讀者一定要慢慢讀、慢慢體會筆者所言的『多頭蓮藕』－『多頭花生』－『多頭牽牛（喇叭）花』和『空頭蓮藕』－『空頭花生』－『空頭牽牛（喇叭）花』的演變過程，讀懂了、讀通了，就要上網或上電腦多看圖練習，這樣就能把筆者的經驗變成你的經驗。

# 第五章

# B-Band指標多頭市場上漲三部曲

在金融市場『波浪理論』是投資大眾最熟悉的價格波動理論。多頭市場上漲分爲五波，在上漲的五波中，第1、3、5波爲上升波（上漲）；第2、4波爲調整波（下跌）。筆者發現，B-Band指標在多頭市場的價格波動中，亦會自然形成一種上漲的慣性，也可稱之爲上漲的步驟，筆者將其命名爲『多頭市場上漲三部曲』。『多頭市場上漲三部曲』爲：『擠壓－擴張－收斂』；也就是大家所熟悉的『盤整－上漲－下跌（漲多拉回）』。

- 『擠壓』的特徵：上軌線、中軸線和下軌線三條線呈現類似水平或橫向趨勢；就是技術分析所稱的『橫向盤整』。
- 『擴張』的特徵：上軌線往上且下軌線往下，形成類似『開口』現象，乃漲勢開始；也就是技術分析所稱的『多頭市場』或『上漲趨勢』。
- 『收斂』的特徵：下軌線往上，之後，上軌線往下，形成類似『縮口』現象；也就是技術分析所稱的『漲多拉回、『拉回修正』或『漲多拉回修正』。

『多頭市場上漲三部曲』的模式有許多種，參閱圖5-1至圖5-20。

1. 強勢擠壓模式：擠壓－擴張－收斂

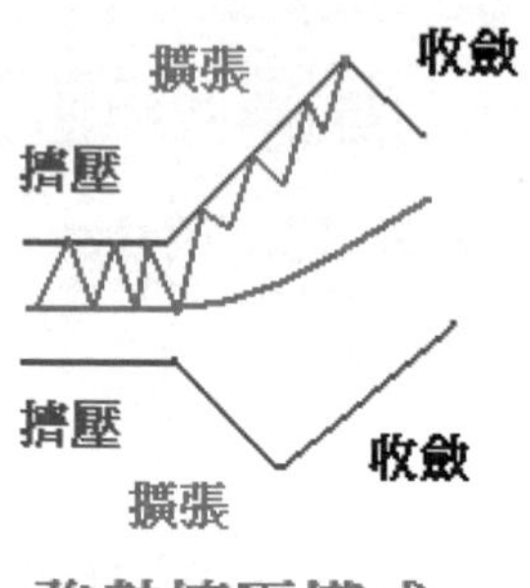


圖5-1：強勢擠壓模式：擠壓－擴張－收斂

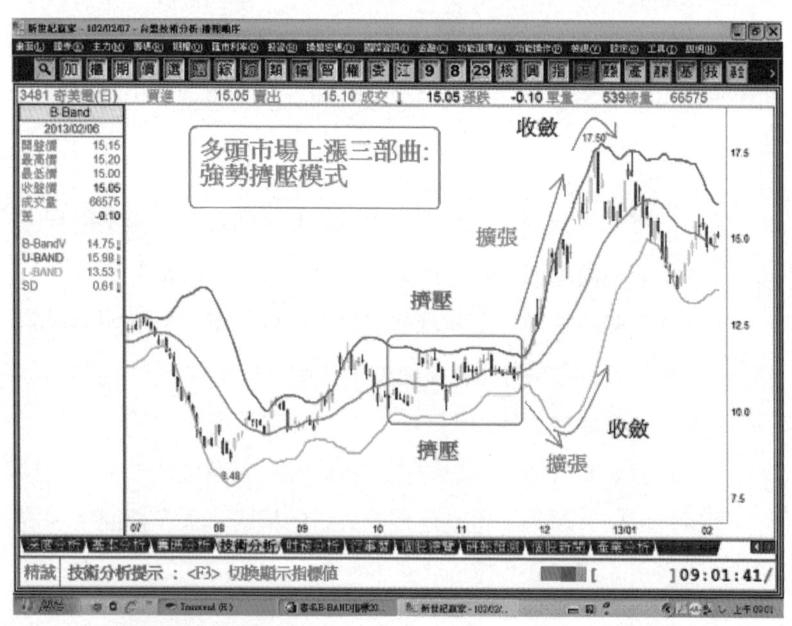


圖5-2：強勢擠壓模式圖例

2. 弱勢擠壓模式：擠壓－擴張－收斂

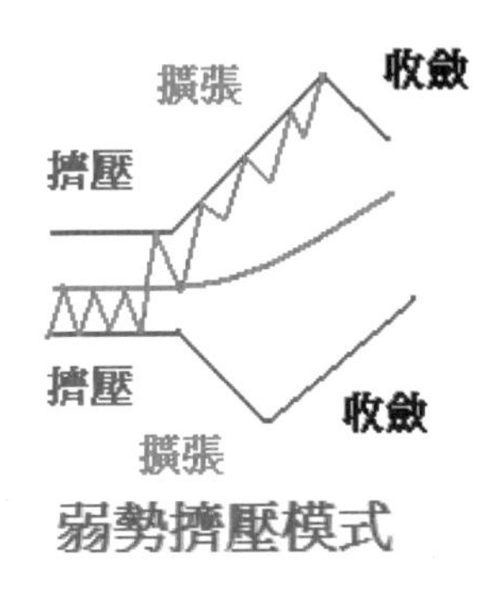


圖5-3：弱勢擠壓模式：擠壓－擴張－收斂

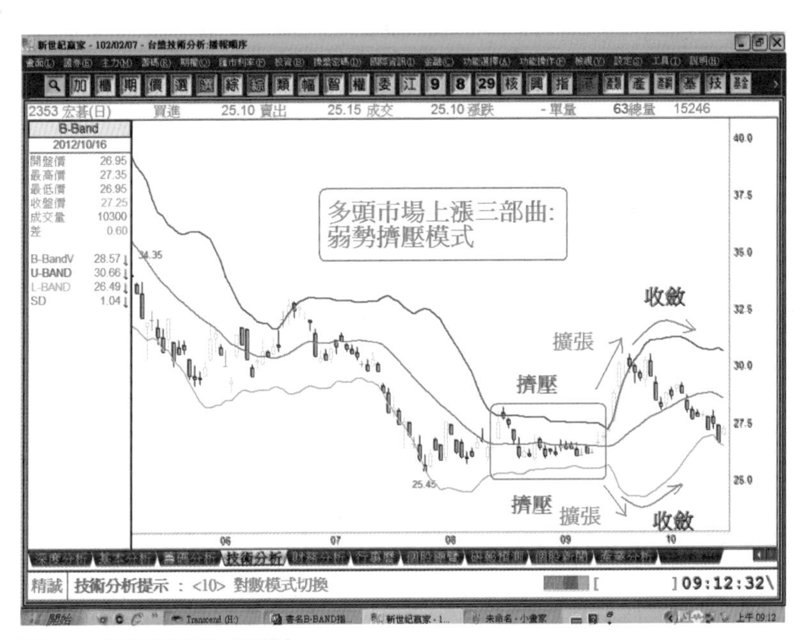


圖5-4：弱勢擠壓模式圖例

3. 蓮藕模式：擠壓－擴張－收斂－擠壓

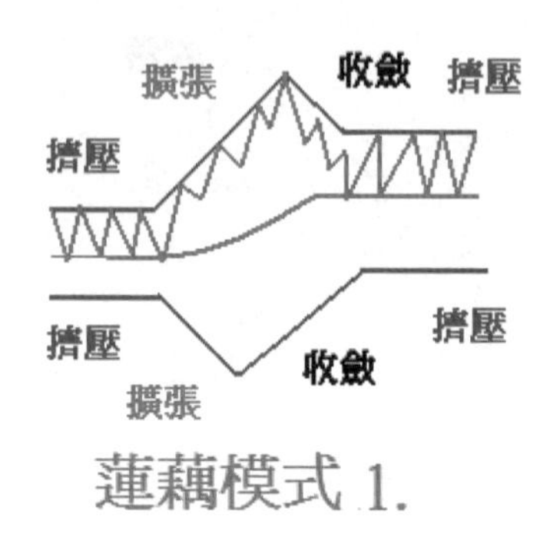


圖5-5：蓮藕模式1

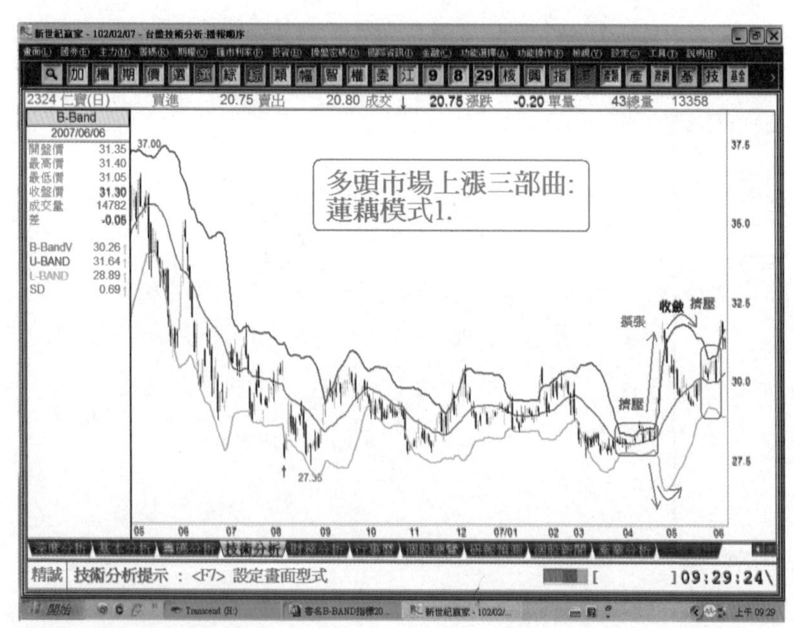


圖5-6：蓮藕模式1圖例

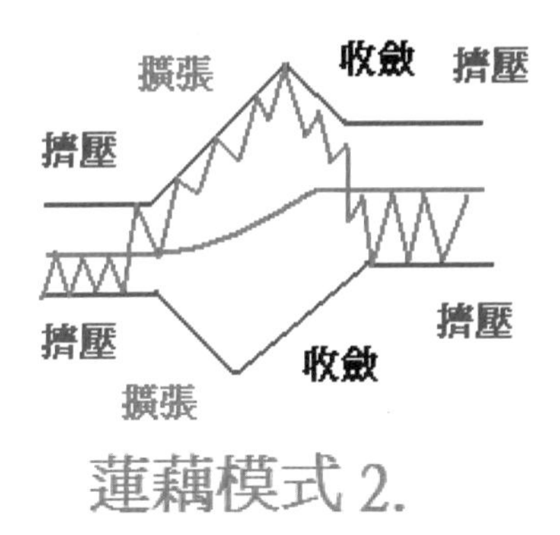


圖5-7：蓮藕模式2

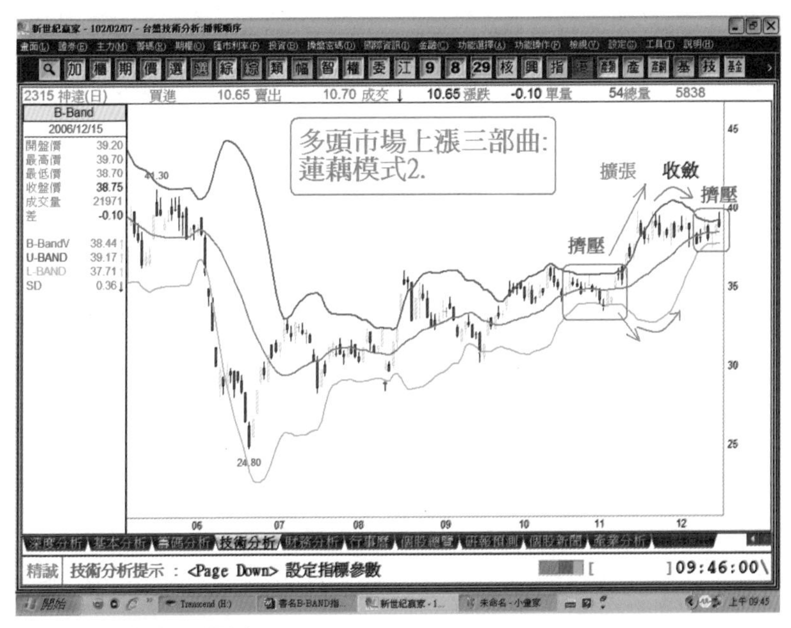


圖5-8：蓮藕模式2圖例

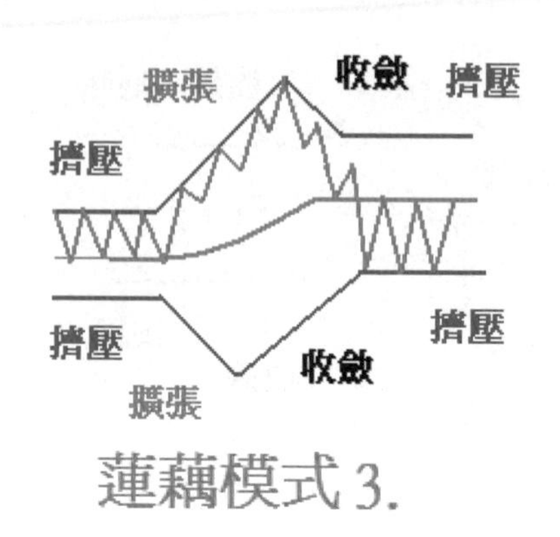


圖5-9：蓮藕模式3

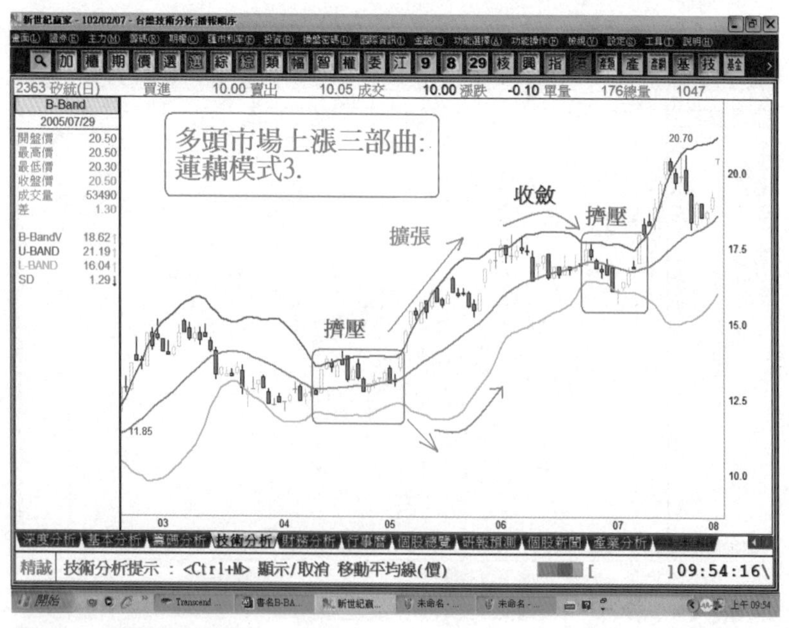


圖5-10：蓮藕模式3圖例

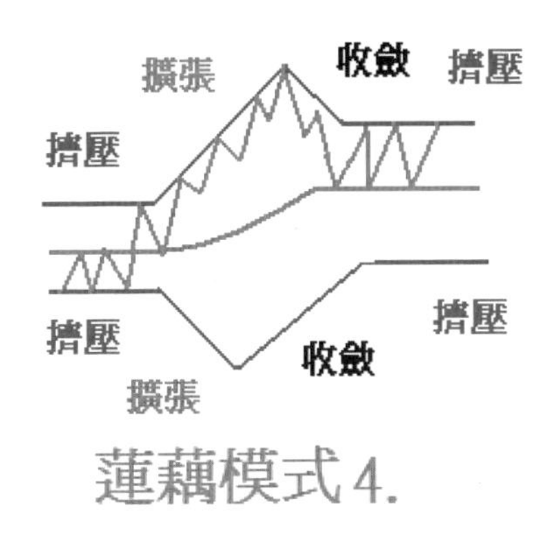


圖5-11：蓮藕模式4

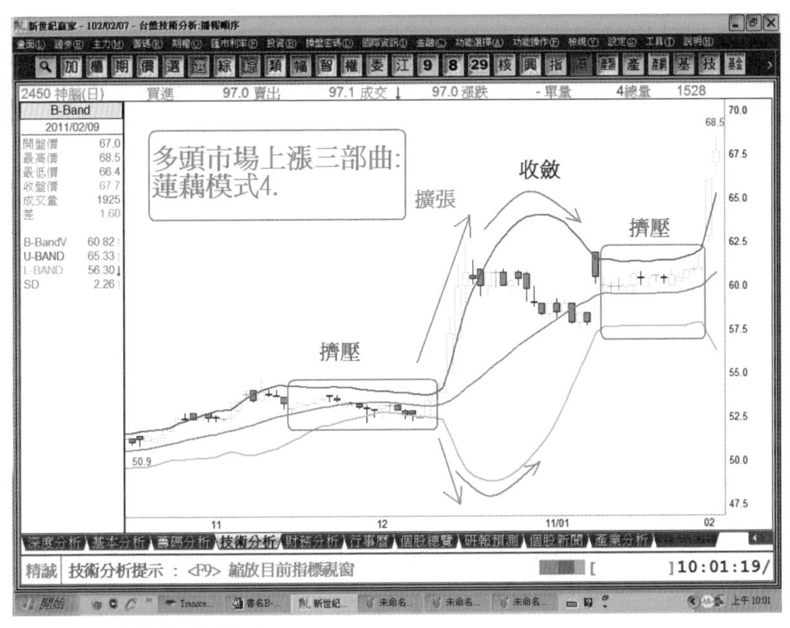


圖5-12：蓮藕模式4圖例

4. 花生模式：擠壓－擴張－收斂－擴張

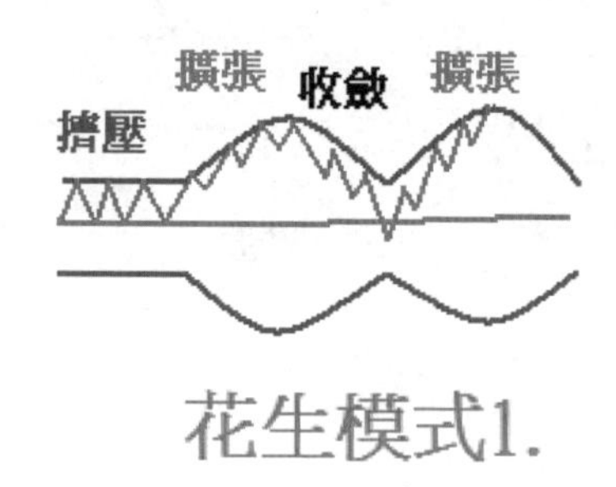


圖5-13：花生模式1

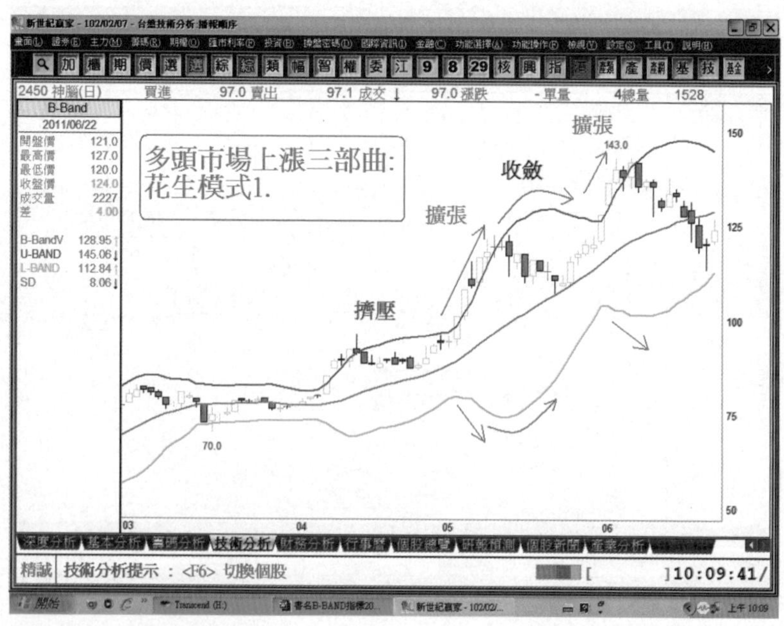


圖5-14：花生模式1圖例

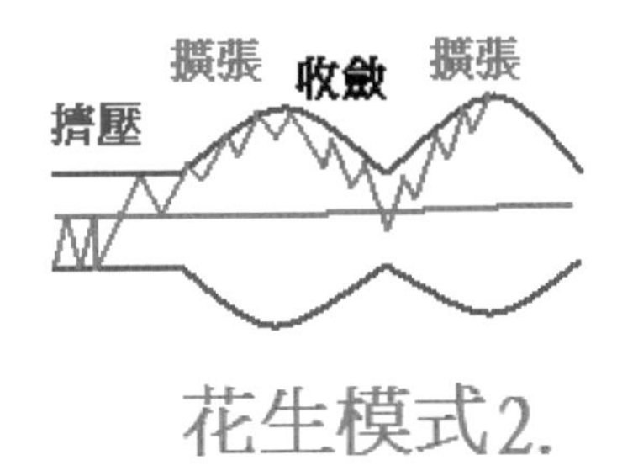


圖5-15：花生模式2

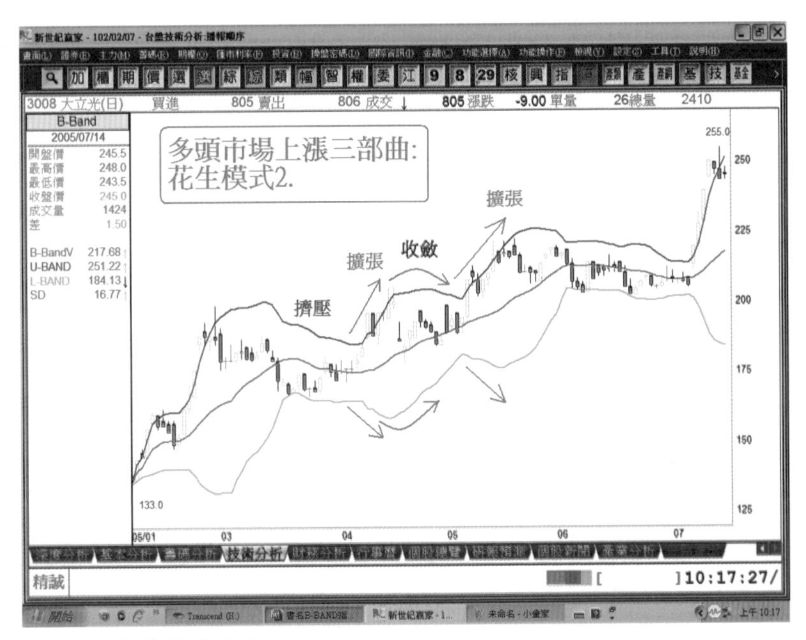


圖5-16：花生模式2圖例

5. 牽牛（喇叭）花模式：擠壓－擴張－收斂－擴張－半收斂－擴張

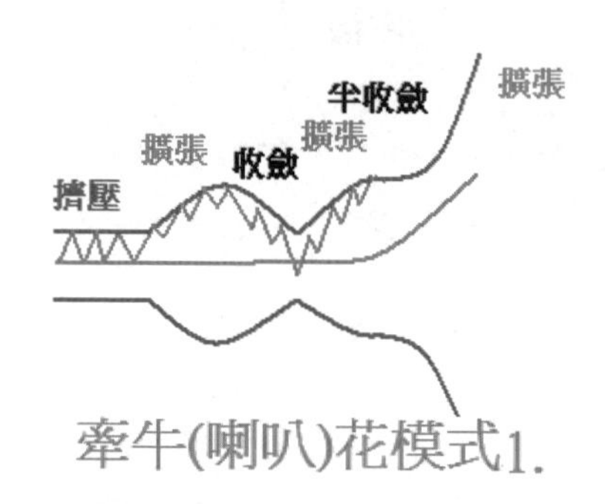


圖5-17：牽牛（喇叭）花模式1

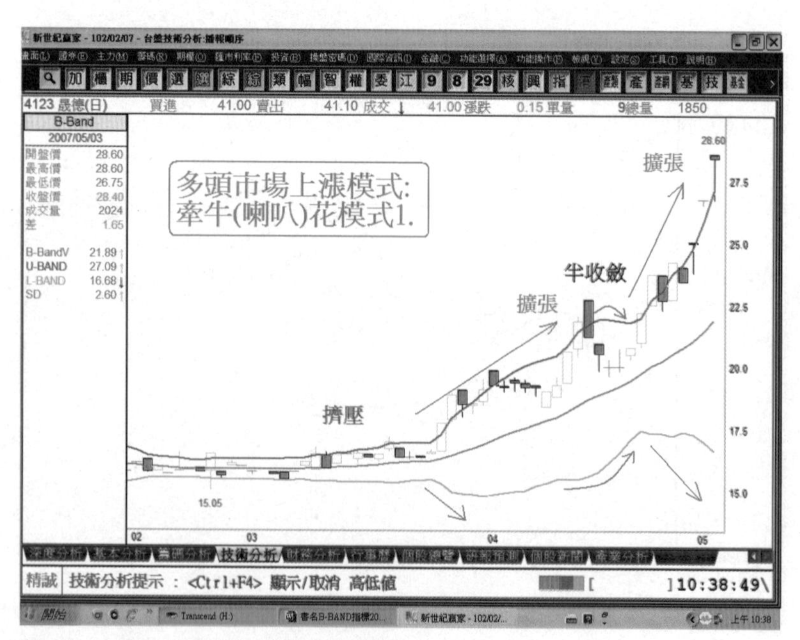


圖5-18：牽牛（喇叭）花模式1圖例

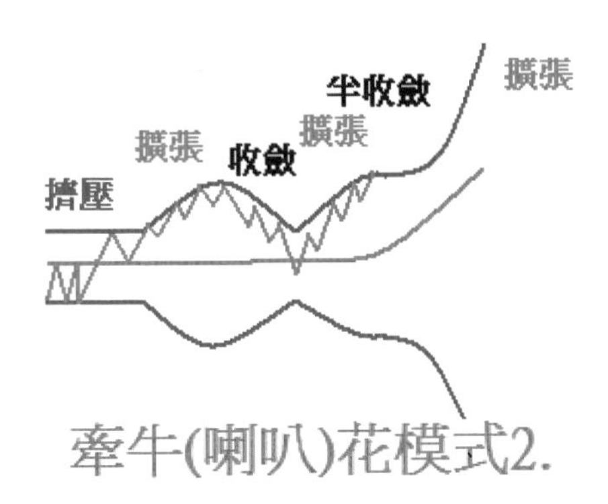


圖5-19：牽牛（喇叭）花模式2

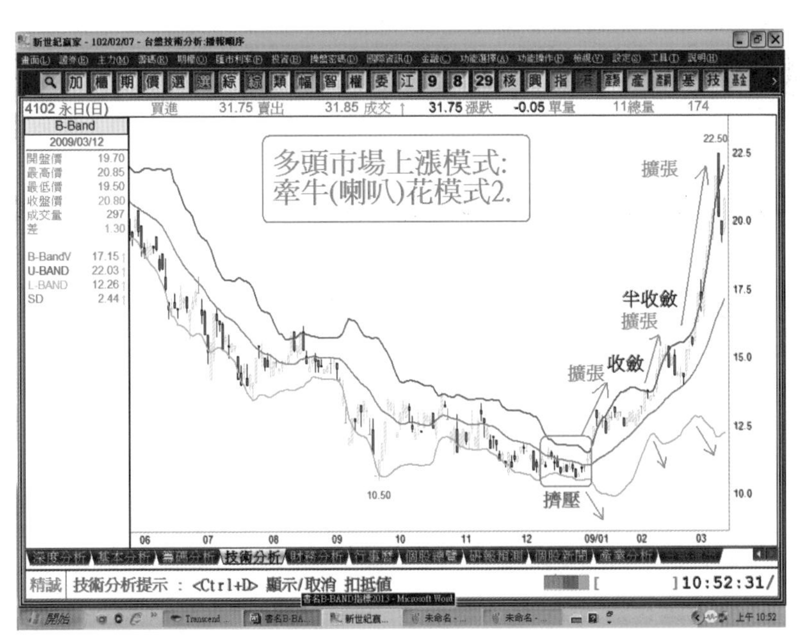


圖5-20：牽牛（喇叭）花模式2圖例

B-Band指標在價格波動上漲過程中，筆者發現其有一個規律性的步驟：『擠壓』－『擴張』－『收斂』，筆者將其命名爲『B-Band指標多頭市場上漲三部曲』。在多頭市場（上漲趨勢）未結束前，『B-Band指標多頭市場上漲三部曲』：『擠壓』（盤整）－『擴張』（上漲）－『收斂』（下跌，漲多拉回）會不斷重複進行。

在B-Band指標價格波動上漲的過程中，筆者還發現其有一個規律性的三波段上漲型態：『蓮藕』－『花生』－『牽牛（喇叭）花』的型態。筆者將其命名爲『多頭蓮藕』－『多頭花生』－『多頭牽牛（喇叭）花』。

『B-Band指標多頭市場上漲三部曲』的過程：

(1) 『擠壓』（橫向盤整）（蓮藕的藕節）－『擴張』（上漲）（藕身）－『收斂』（漲多拉回）。
(2) 『擠壓』（橫向盤整）（蓮藕的藕節）－『擴張』（上漲）（藕身）－『收斂』（漲多拉回）－『擠壓』（橫向盤整）（蓮藕的藕節）。
(3) 『擠壓』（橫向盤整）（蓮藕的藕節）－『擴張』（上漲）（藕身）－『收斂』（漲多拉回）-『擴張』（上漲）（花生）。
(4) 『擠壓』（橫向盤整）（蓮藕的藕節）－『擴張』（上漲）（藕身）－『收斂』（漲多拉回）－『擴張』（上漲）（花生）－『收斂』（漲多拉回）。

(5) 『擠壓』（橫向盤整）（蓮藕的藕節）－『擴張』（上漲）（藕身）－『收斂』（漲多拉回）－『擴張』（上漲）（花生）－『收斂』（漲多拉回）－『擠壓』（橫向盤整）（蓮藕的藕節）。

(6) 『擠壓』（橫向盤整）（蓮藕的藕節）－『擴張』（上漲）（藕身）－『收斂』（漲多拉回）－『擴張』（上漲）（花生）－『半收斂』（漲多拉回）－『擴張』（上漲）（牽牛（喇叭）花）。

讀者一定要和讀第四章一樣，耐心地慢慢讀、慢慢體會筆者所言的『B-Band指標多頭市場上漲三部曲』的演變過程，讀懂了、讀通了，就要上網或上電腦多看圖練習，這樣就能把筆者的經驗變成你的經驗，就好比股林中的師父，運用內功傳給各位1/3甲子的功力，各位學成後可以進入股林小試一番身手。

# 第六章

# B-Band指標空頭市場下跌三部曲

在金融市場，『波浪理論』是投資大眾最熟悉的價格波動理論。空頭市場下跌分爲A-B-C三波，在下跌的三波中，第A、C波爲下跌波（下跌）；第B波爲反彈波（上漲）。筆者發現，B-Band指標在空頭市場的價格波動中，也會自然形成一種下跌的慣性，也可稱之爲下跌的步驟，筆者將其命名爲『空頭市場下跌三部曲』。『空頭市場下跌三部曲』爲：『擠壓－擴張－收斂』；也就是大家所熟悉的『盤整－下跌－上漲（跌深反彈）』。

- 『擠壓』的特徵：上軌線、中軸線和下軌線三條線呈現類似水平或橫線趨勢；就是技術分析所稱的『橫向盤整』。
- 『擴張』的特徵：上軌線往上且下軌線往下，形成類似『開口』現象，乃跌勢開始；也就是技術分析所稱的『空頭市場』或『下跌趨勢』。
- 『收斂』的特徵：上軌線往下，之後，下軌線往上，形成類似『縮口』現象；也就是技術分析所稱的『跌深反彈』。

『空頭市場下跌三部曲』的模式有許多種，參閱圖6-1至圖6-20。

1. 強勢擠壓模式：擠壓－擴張－收斂

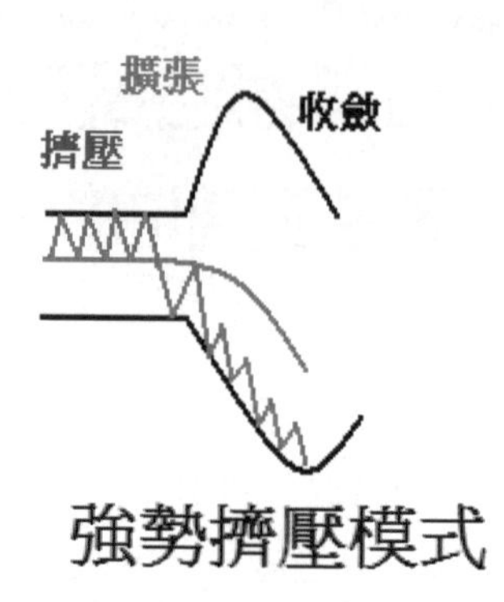


圖6-1：強勢擠壓模式：擠壓－擴張－收斂

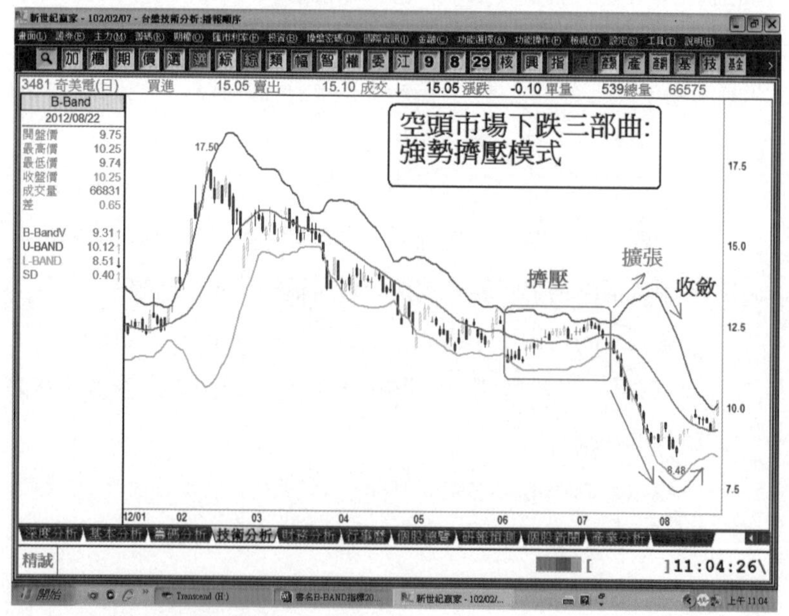


圖6-2：強勢擠壓模式圖例

2. 弱勢擠壓模式：擠壓－擴張－收斂

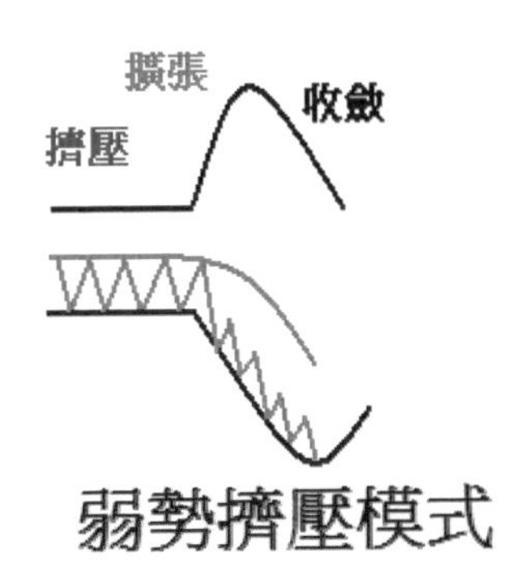


圖6-3：弱勢擠壓模式：擠壓－擴張－收斂

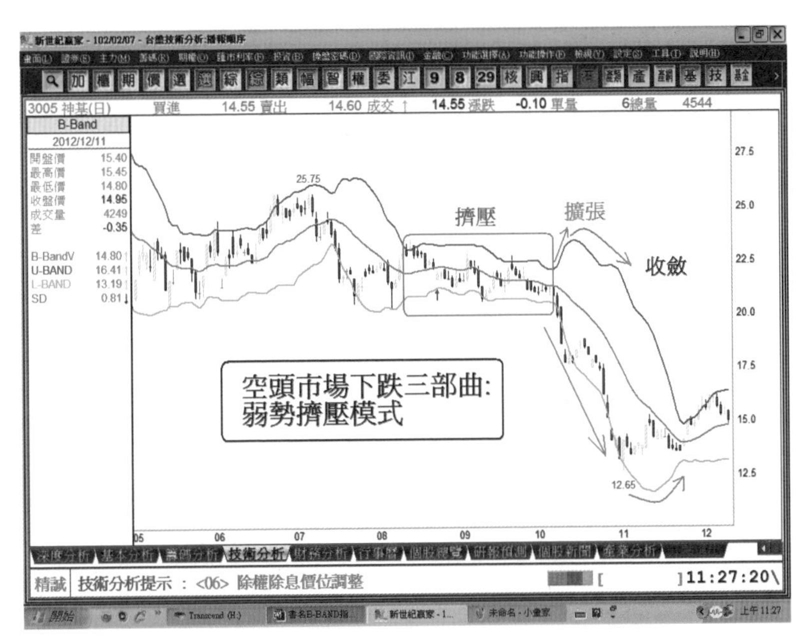


圖6-4：弱勢擠壓模式圖例

3. 蓮藕模式：擠壓－擴張－收斂－擠壓

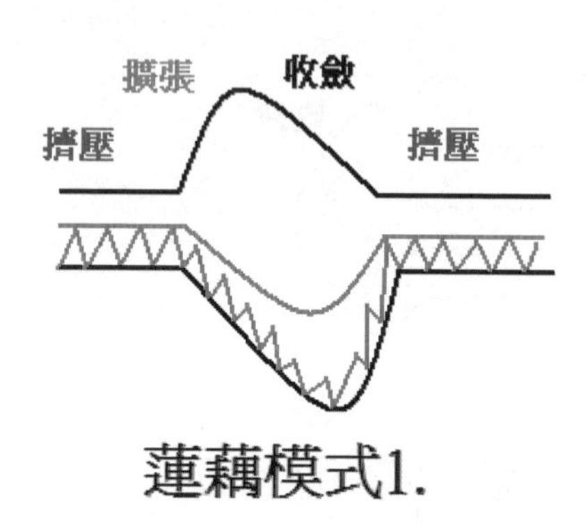


圖6-5：蓮藕模式1

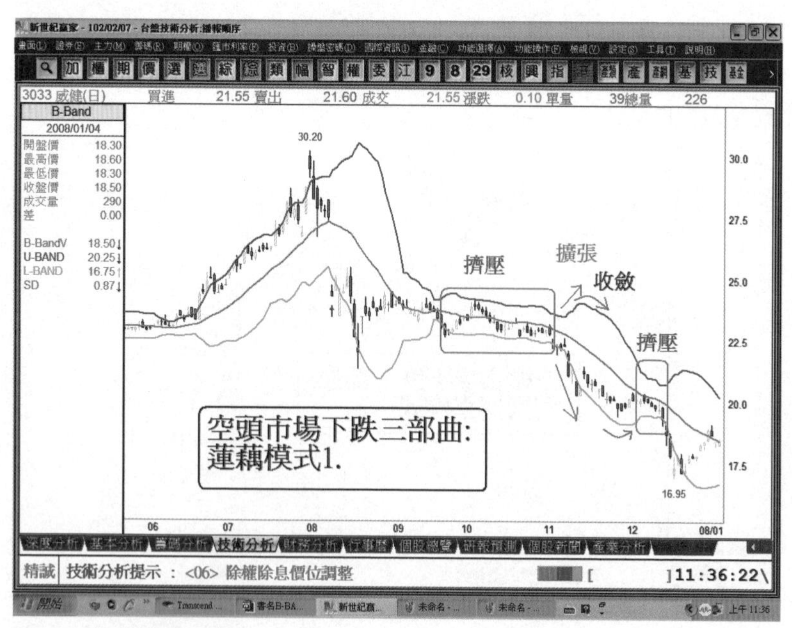


圖6-6：蓮藕模式1圖例

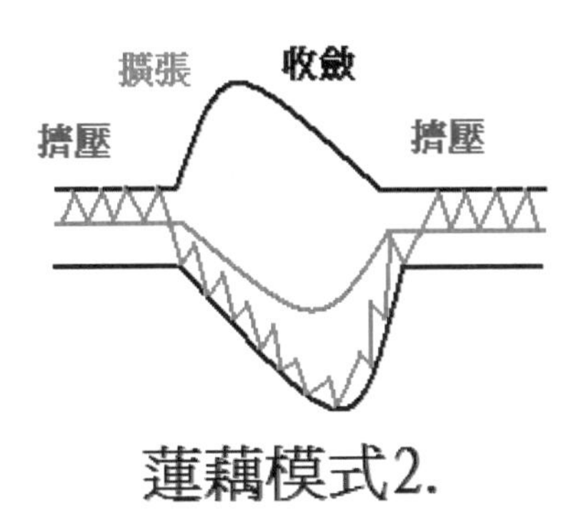


圖6-7：蓮藕模式2

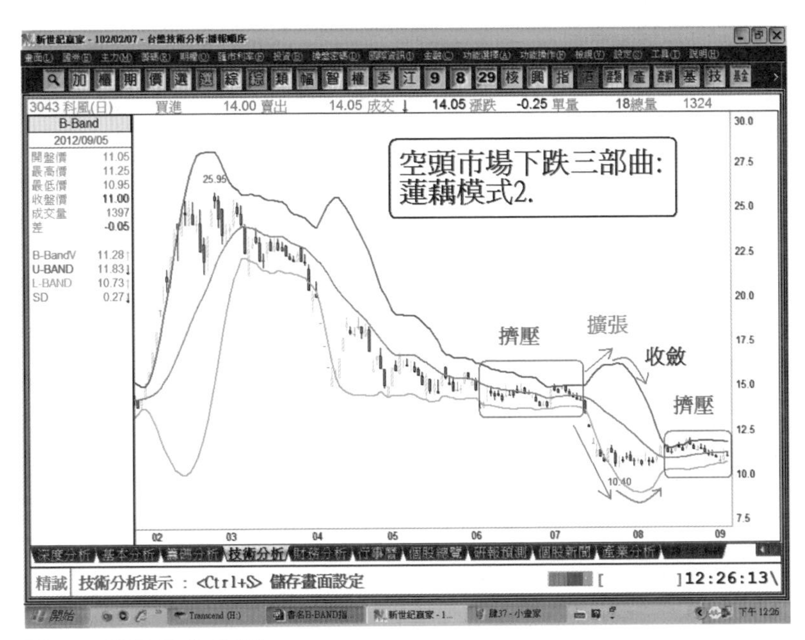


圖6-8：蓮藕模式2圖例

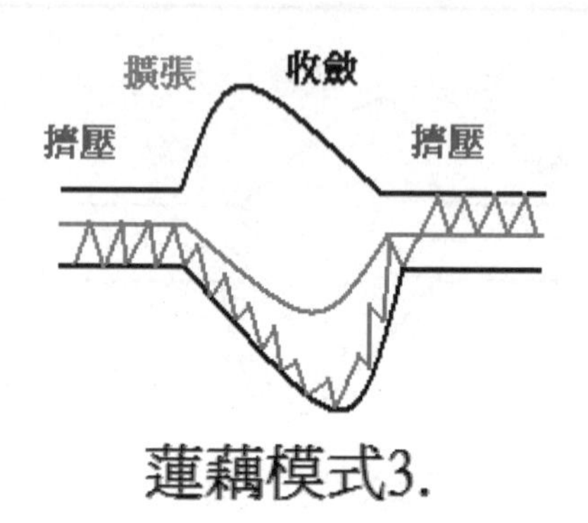


圖6-9：蓮藕模式3

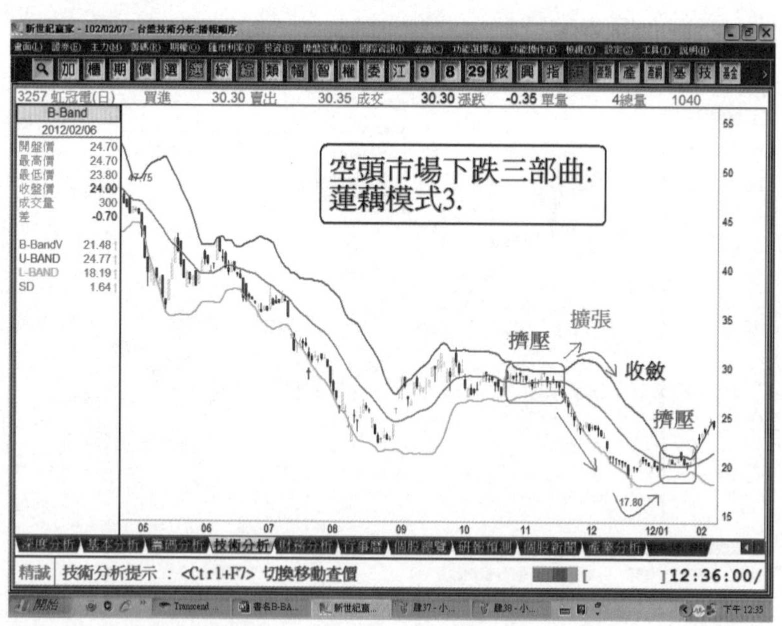


圖6-10：蓮藕模式3圖例

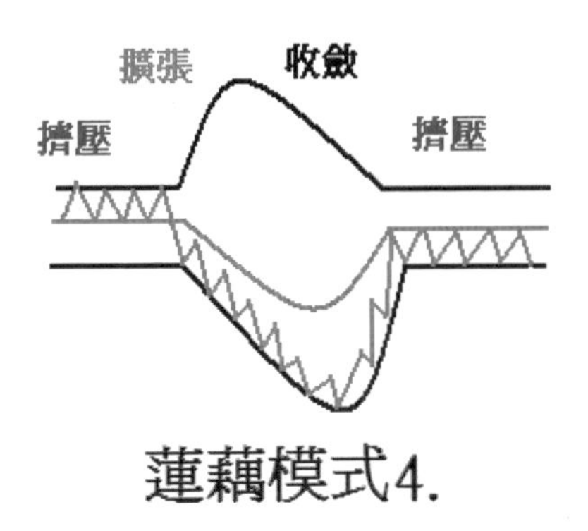


圖6-11：蓮藕模式4

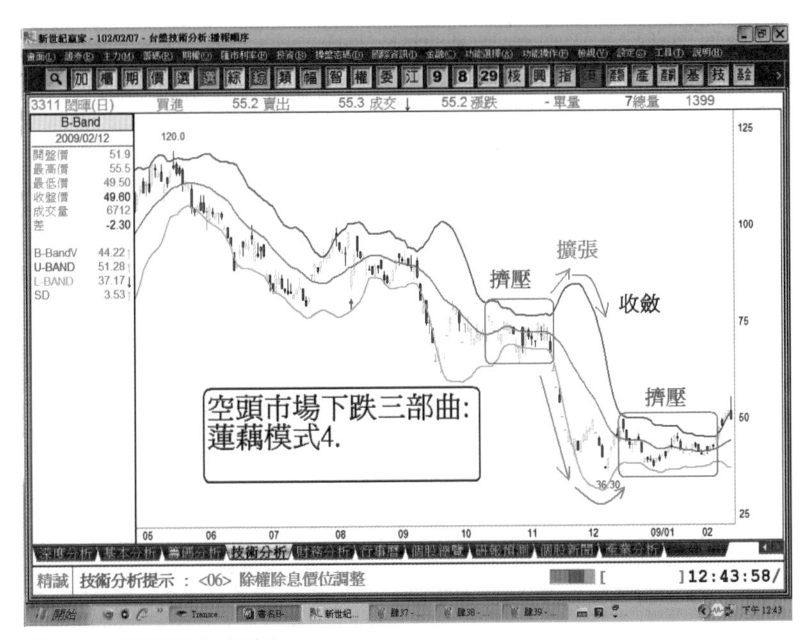


圖6-12：蓮藕模式4圖例

4. 花生模式：擠壓－擴張－收斂－擴張

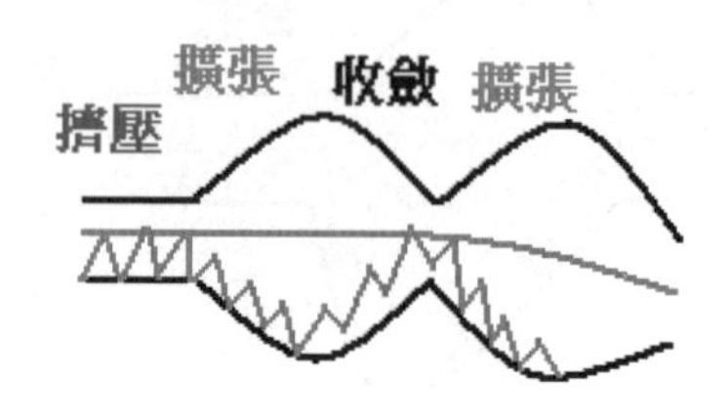


花生模式1.

圖6-13：花生模式1

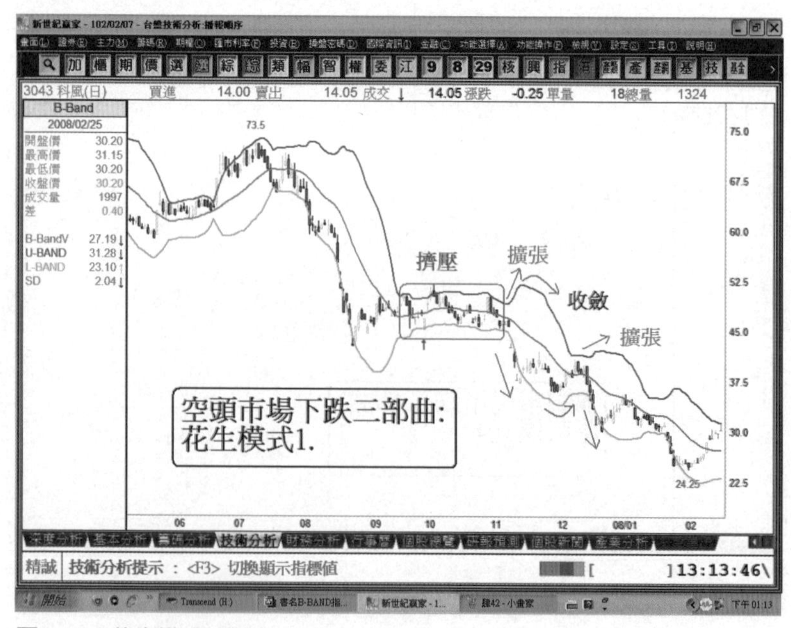


圖6-14：花生模式1圖例

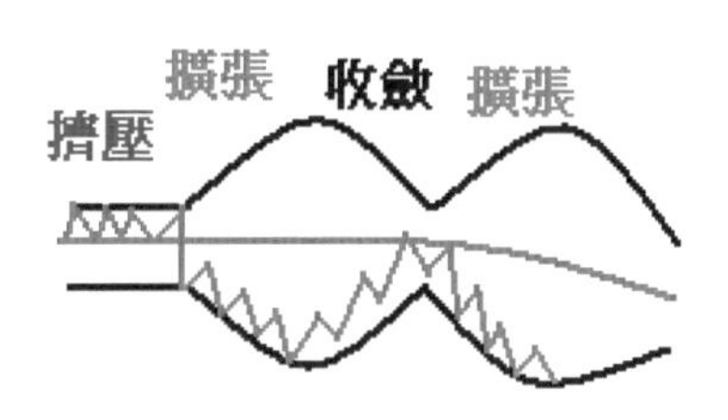


圖6-15：花生模式2

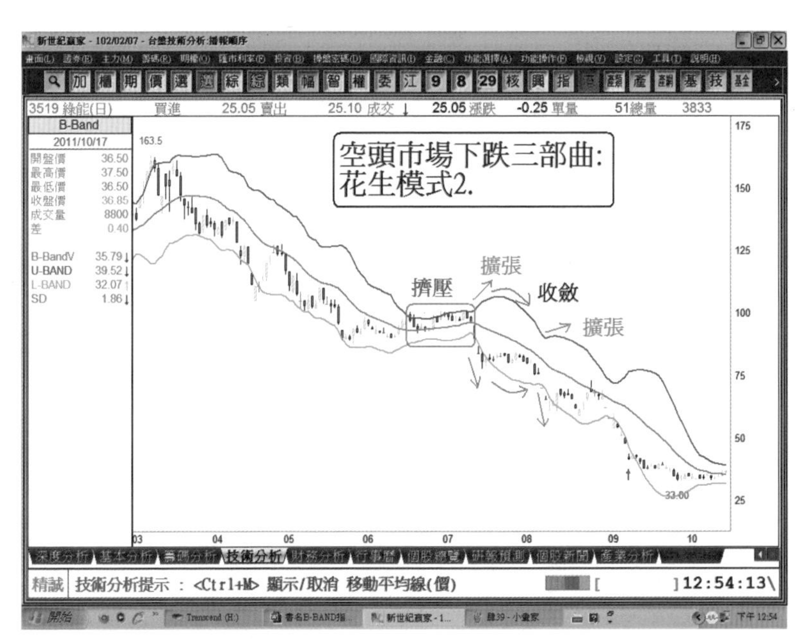


圖6-16：花生模式2圖例

5. 牽牛（喇叭）花模式：擠壓－擴張－收斂－擴張－半收斂－擴張

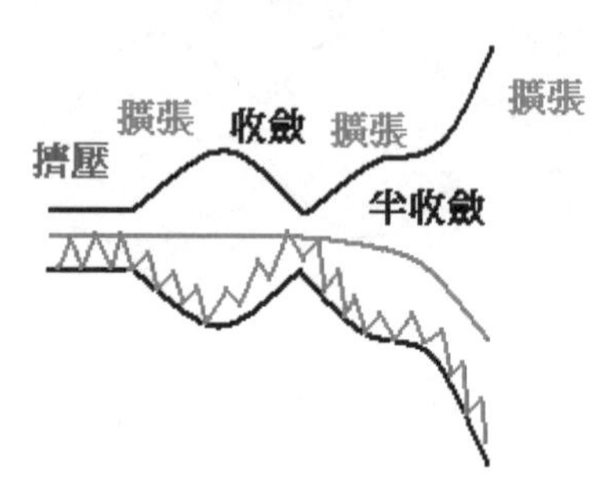


圖6-17：牽牛（喇叭）花模式1

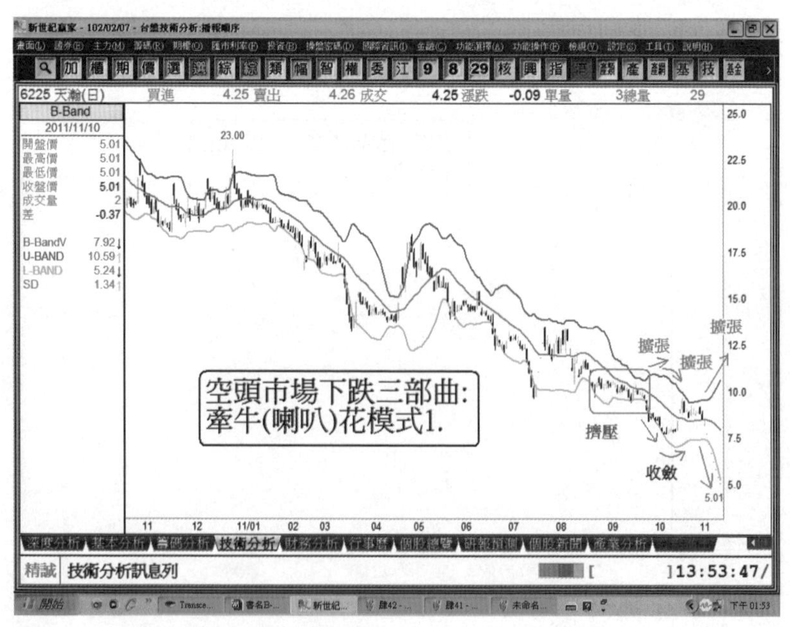


圖6-18：牽牛（喇叭）花模式1圖例

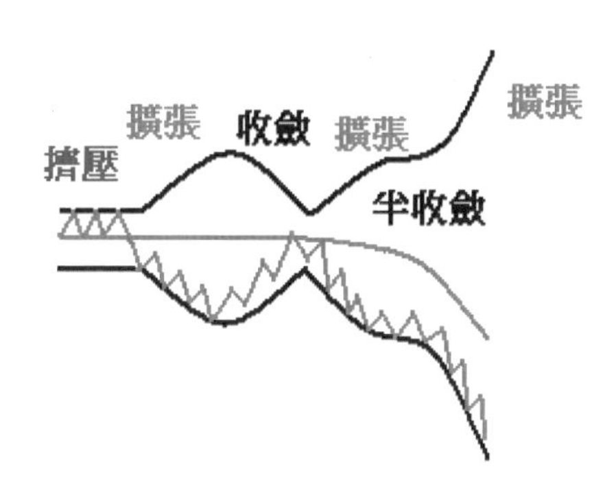


圖6-19：牽牛（喇叭）花模式2

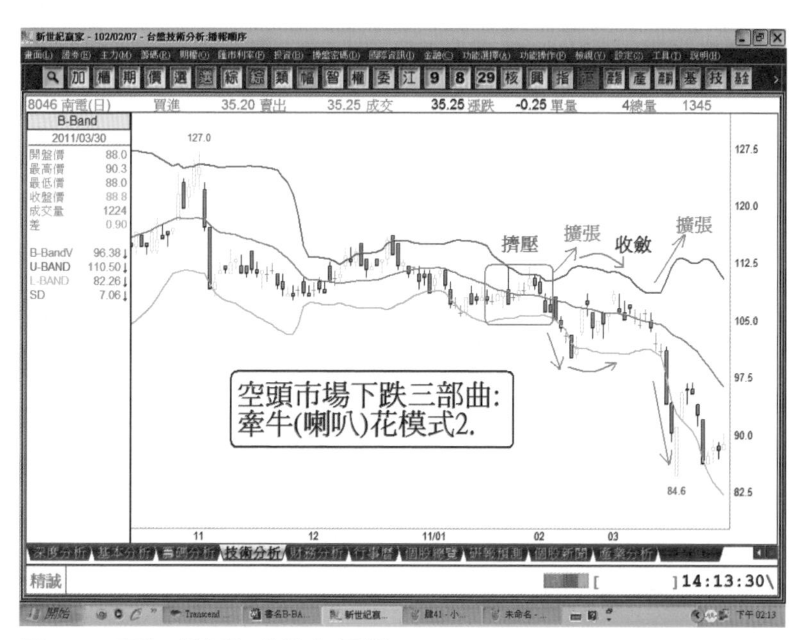


圖6-20：牽牛（喇叭）花模式2圖例

B-Band指標在價格波動下跌過程中，筆者發現其有一個規律性的步驟：『擠壓』－『擴張』－『收斂』，筆者將其命名爲『B-Band指標空頭市場下跌三部曲』。在空頭市場（下跌趨勢）未結束前，『B-Band指標空頭市場下跌三部曲』：『擠壓』（盤整）－『擴張』（下跌）－『收斂』（上漲，跌深反彈）會不斷重複進行。

在B-Band指標價格波動下跌的過程中，筆者還發現其有一個規律性的三波段下跌型態：『蓮藕』－『花生』－『牽牛（喇叭）花』的型態。筆者將其命名爲『空頭蓮藕』－『空頭花生』－『空頭牽牛（喇叭）花』。

『B-Band指標多頭市場下跌三部曲』的過程：

(1) 『擠壓』（橫向盤整）（蓮藕的藕節）－『擴張』（下跌）（藕身）－『收斂』（跌深反彈）。
(2) 『擠壓』（橫向盤整）（蓮藕的藕節）－『擴張』（下跌）（藕身）－『收斂』（跌深反彈）－『擠壓』（橫向盤整）（蓮藕的藕節）。
(3) 『擠壓』（橫向盤整）（蓮藕的藕節）－『擴張』（下跌）（藕身）－『收斂』（跌深反彈）－『擴張』（下跌）（花生）。
(4) 『擠壓』（橫向盤整）（蓮藕的藕節）－『擴張』（下跌）（藕身）－『收斂』（跌深反彈）－『擴張』（下跌）（花生）－『收斂』（跌深反彈）。

(5)『擠壓』（橫向盤整）（蓮藕的藕節）－『擴張』（下跌）（藕身）－『收斂』（跌深反彈）－『擴張』（下跌）（花生）－『收斂』（跌深反彈）－『擠壓』（橫向盤整）（蓮藕的藕節）。

(6)『擠壓』（橫向盤整）（蓮藕的藕節）－『擴張』（下跌）（藕身）－『收斂』（跌深反彈）－『擴張』（下跌）（花生）－『半收斂』（跌深反彈）－『擴張』（下跌）（牽牛（喇叭）花）。

讀者一定要繼續耐心地慢慢讀、慢慢體會筆者所言的『B-Band指標空頭市場下跌三部曲』的演變過程，讀懂了、讀通了，繼續上網或上電腦多看圖練習，這樣就能把筆者的經驗變成你的經驗，功力大增，股藝精進，各位一定要學成後才可以步入股林，先小試身手，待經驗豐富後，才能積極操作。

# 第二篇

# B-Band指標的運用範疇

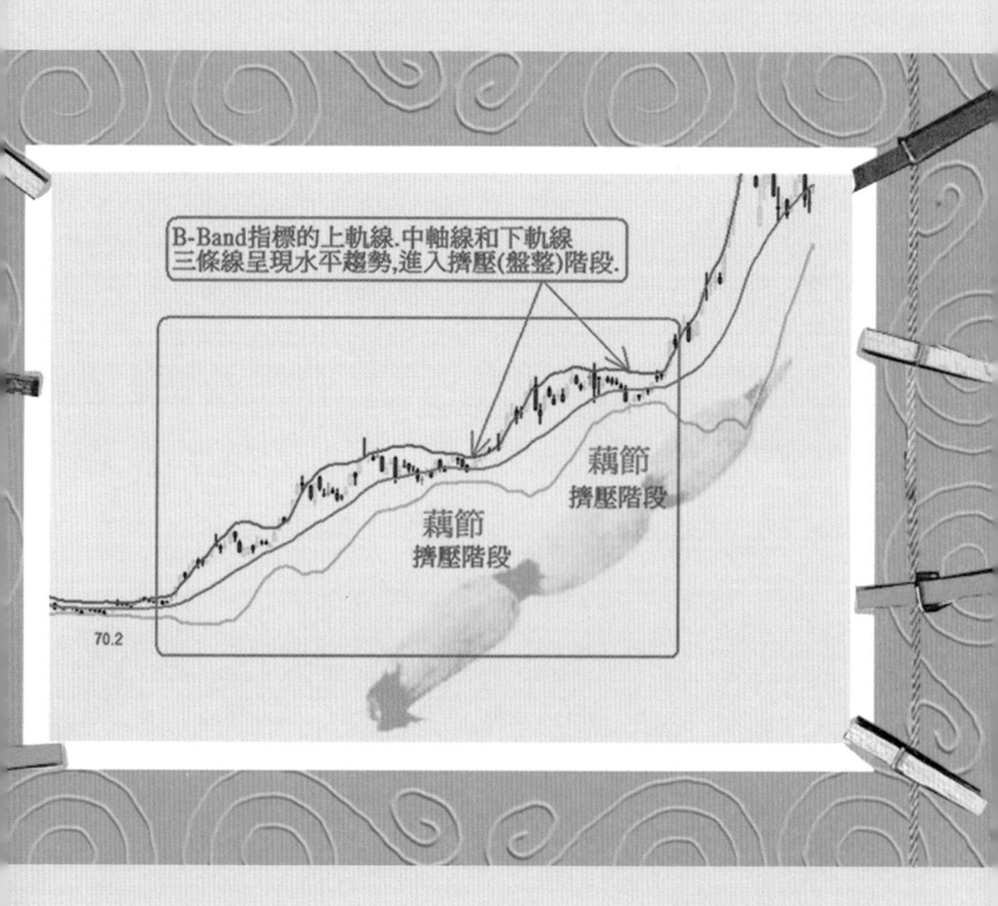

# 第七章

# B-Band指標適用的時間週期

B-Band指標最爲投資大眾所使用的時間週期分爲：

- 月線
- 週線
- 日線
- 小時（60分鐘）線
- 30分鐘線
- 5分鐘線

這些時間週期各代表什麼意思？有何作用？針對不同投資人（如股票族、期貨族、權證族、當日沖銷客……），該運用什麼時間週期最適合其投資屬性？以下內容將一一進行說明。

# 時間週期的意義：

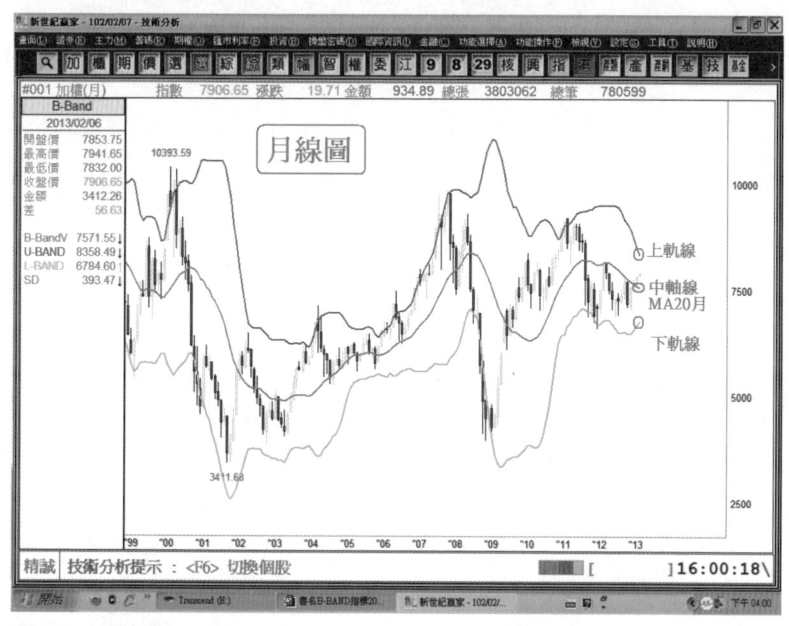


圖7-1：月線圖

1. **月線圖**：是以月爲時間單位，累積起來的長線走勢圖，適合用在長線投資的策略規劃上。月線圖適合長線投資人和法人機構作長線大趨勢規劃和布局使用。月線圖的中軸線是MA20（20個月）、上軌線是MA20（20個月）加上2倍標準差、下軌線是MA20（20個月）減去2倍標準差（參閱圖7-1）。

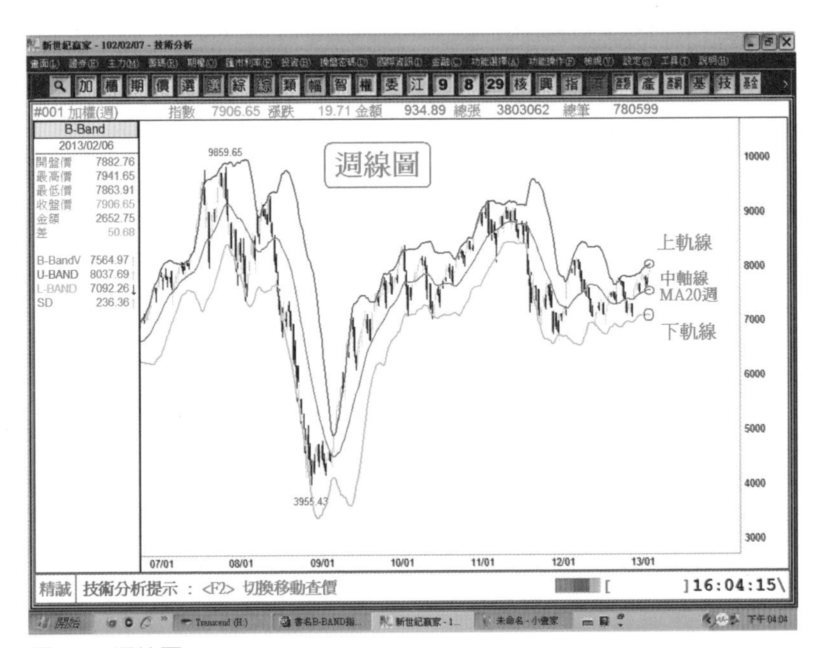


圖7-2：週線圖

2. **週線圖**：是以週爲時間單位，累積起來的中線（波段）走勢圖，適合用在中線（波段）投資的策略規劃上。週線圖適合波段投資人和法人機構作中線波段趨勢規劃和布局使用。週線圖的中軸線是MA20（20週）、上軌線是MA20（20週）加上2倍標準差、下軌線是MA20（20週）減去2倍標準差（參閱圖7-2）。

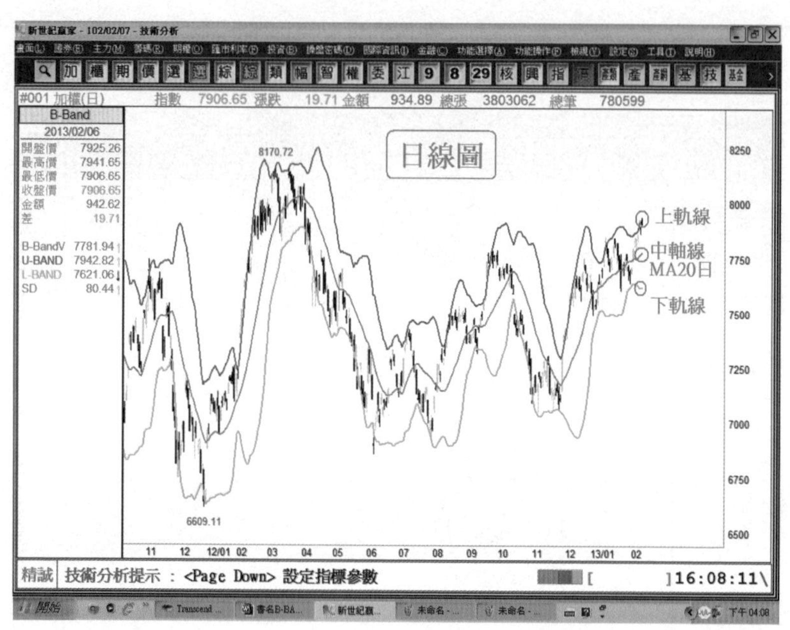


圖7-3：日線圖

3. **日線圖**：是以日爲時間單位，累積起來的短線走勢圖，適合用在短線的投資上。日線圖適合短線投資人，短線操作使用。日線圖的中軸線是MA20（20日）、上軌線是MA20（20日）加上2倍標準差、下軌線是MA20（20日）減去2倍標準差（參閱圖7-3）。

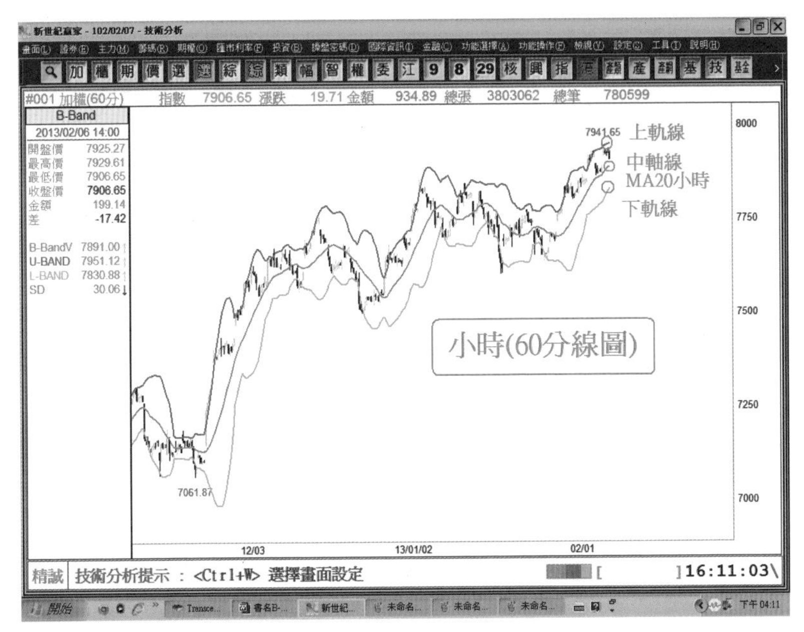

圖7-4：小時（60分鐘）線圖

4. **小時（60分鐘）線圖**：是以小時（60分鐘）爲時間單位，累積起來的短線走勢圖，適合用在短線的投資上。小時（60分鐘）線圖適合短線投資人，短線操作使用。小時（60分鐘）線圖的中軸線是MA20（20小時或1200分鐘）、上軌線是MA20（20小時或1200分鐘）加上2倍標準差、下軌線是MA20（20小時或1200分鐘）減去2倍標準差（參閱圖7-4）。

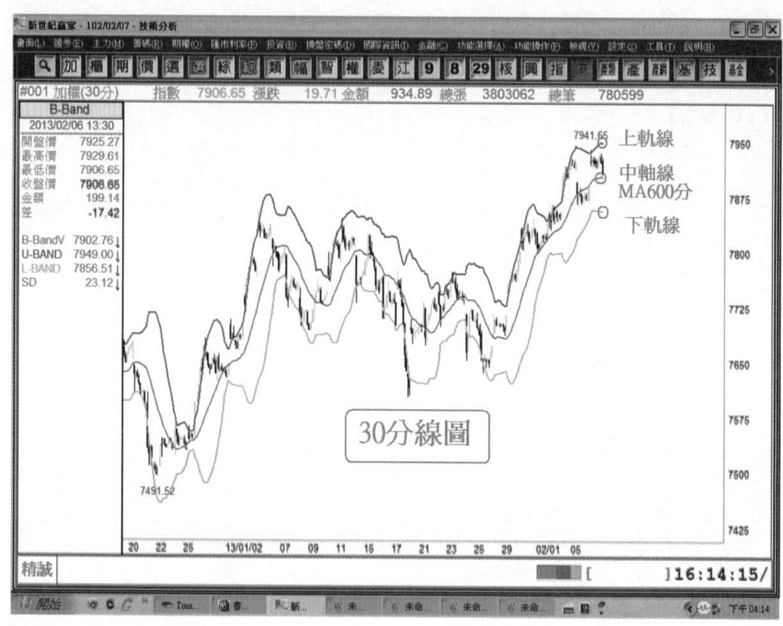


圖7-5：30分鐘線圖

5. **30分鐘線圖**：是以30分鐘爲時間單位，累積起來的極短線走勢圖，適合用在極短線的投資上。30分鐘線圖適合極短線投資人，極短線操作或當日沖銷使用。30分鐘線圖的中軸線是MA20（600分鐘）、上軌線是MA20（600分鐘）加上2倍標準差、下軌線是MA20（600分鐘）減去2倍標準差（參閱圖7-5）。

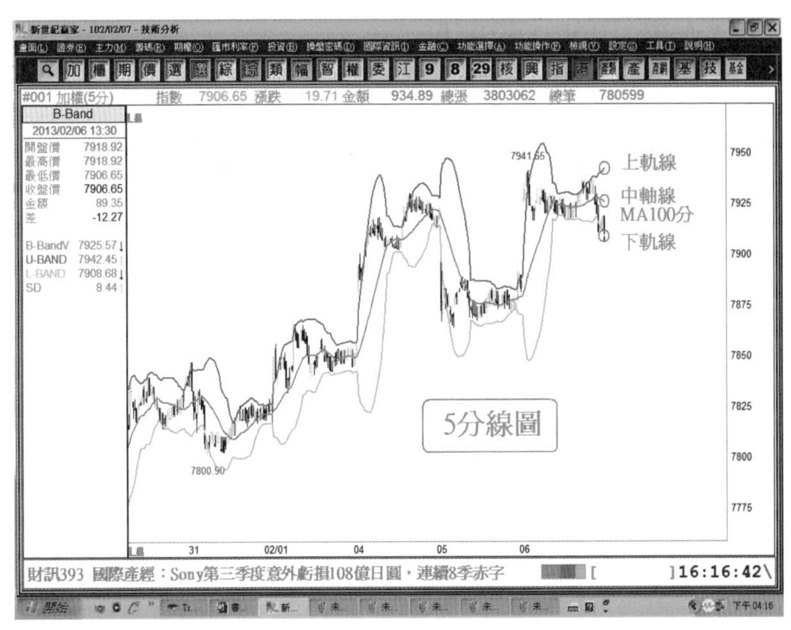

圖7-6：5分鐘線圖

6. **5分鐘線圖**：是以5分鐘為時間單位，累積起來的極短線走勢圖，適合用在極短線的投資上。5分鐘線圖適合極短線投資人，極短線操作或當日沖銷使用。5分鐘線圖的中軸線是MA20（100分鐘）、上軌線是MA20（100分鐘）加上2倍標準差、下軌線是MA20（100分鐘）減去2倍標準差（參閱圖7-6）。

# 投資人適用的時間週期：

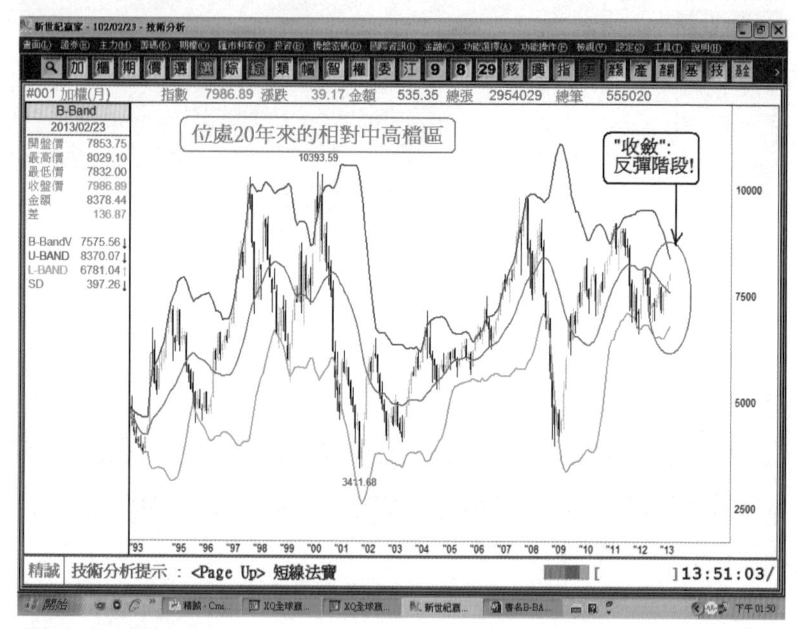


圖7-7：月線圖

1. **月線圖**：月線圖可以看出多年來的長線多、空趨勢方向和所處的位置高、低，適合長線投資人和法人機構作長線大趨勢規劃和布局使用（參閱圖7-7）。

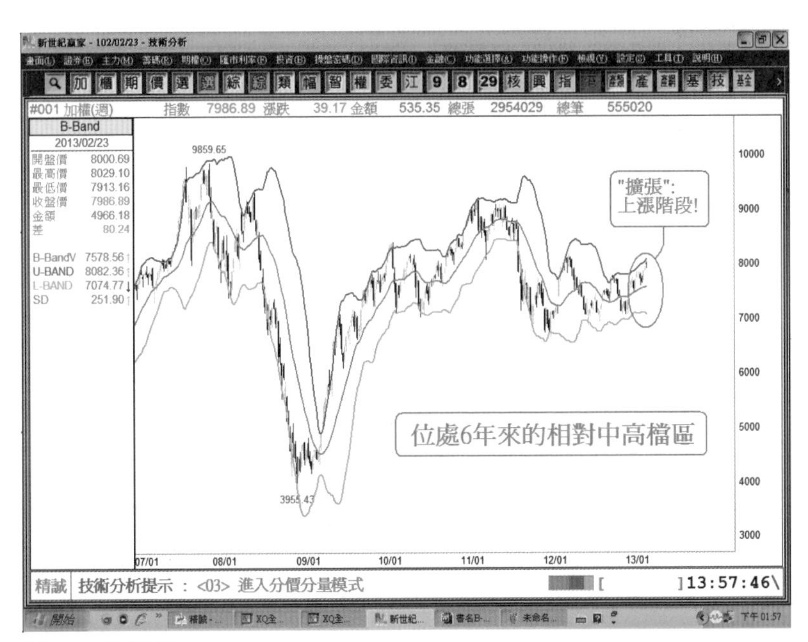


圖7-8：週線圖

2. **週線圖**：週線圖可以看出近年來的中線（波段）多、空趨勢方向和所處的位置高、低，適合中線（波段）投資人和法人機構作中線（波段）趨勢規劃和布局使用（參閱圖7-8）。

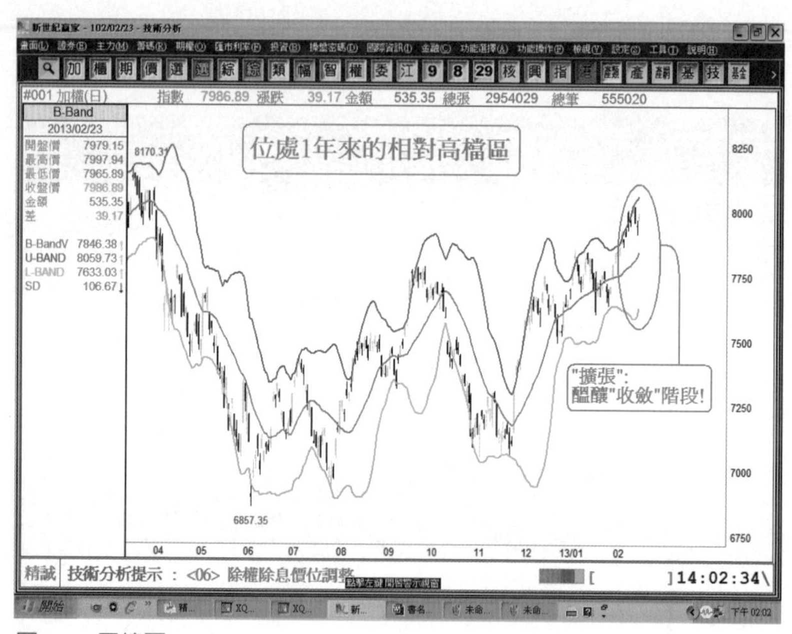


圖7-9：日線圖

3. **日線圖**：日線圖可以看出短線多、空趨勢方向和所處的位置高、低，適合股票族、期貨族、權證族短線投資人，短線操作使用（參閱圖7-9）。

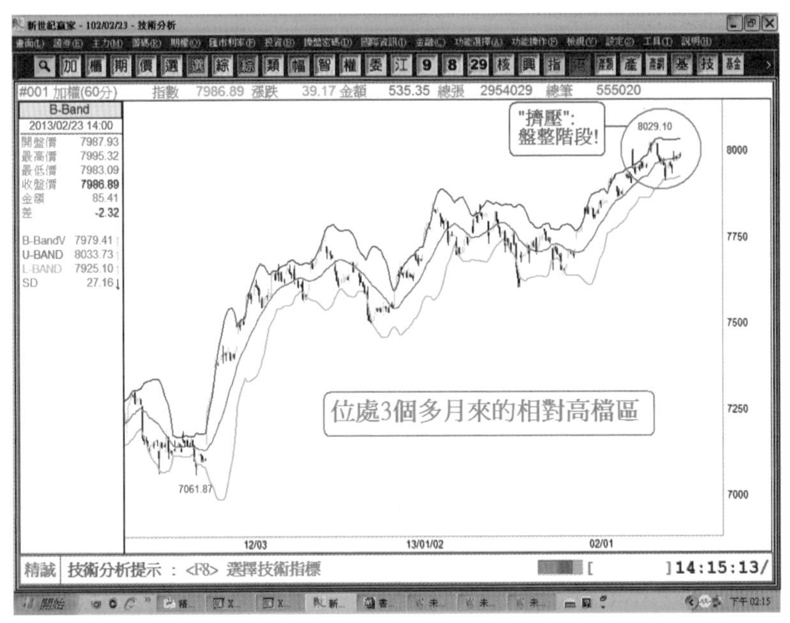


圖7-10：小時（60分鐘）線圖

4. **小時（60分鐘）線圖**：小時（60分鐘）線圖適合短線投資人，短線操作使用（參閱圖7-10）。

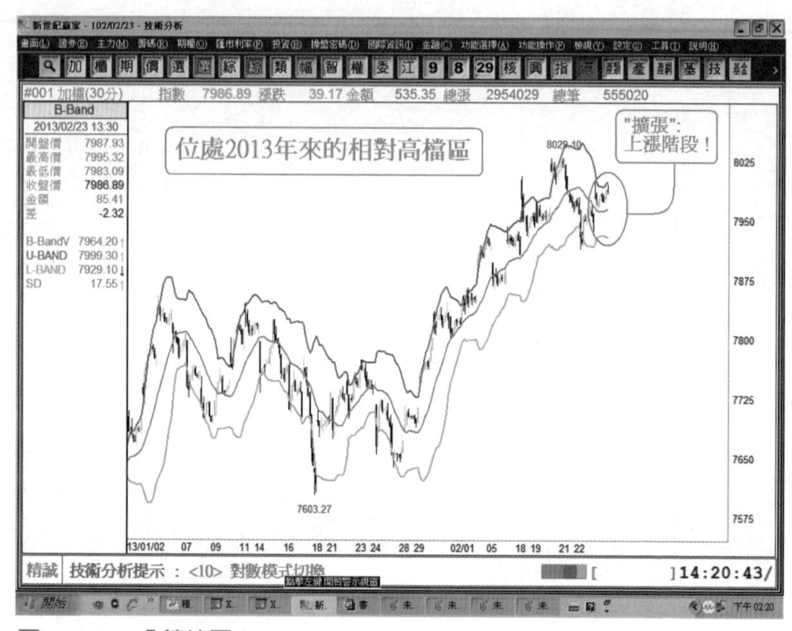

圖7-11：30分鐘線圖

5. **30分鐘線圖**：30分鐘線圖適合股票族、期貨族、權證族極短線投資人，極短線操作或當日沖銷使用（參閱圖7-11）。

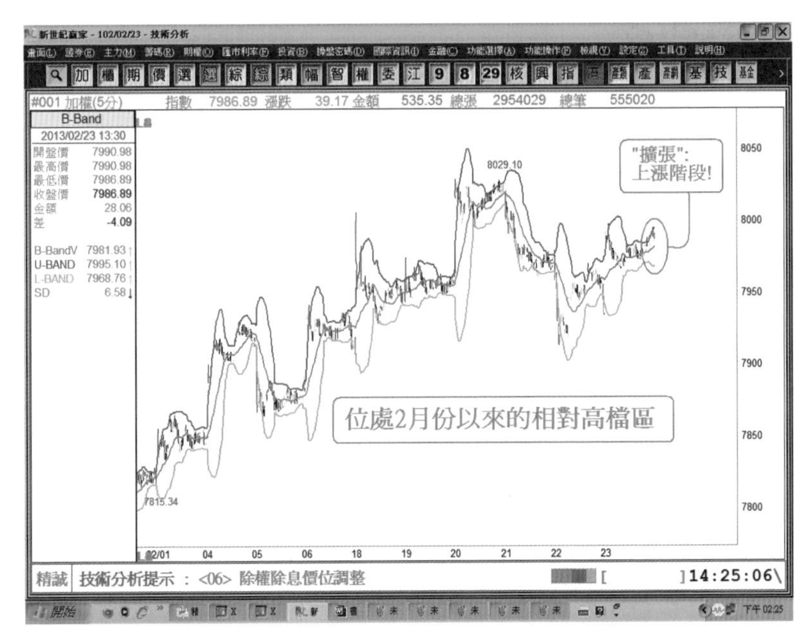


圖7-12：5分鐘線圖

6. **5分鐘線圖**：5分鐘線圖適合股票族和期貨族極短線投資人，極短線操作或當日沖銷使用（參閱圖7-12）。

B-Band指標適用的時間週期因人而異，實務上，在投資之前，筆者會先參考月線圖和週線圖，知道長線和中線（波段）的趨勢方向和所處位置的高低，以及B-Band指標的型態是處於『擠壓』盤整階段，或是『擴張』上漲、『擴張』下跌階段，還是處於『收斂』漲多拉回、『收斂』跌深反彈階段？當知道中長線的多、空趨勢方向、位置和B-Band指標的型態所處的階段，我就可以依據日線圖、30分鐘線圖和5分鐘線圖的B-Band指標，執行買進或賣出的動作。

如果讀者是屬於長線操作投資人，應該以月線圖爲參考依據，然後以週線圖和日線圖作爲買進或賣出的決策，也就是所謂的『看長作中』、『看長作短』。

如果讀者是屬於中線（波段）操作投資人，應該以週線圖爲參考依據，然後以日線圖和小時（60分鐘）線圖作爲買進或賣出的決策，也就是所謂的『看中作短』。

如果讀者是屬於短線操作的股票族、期貨族、權證族投資人，應該以日線圖爲參考依據，然後以30分鐘線圖和5分鐘線圖作爲買進或賣出的決策，也就是所謂的『看短作極短』。

如果讀者是屬於極短線（當日沖銷）操作的股票族和期貨族投資人，應該以30分鐘線圖爲參考依據，然後以30分鐘線圖和5分鐘線圖作爲買進或賣出的決策，也就是所謂的土狼戰術『咬了就跑』、『賺了就賣』。

在投資之前，讀者一定要先了解、知道自己是屬於何種屬性的投資人？然後才可以按表操課，如此才不會亂了套，大部份投資人常犯的錯誤就是：套牢了就作長、賺了錢就作短，完全沒有投資策略可言，結果就變成了弱勢一族。

# 第八章

# B-Band指標適用的商品

全球金融市場的投資商品，其種類非常多，該運用什麼投資方法或運用什麼技術指標來投資？投資人常常是一個頭兩個大，不知如何是好！

B-Band指標風行全球金融市場超過三十年，幾乎適用於所有的金融市場，如：股票市場、期貨市場、權證市場、外匯市場、債券市場……等，幾乎無所不在，是一個廣受全球金融市場投資人青睞的技術指標，『B-Band指標』簡直可稱之爲——『萬用指標』、『指標之王』。

『B-Band指標』適用於各種金融市場和商品，筆者用圖例帶大家一起瀏覽，欣賞『B-Band指標』在各種金融市場和商品中的妙用（參閱圖8-1至圖8-125）。

# 一、全球（主要）股市：

## （一）美國股市

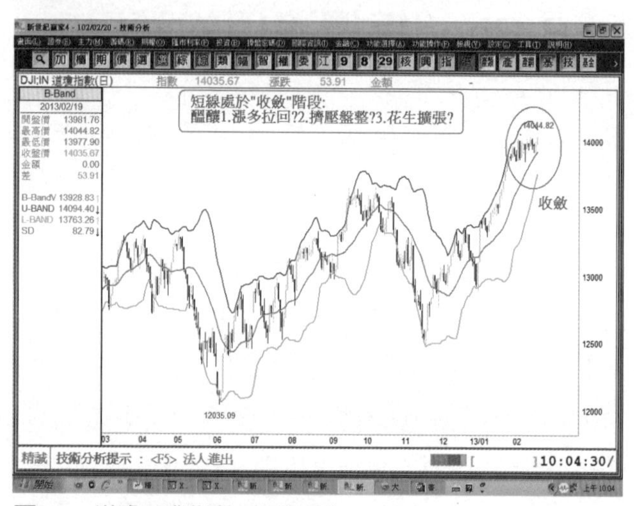


圖8-1：道瓊工業指數（日線圖）

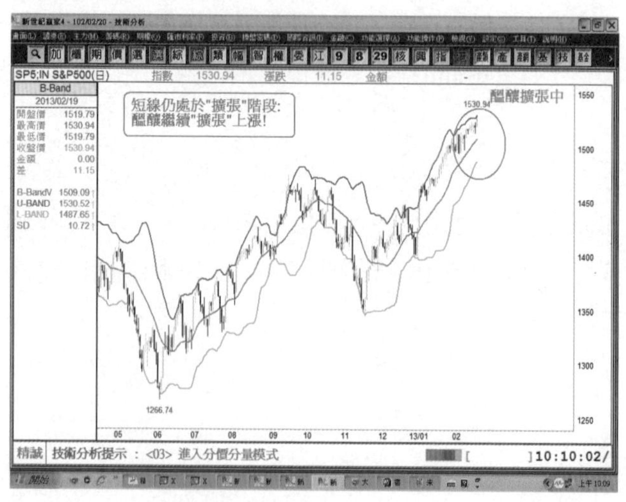


圖8-2：S&P500指數（日線圖）

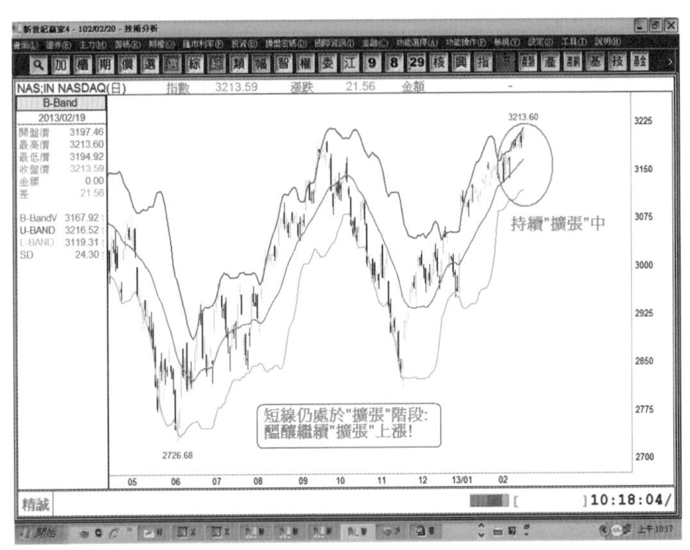


圖8-3：NASDAQ指數（日線圖）

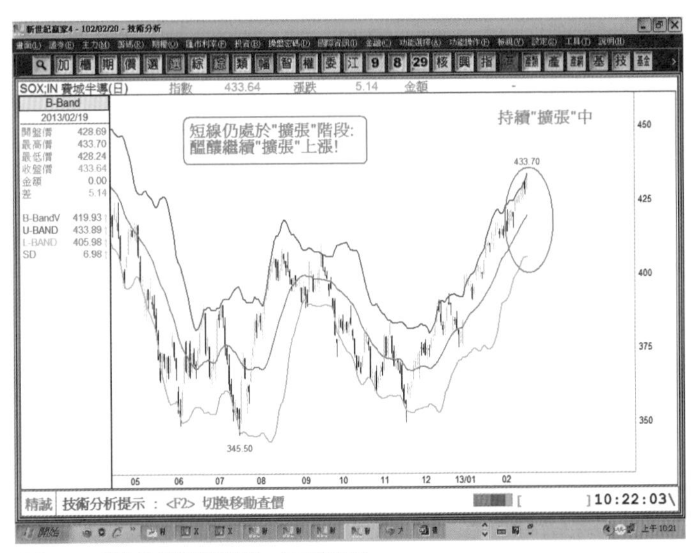


圖8-4：費城半導體指數（日線圖）

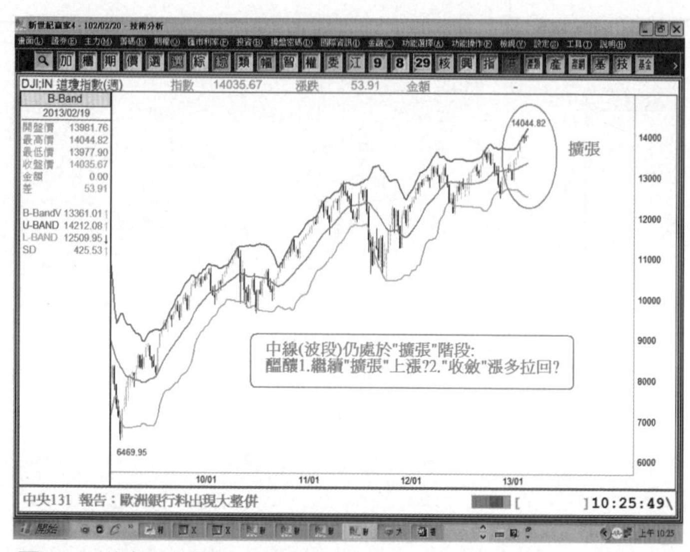


圖8-5：道瓊工業指數（週線圖）

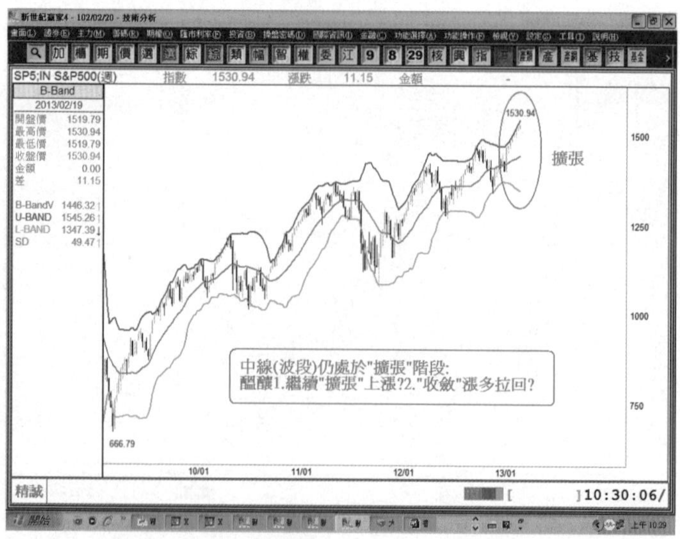


圖8-6：S&P500指數（週線圖）

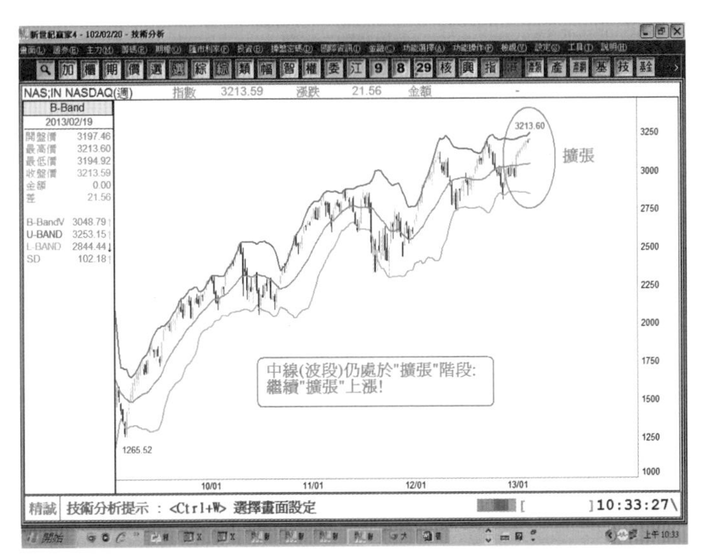


圖8-7：NASDAQ指數（週線圖）

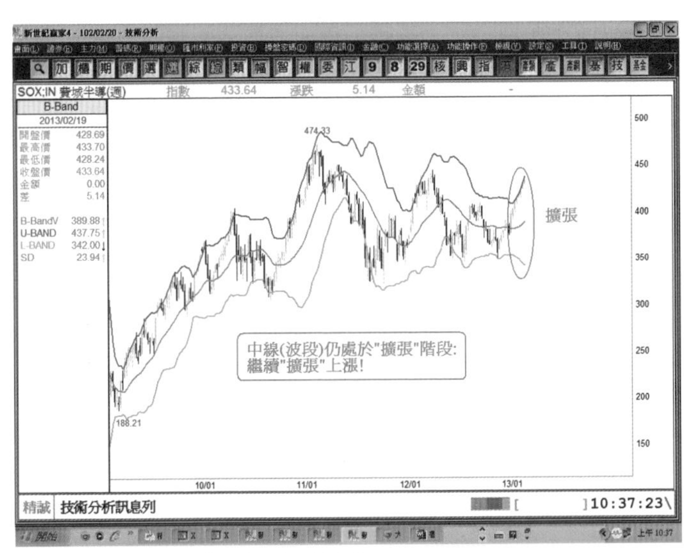


圖8-8：費城半導體指數（週線圖）

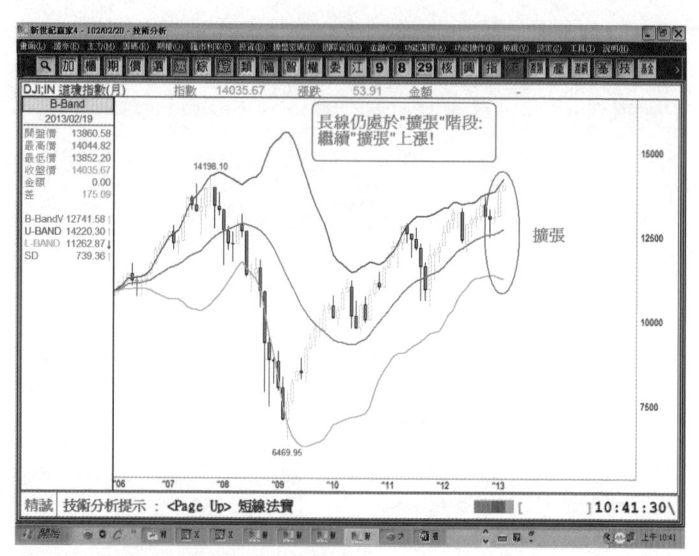


圖8-9：道瓊工業指數（月線圖）

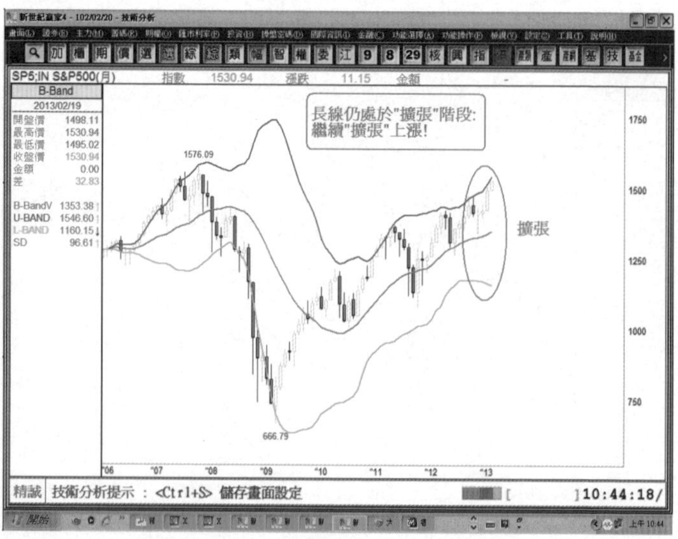


圖8-10：S&P500指數（月線圖）

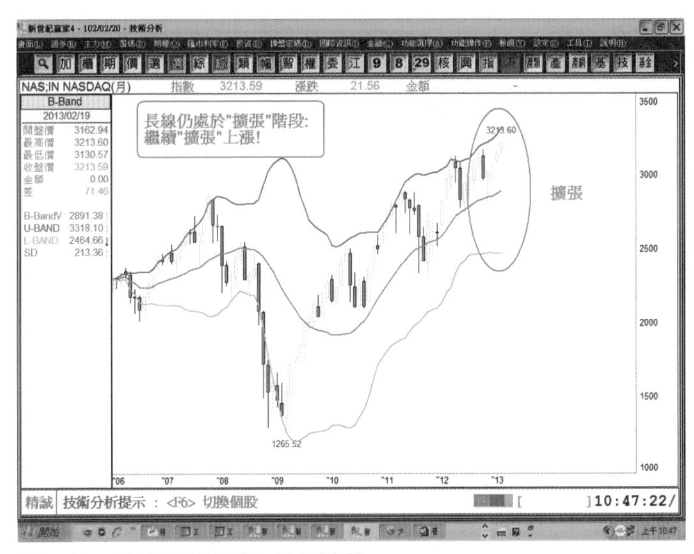


圖8-11：NASDAQ指數（月線圖）

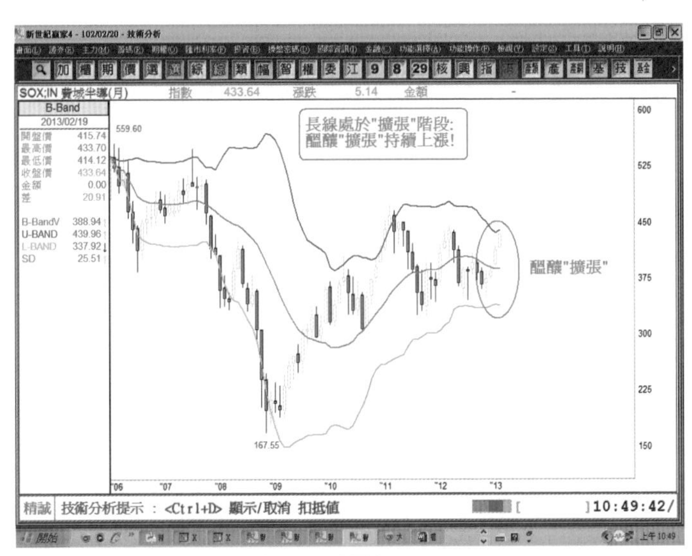


圖8-12：費城半導體指數（月線圖）

## (二) 歐洲股市

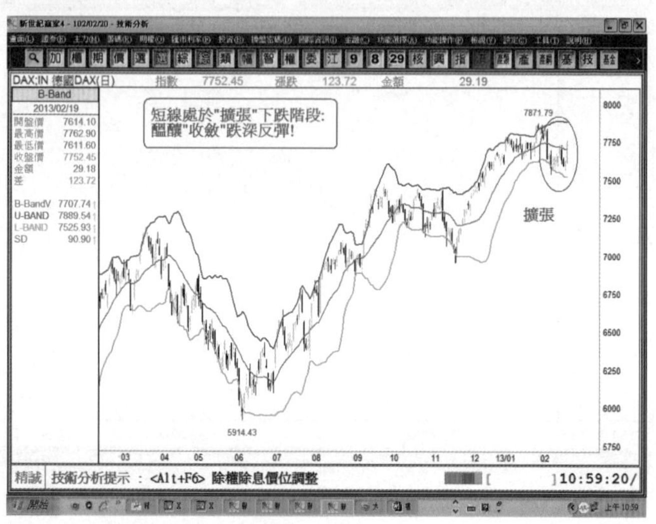


圖8-13：德國指數（日線圖）

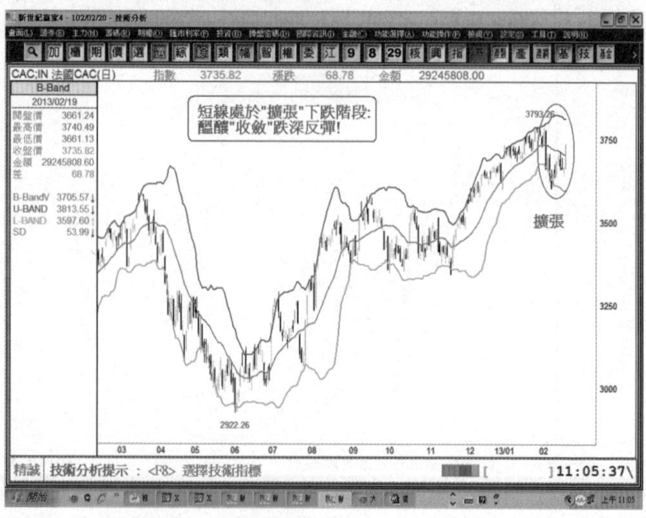


圖8-14：法國指數（日線圖）

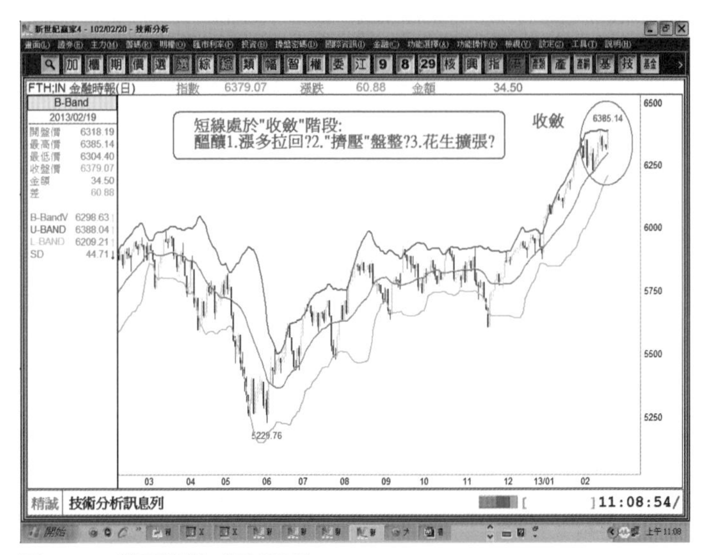


圖8-15：英國指數（日線圖）

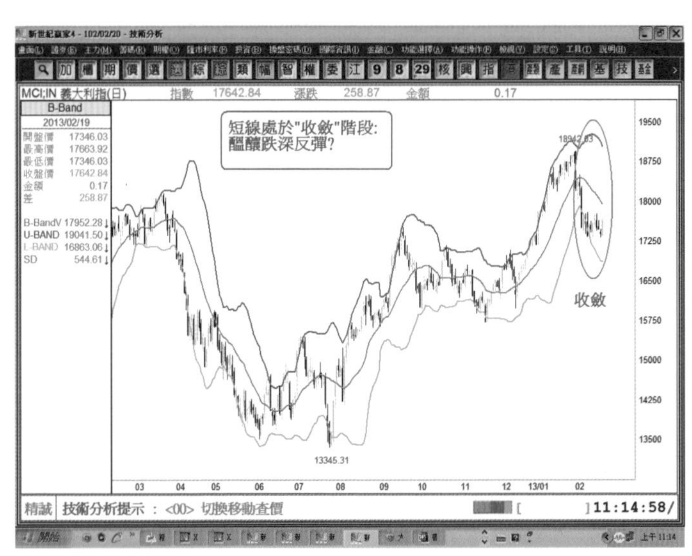


圖8-16：義大利指數（日線圖）

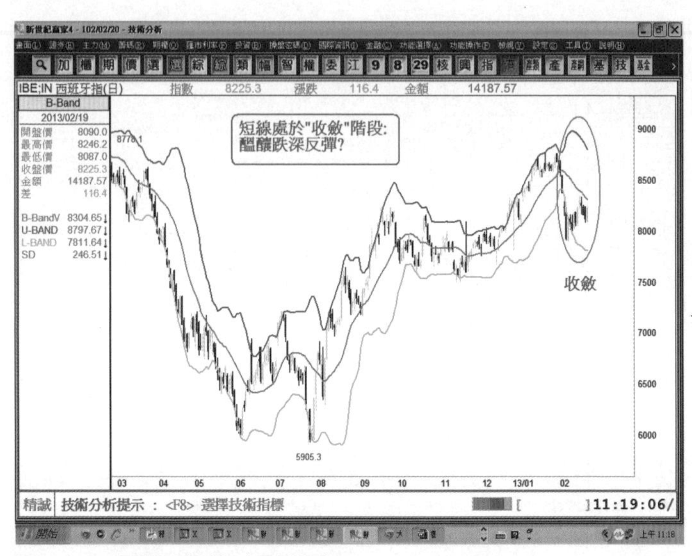


圖8-17：西班牙指數（日線圖）

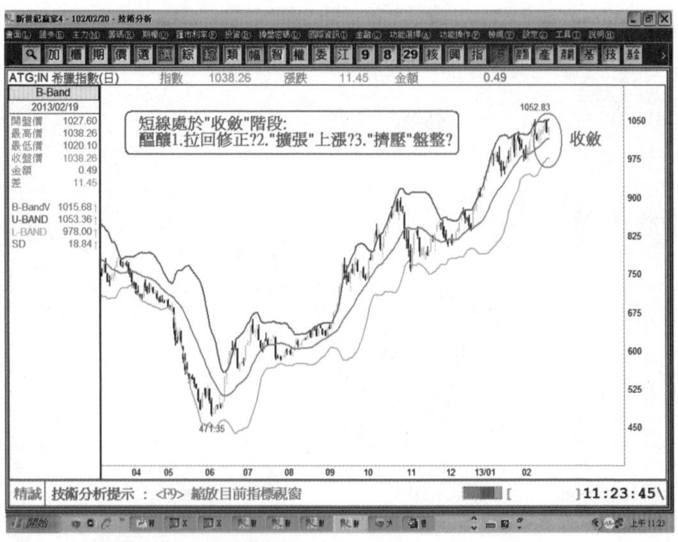


圖8-18：希臘指數（日線圖）

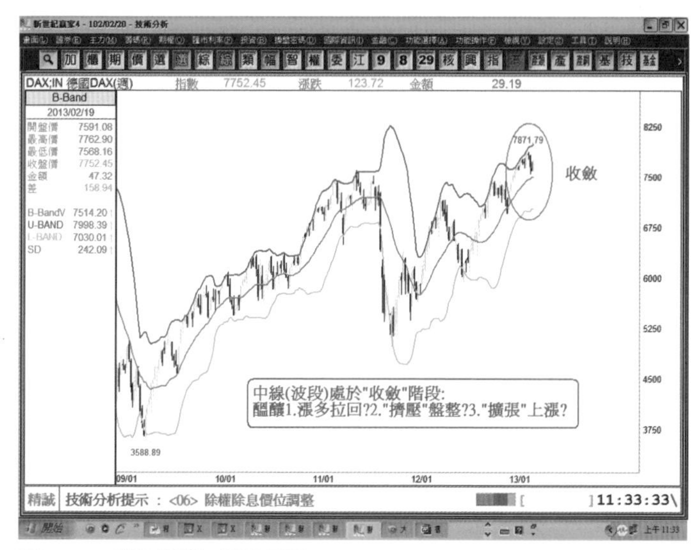


圖8-19：德國指數（週線圖）

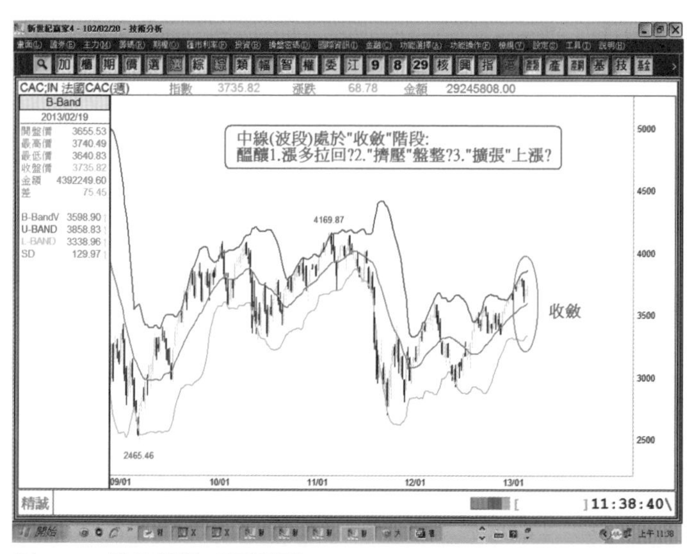


圖8-20：法國指數（週線圖）

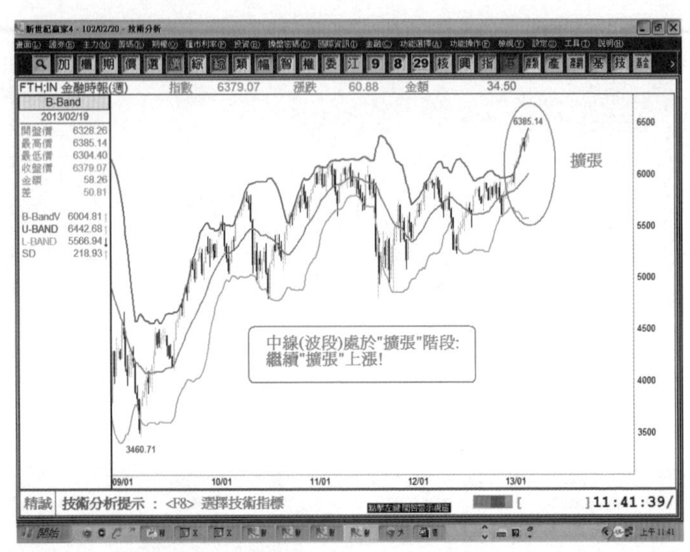


圖8-21：英國指數（週線圖）

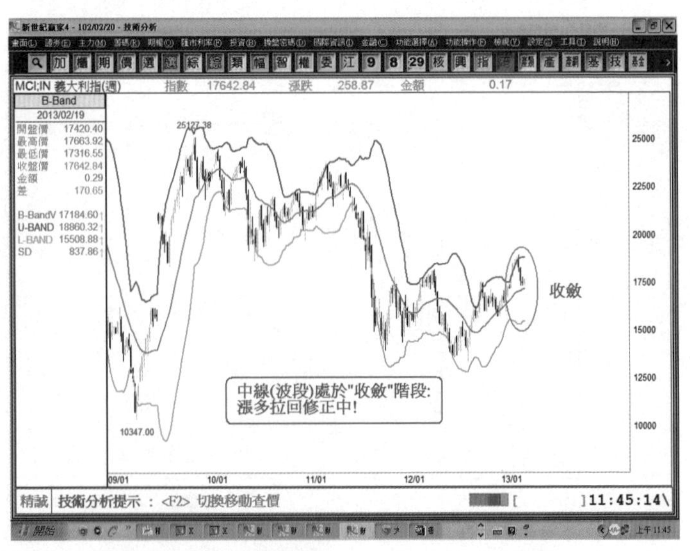


圖8-22：義大利指數（週線圖）

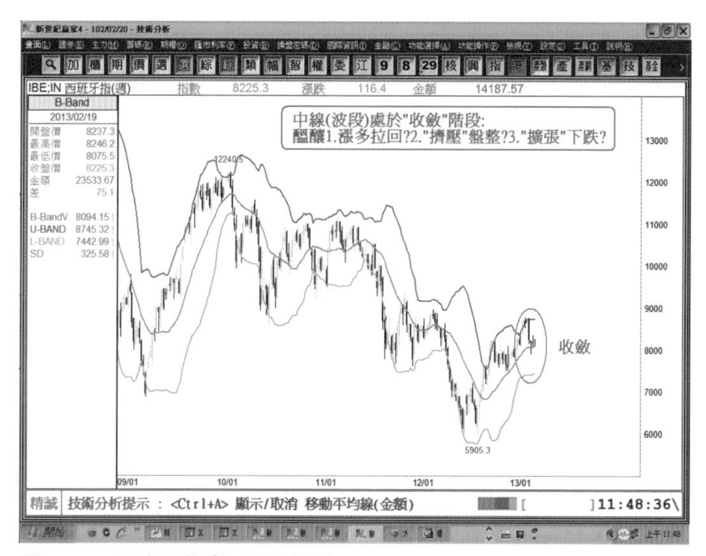


圖8-23：西班牙指數（週線圖）

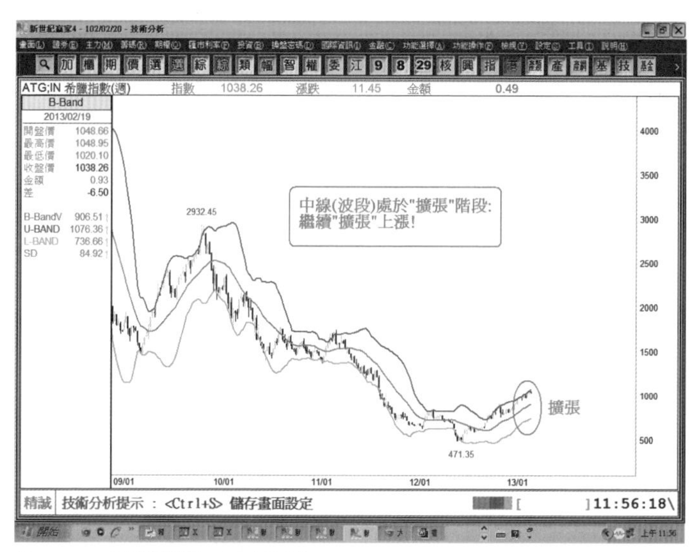


圖8-24：希臘指數（週線圖）

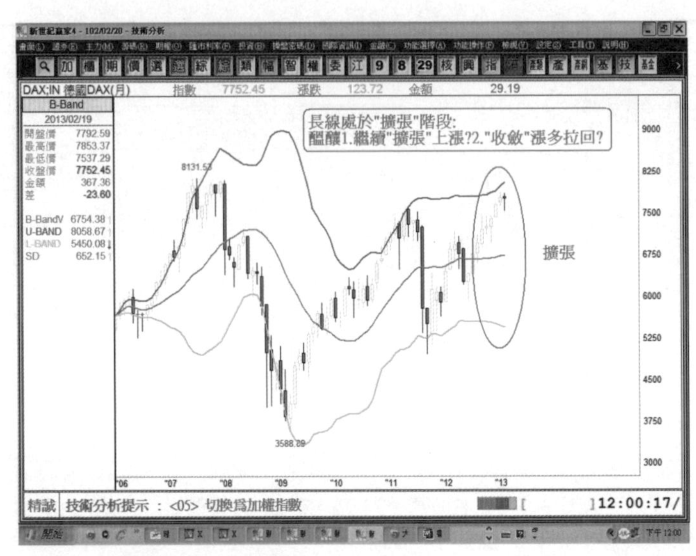


圖8-25：德國指數（月線圖）

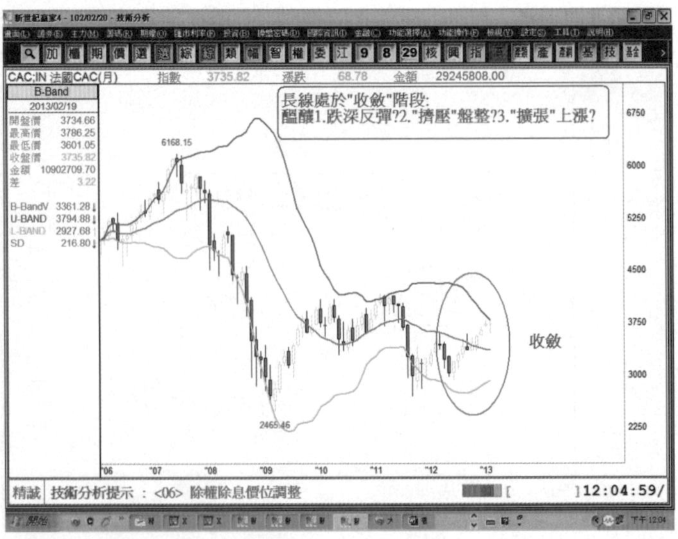


圖8-26：法國指數（月線圖）

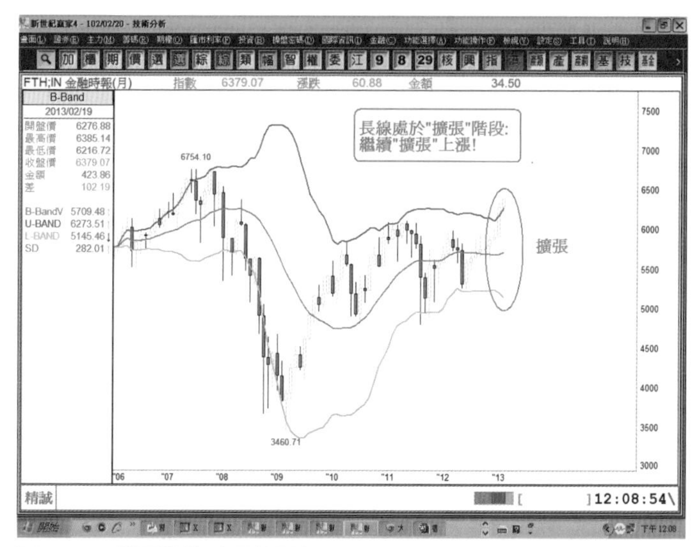


圖8-27：英國指數（月線圖）

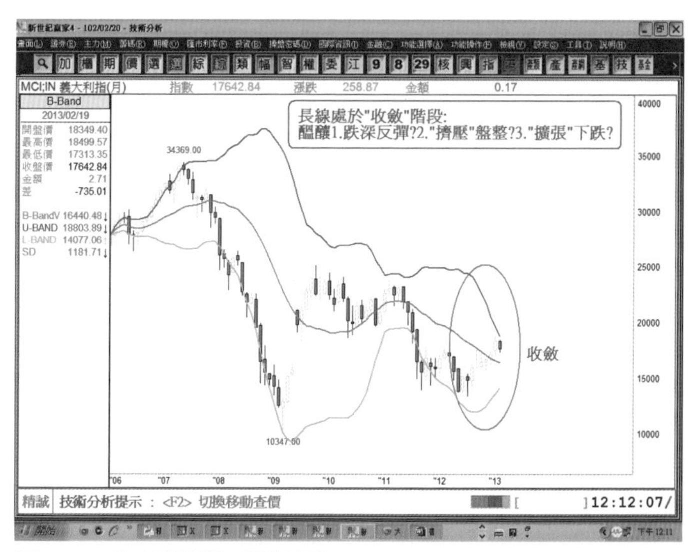


圖8-28：義大利指數（月線圖）

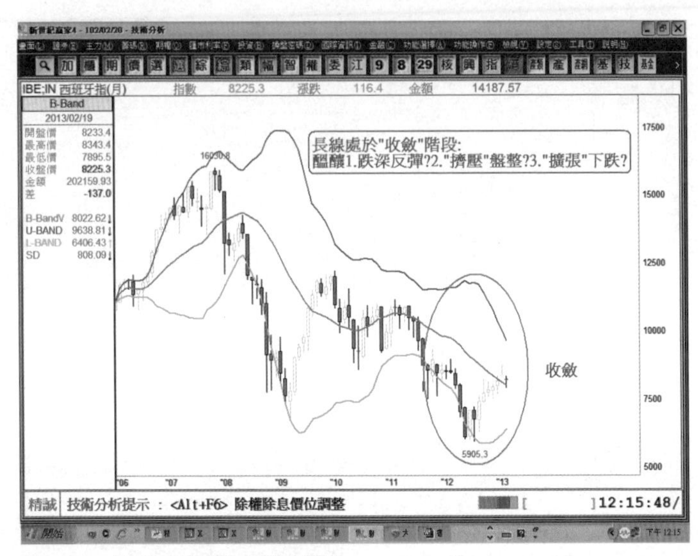


圖8-29：西班牙指數（月線圖）

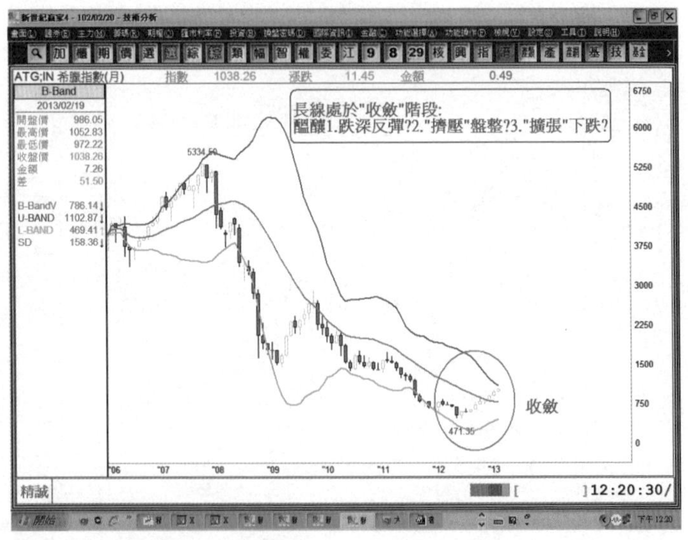


圖8-30：希臘指數（月線圖）

## （三）亞洲股市

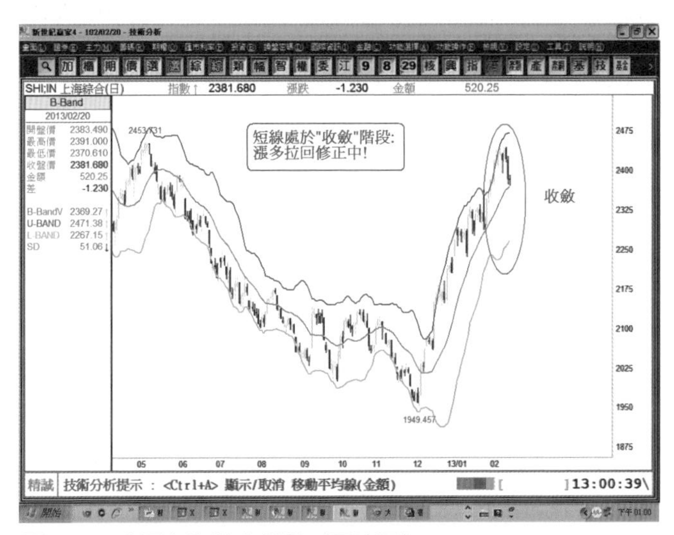


圖8-31：中國上海綜合指數（日線圖）

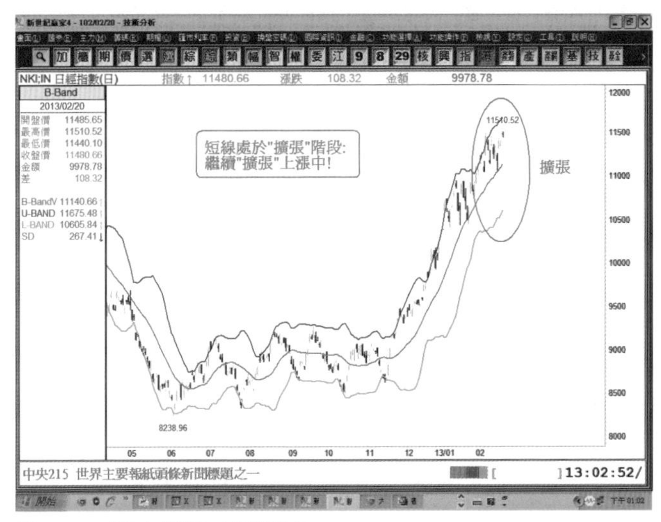


圖8-32：日本指數（日線圖）

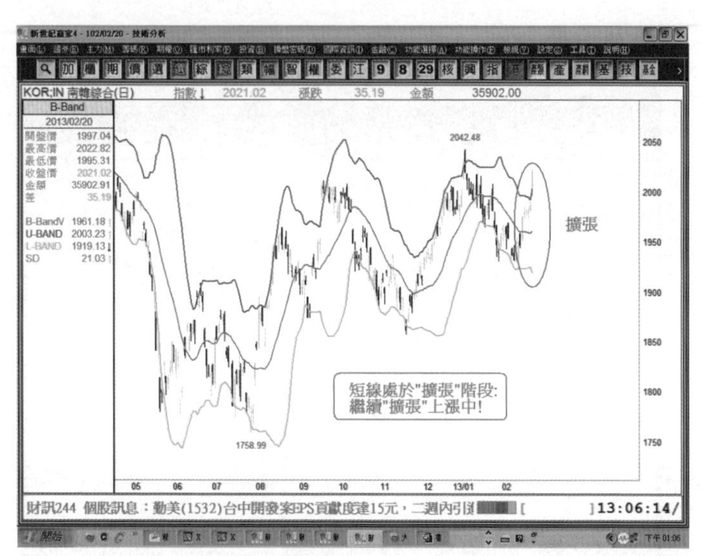


圖8-33：南韓指數（日線圖）

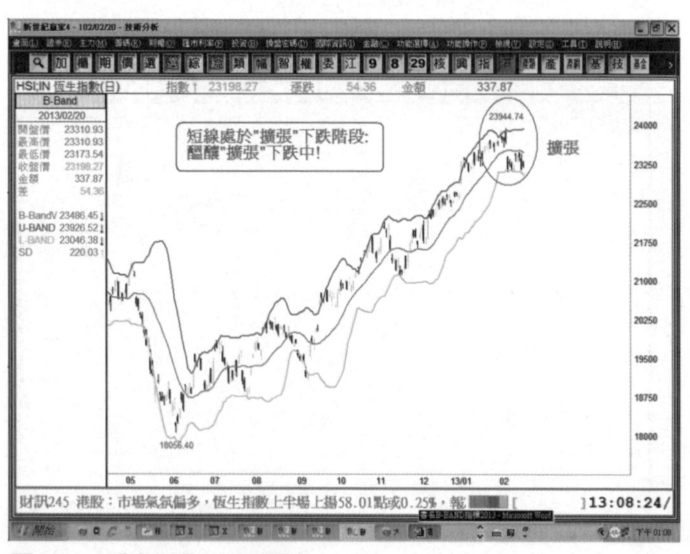


圖8-34：香港指數（日線圖）

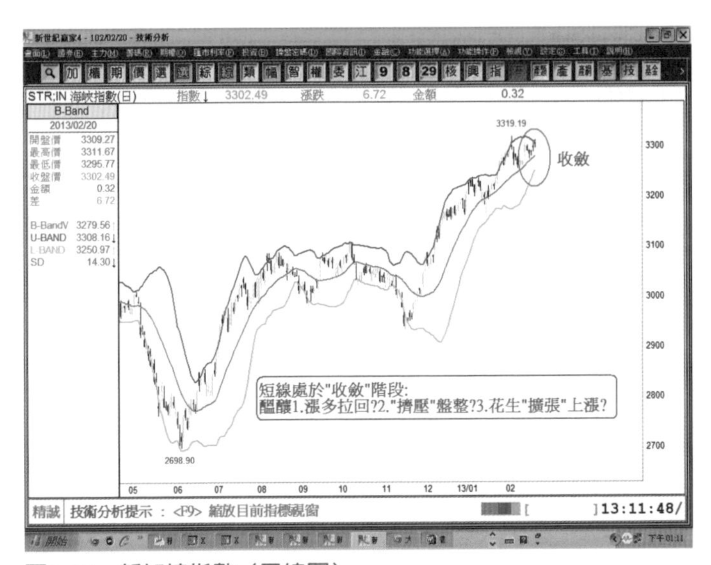


圖8-35：新加坡指數（日線圖）

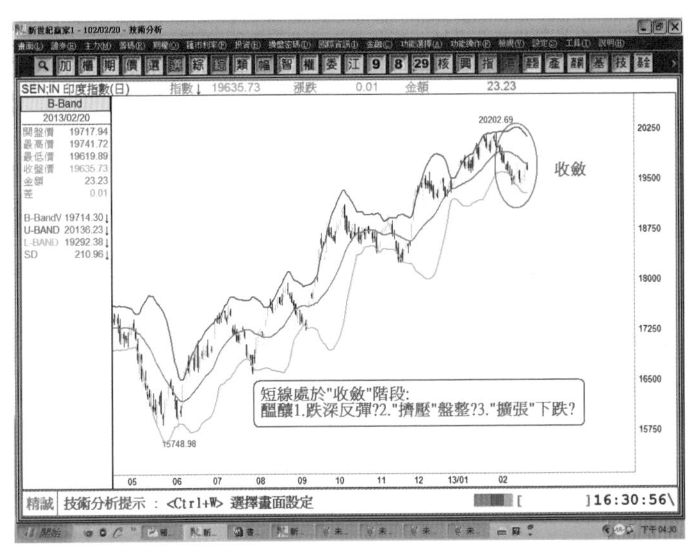


圖8-36：印度指數（日線圖）

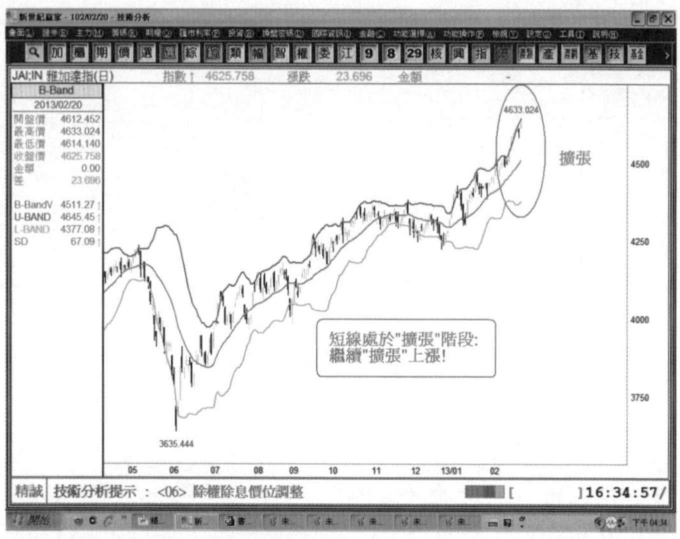


圖8-37：印尼指數（日線圖）

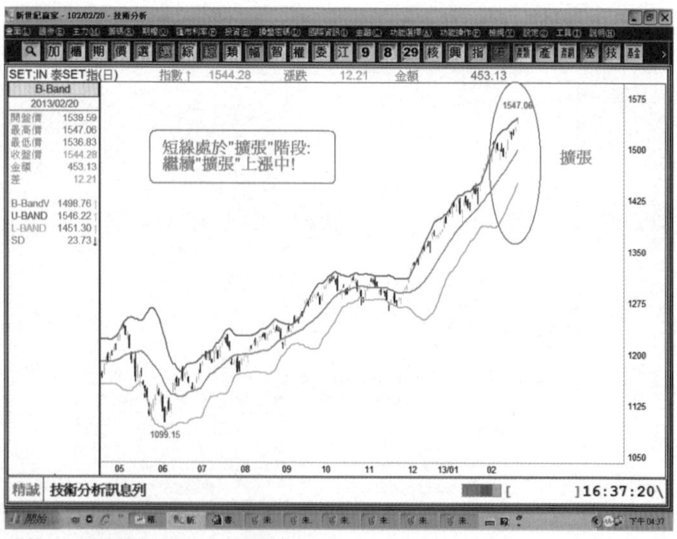


圖8-38：泰國指數（日線圖）

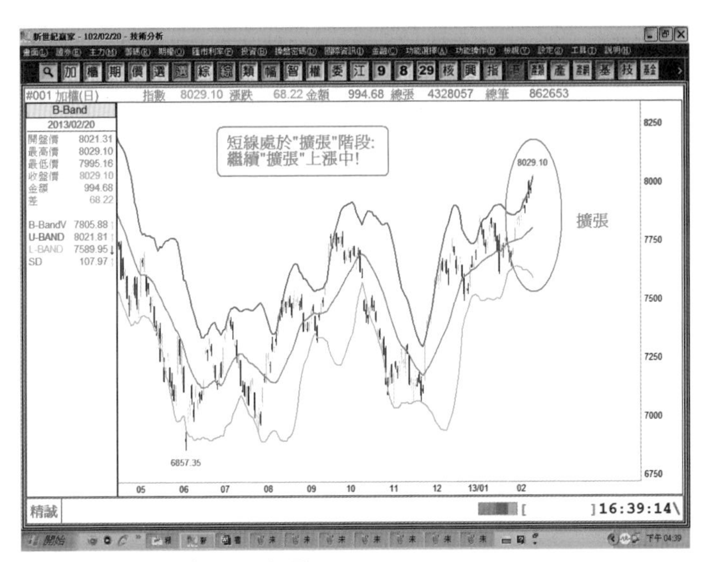

圖8-39：台灣指數（日線圖）

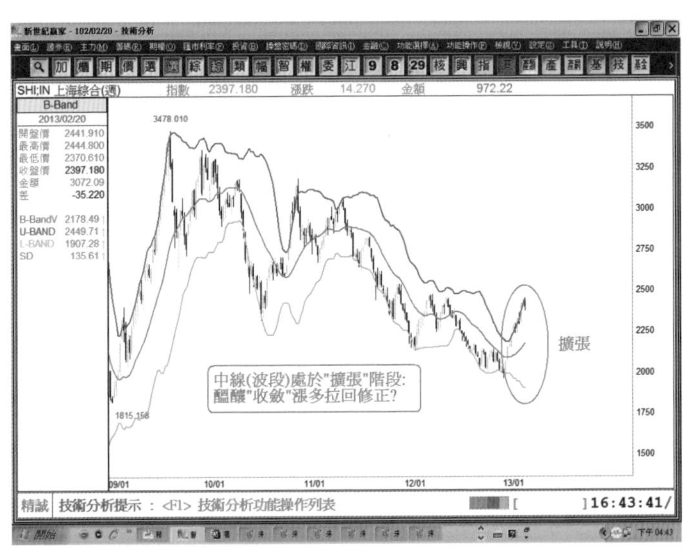

圖8-40：中國上海綜合指數（週線圖）

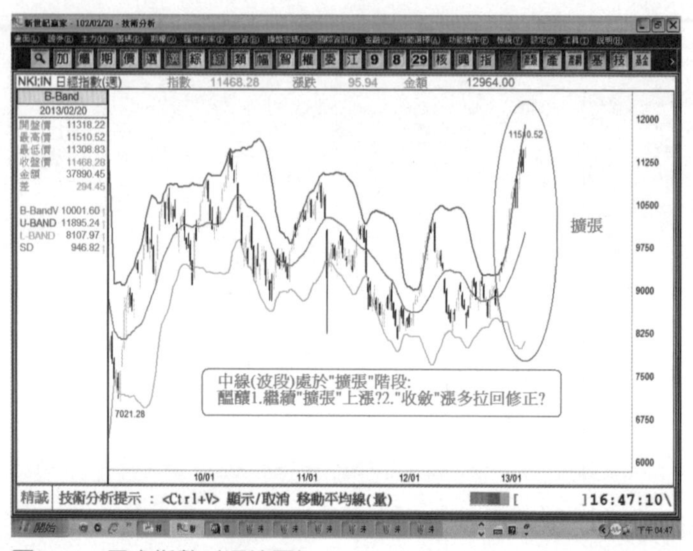


圖8-41：日本指數（週線圖）

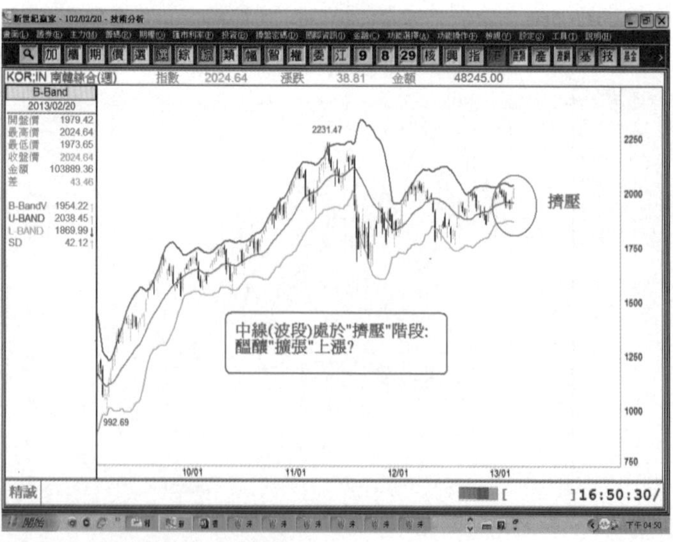


圖8-42：南韓指數（週線圖）

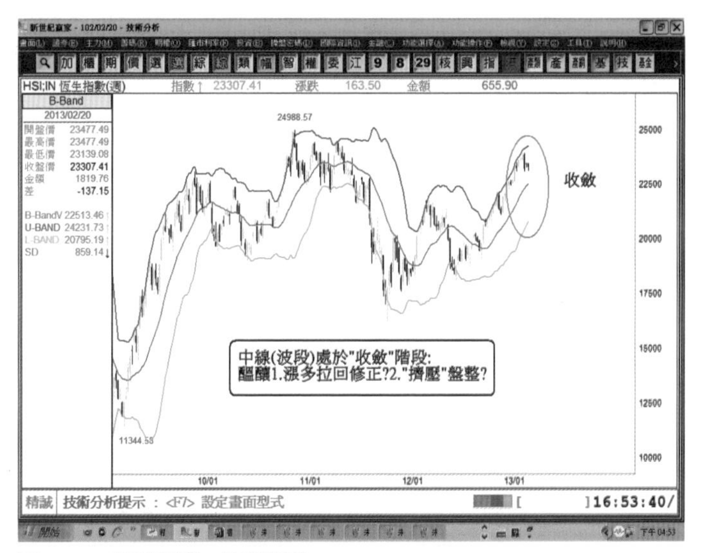


圖8-43：香港指數（週線圖）

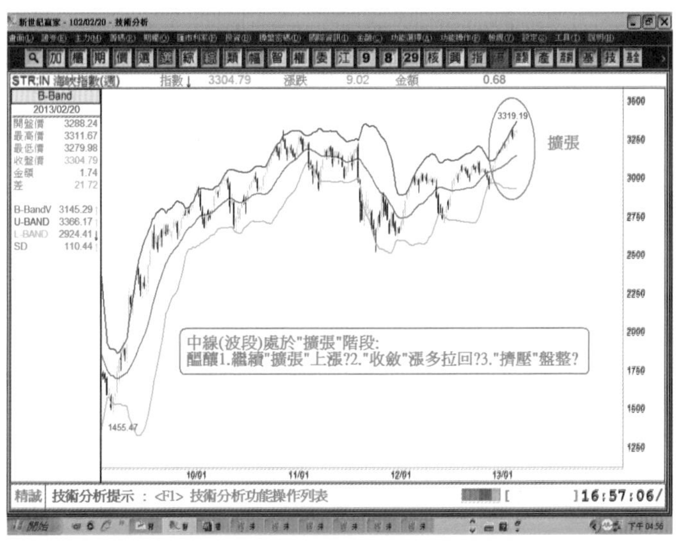


圖8-44：新加坡指數（週線圖）

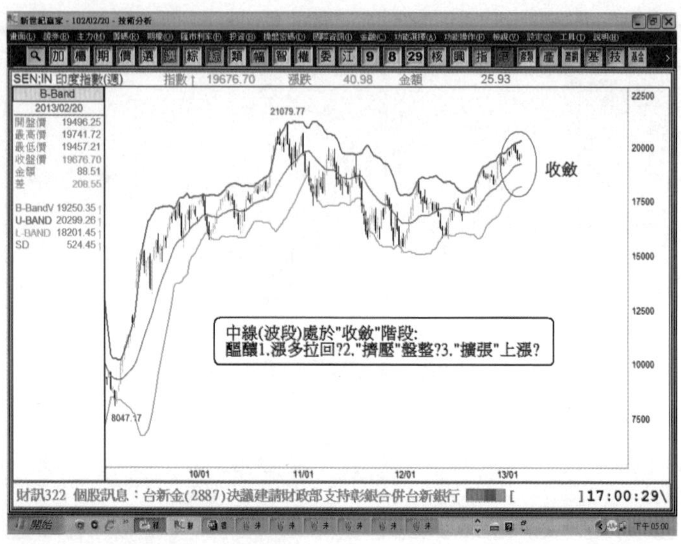


圖8-45：印度指數（週線圖）

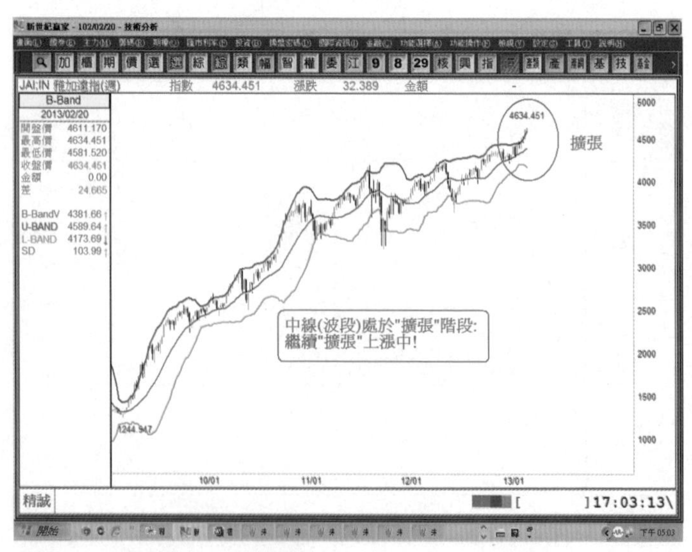


圖8-46：印尼指數（週線圖）

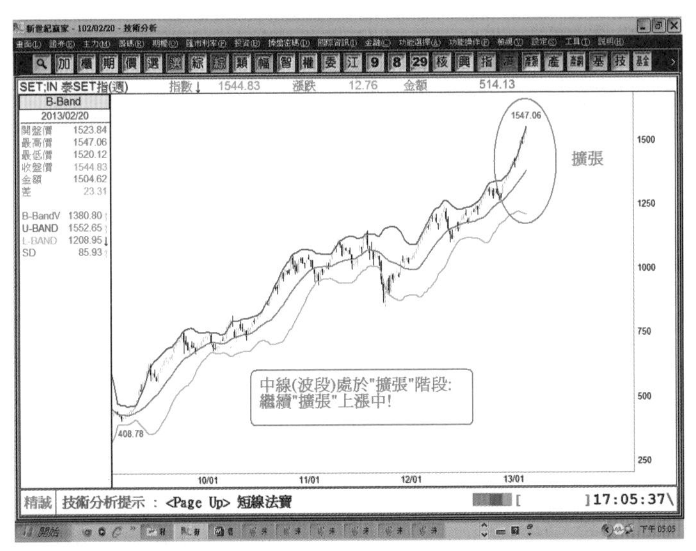


圖8-47：泰國指數（週線圖）

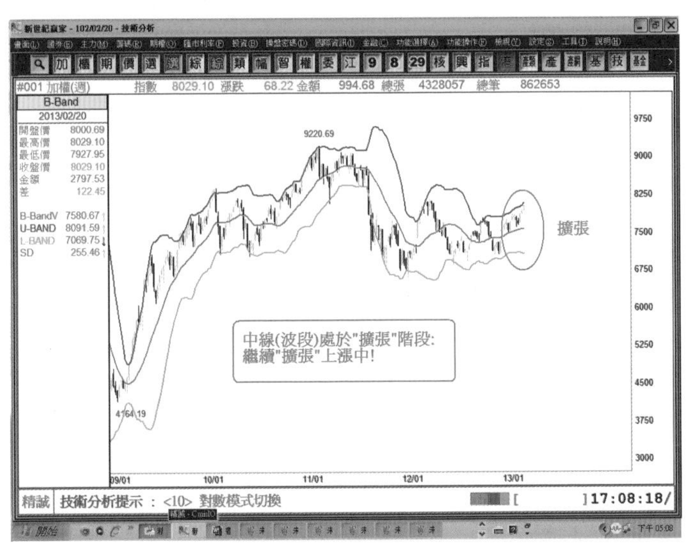


圖8-48：台灣指數（週線圖）

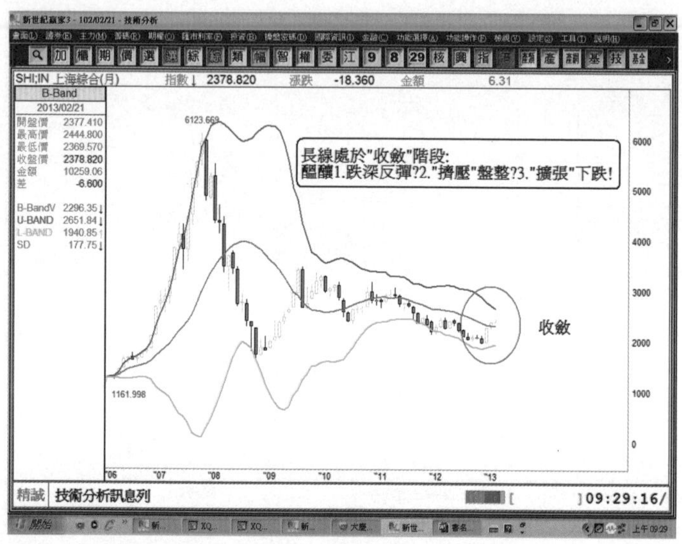


圖8-49：中國上海綜合指數（月線圖）

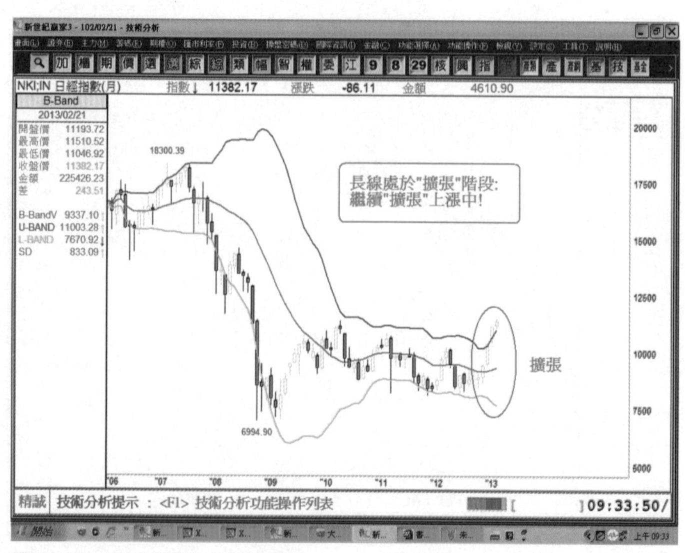


圖8-50：日本指數（月線圖）

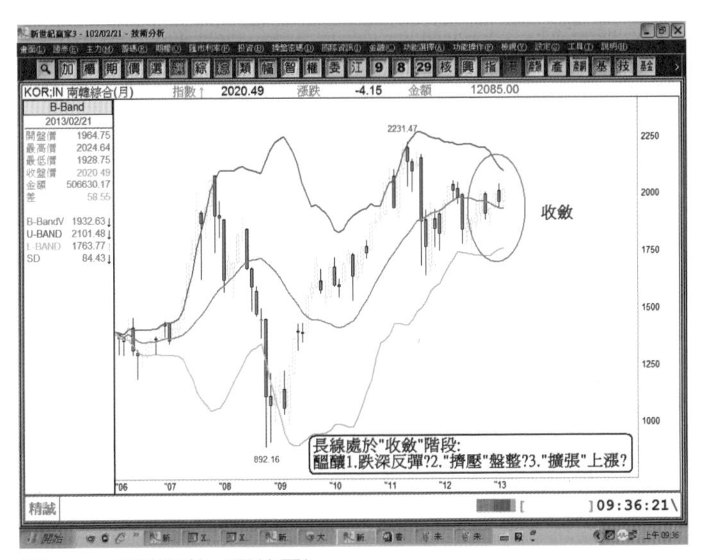


圖8-51：南韓指數（月線圖）

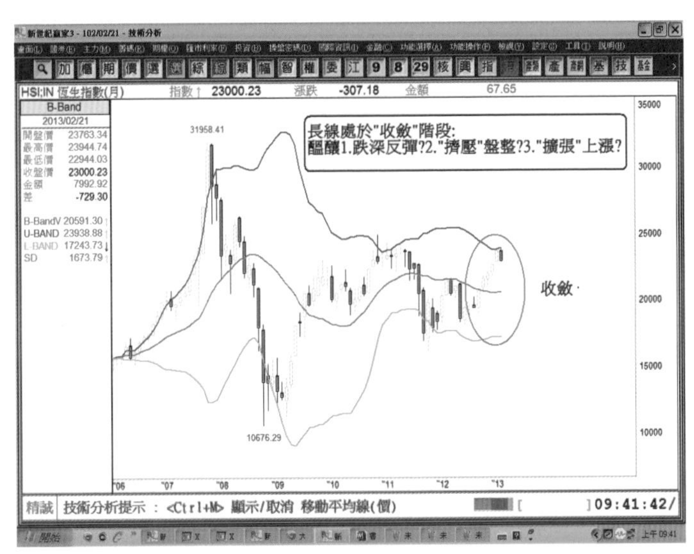


圖8-52：香港指數（月線圖）

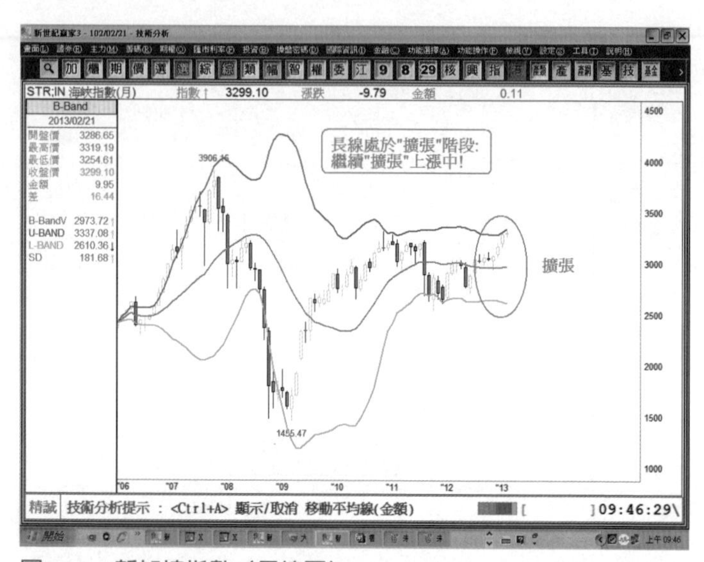


圖8-53：新加坡指數（月線圖）

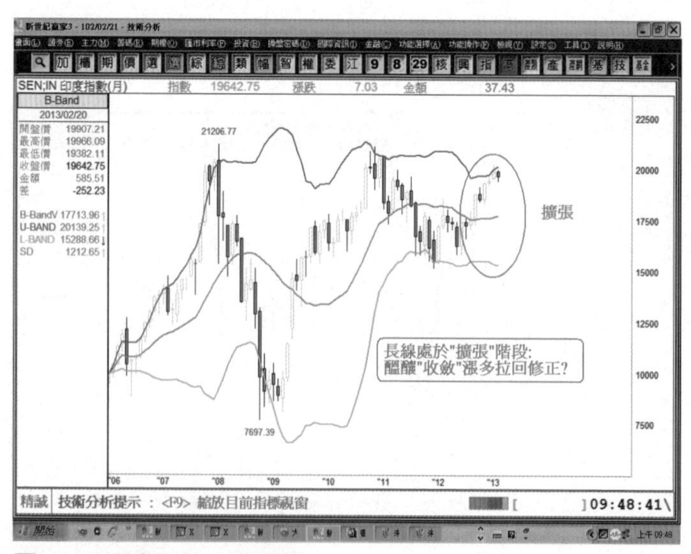


圖8-54：印度指數（月線圖）

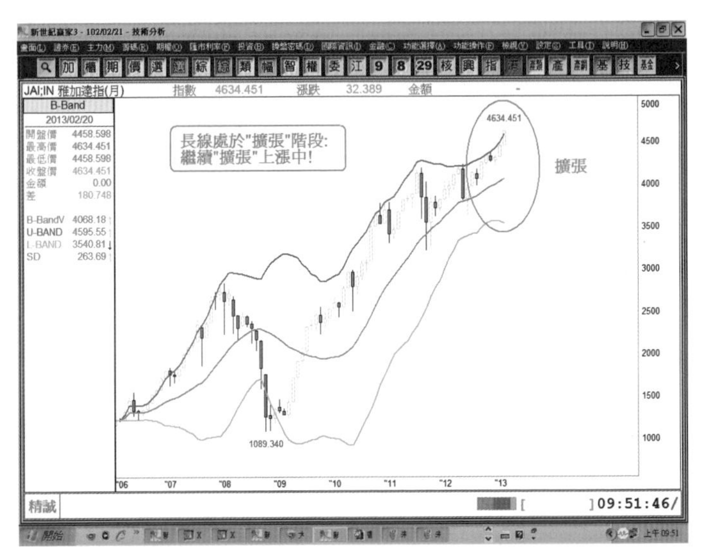


圖8-55：印尼指數（月線圖）

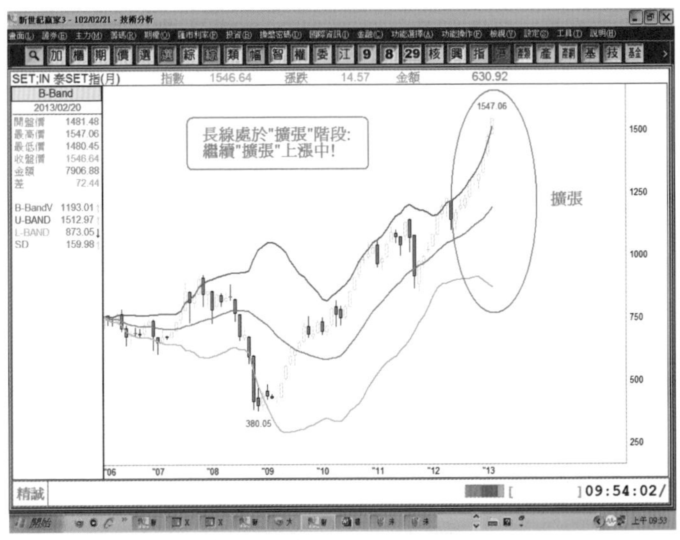


圖8-56：泰國指數（月線圖）

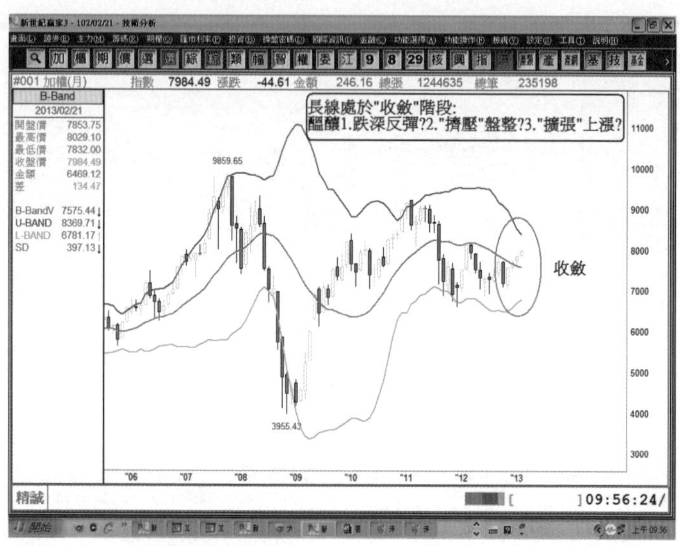


圖8-57：台灣指數（月線圖）

## （四）拉丁美洲股市

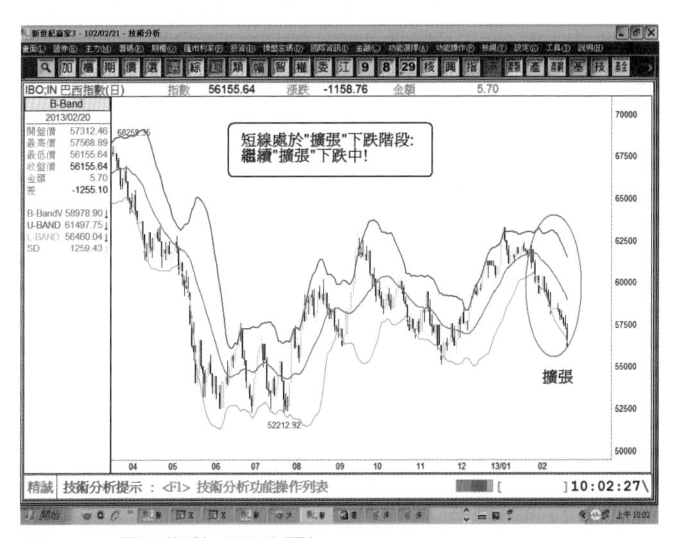


圖8-58：巴西指數（日線圖）

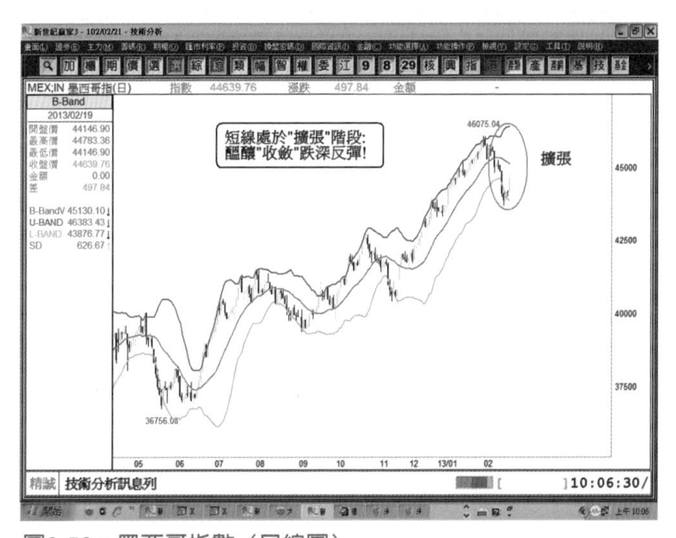


圖8-59：墨西哥指數（日線圖）

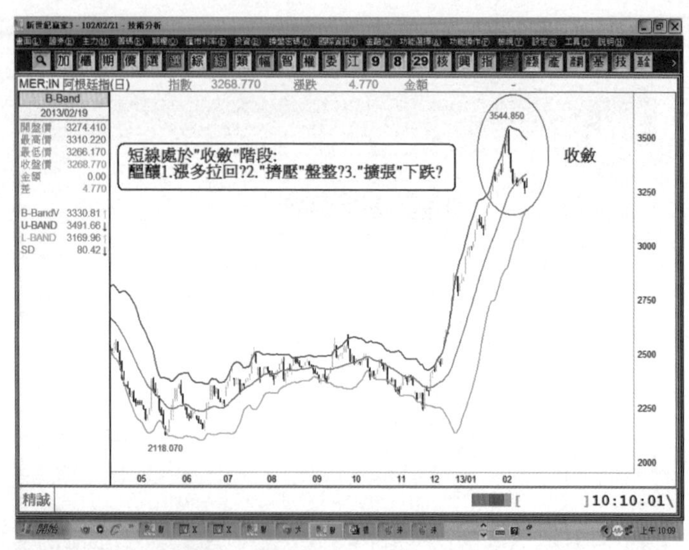


圖8-60：阿根廷指數（日線圖）

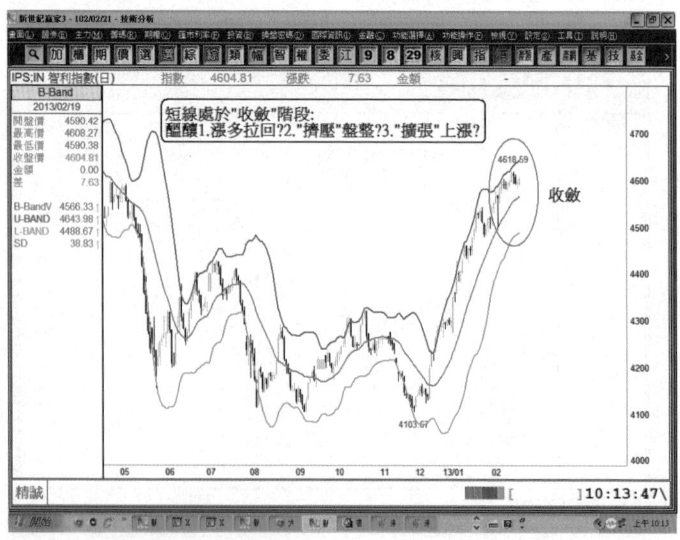


圖8-61：智利指數（日線圖）

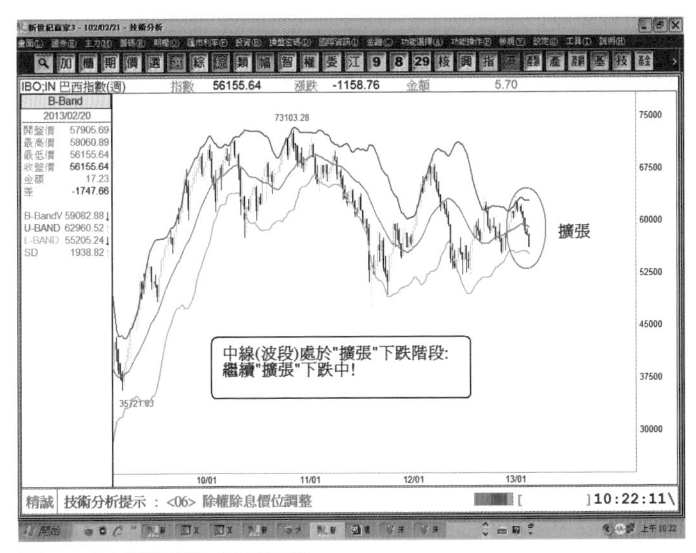


圖8-62：巴西指數（週線圖）

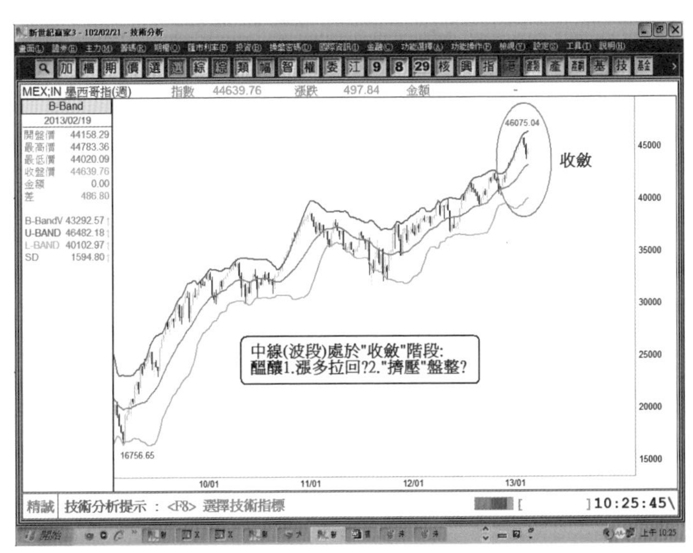


圖8-63：墨西哥指數（週線圖）

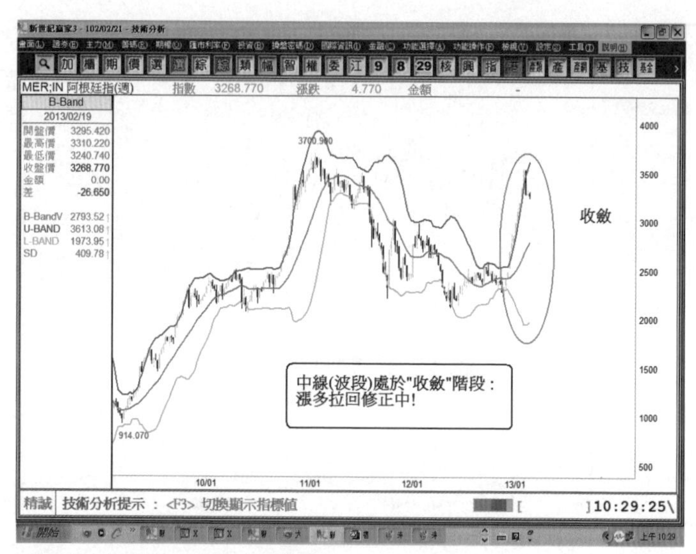


圖8-64：阿根廷指數（週線圖）

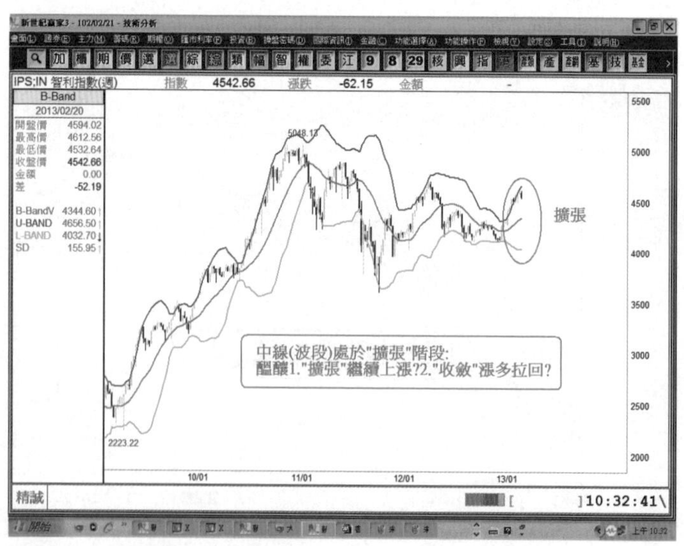


圖8-65：智利指數（週線圖）

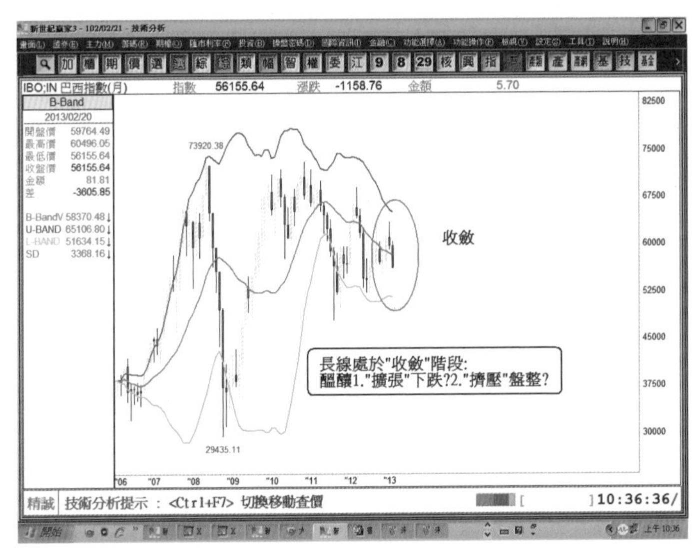


圖8-66：巴西指數（月線圖）

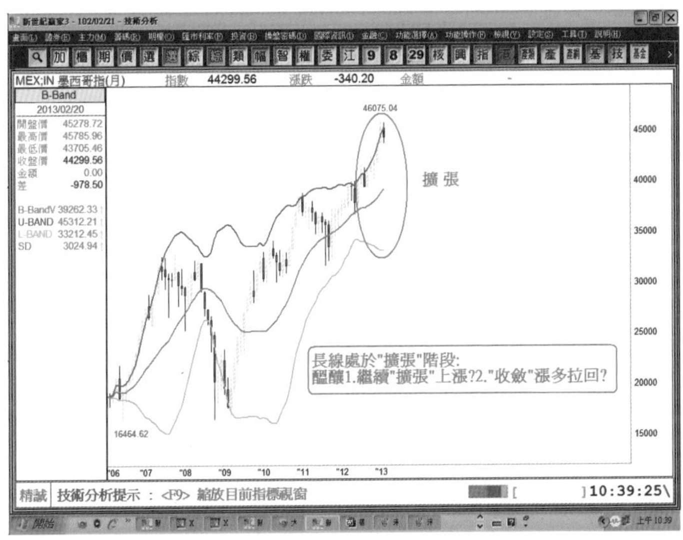


圖8-67：墨西哥指數（月線圖）

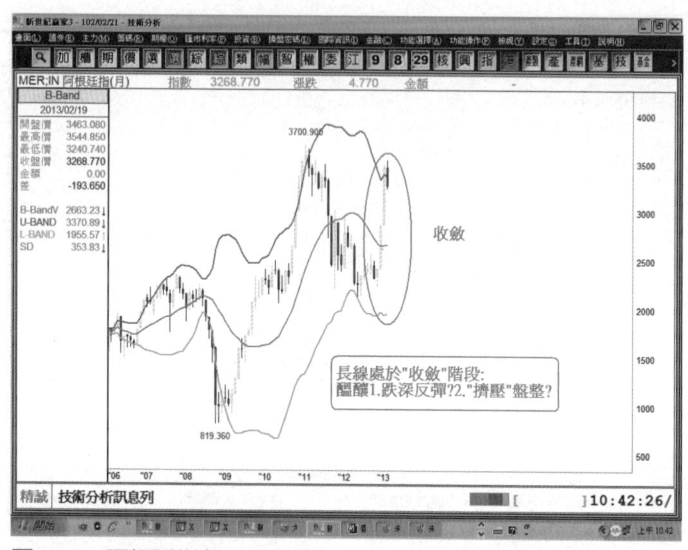


圖8-68：阿根廷指數（月線圖）

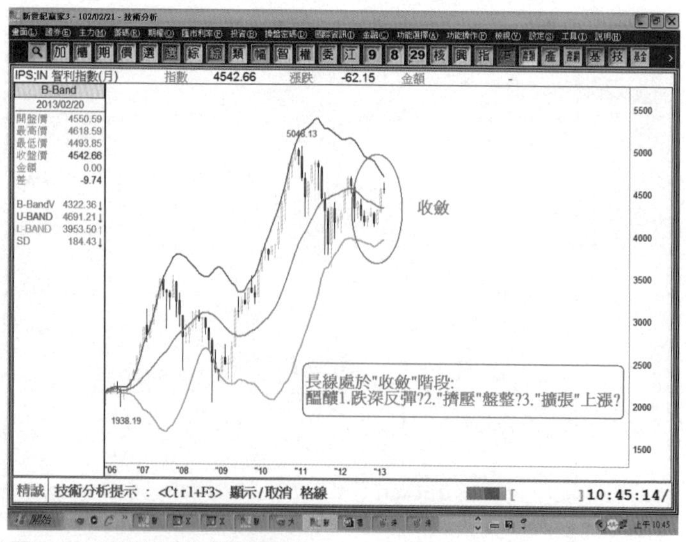


圖8-69：智利指數（月線圖）

# 二、期貨市場：

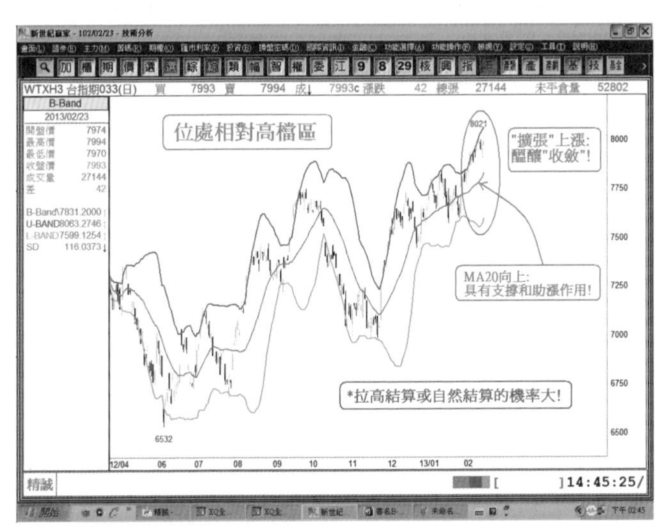


圖8-70：台股指數03（日線圖）

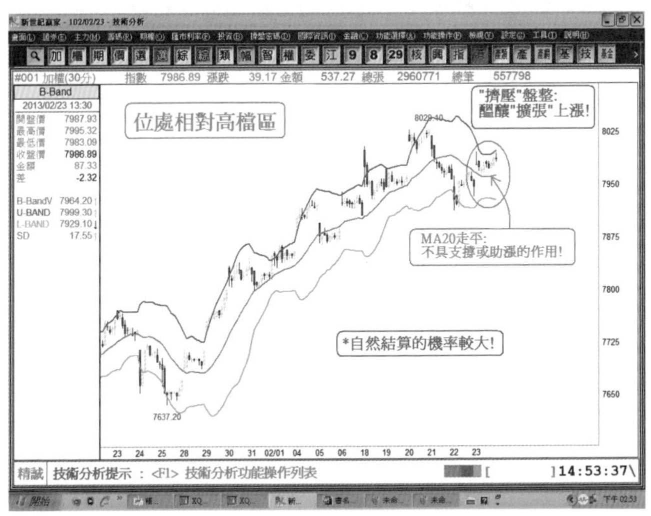


圖8-71：台股指數03（30分鐘線圖）

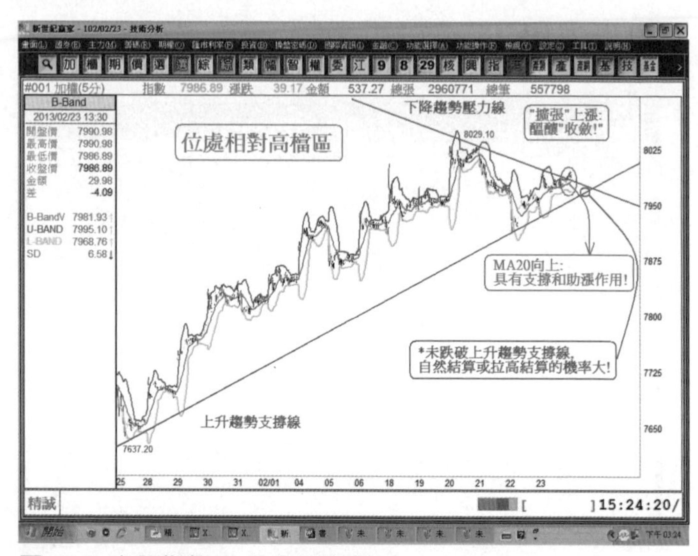


圖8-72：台股指數03（5分鐘線圖）

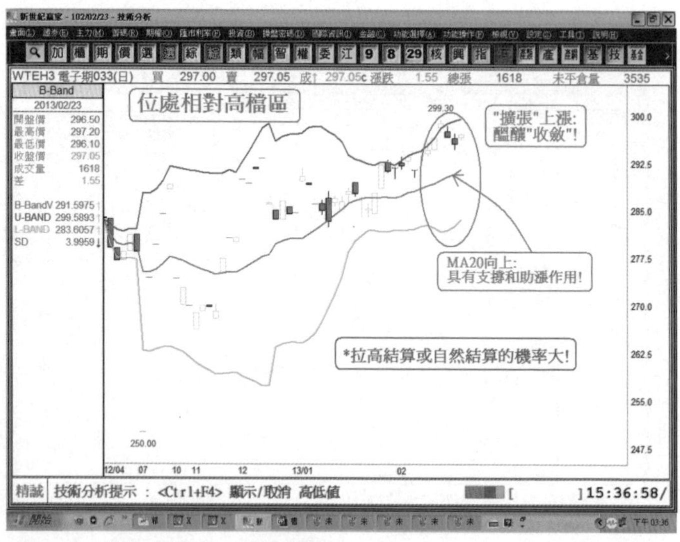


圖8-73：電子指數03（日線圖）

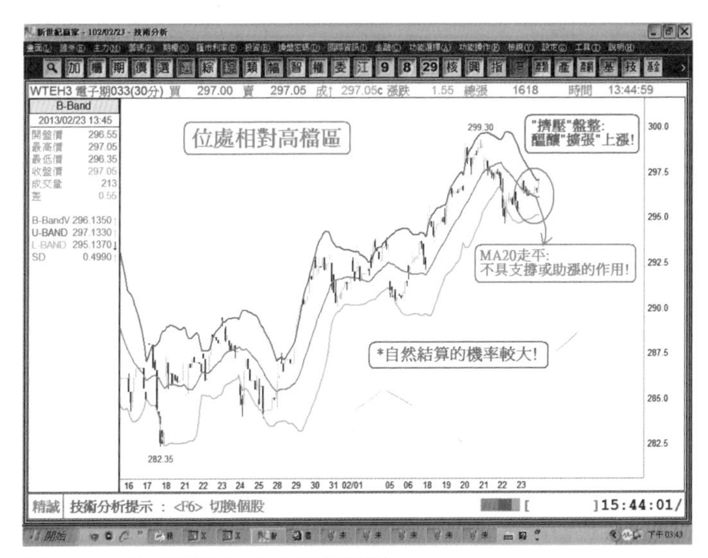


圖8-74：電子指數03（30分鐘線圖）

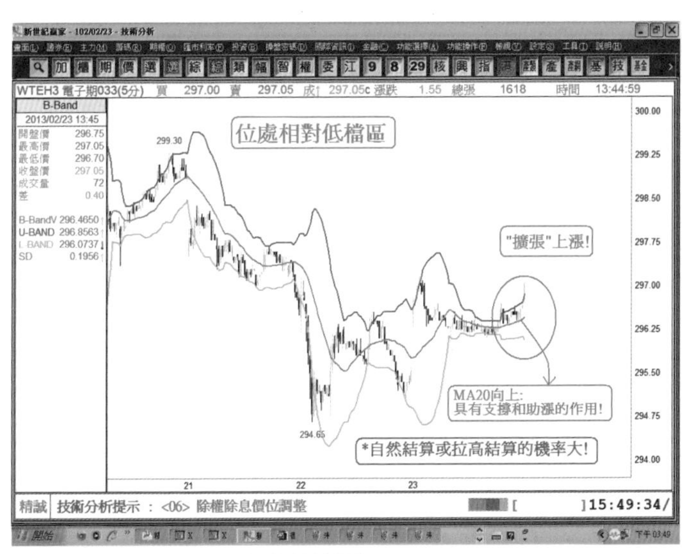


圖8-75：電子指數03（5分鐘線圖）

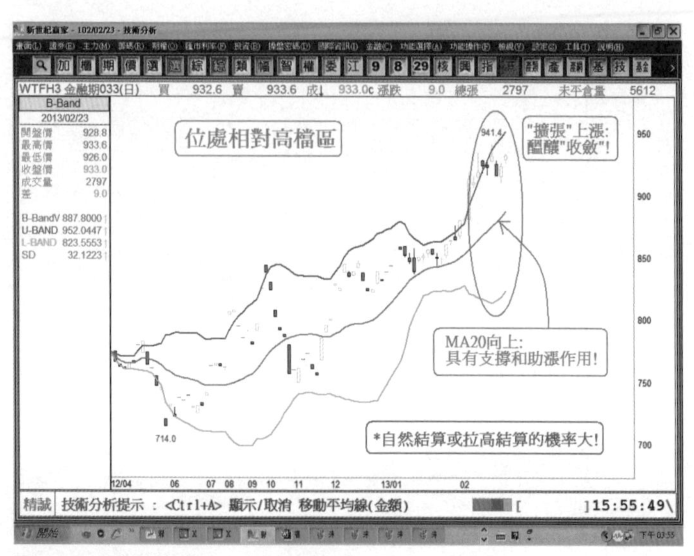


圖8-76：金融指數03（日線圖）

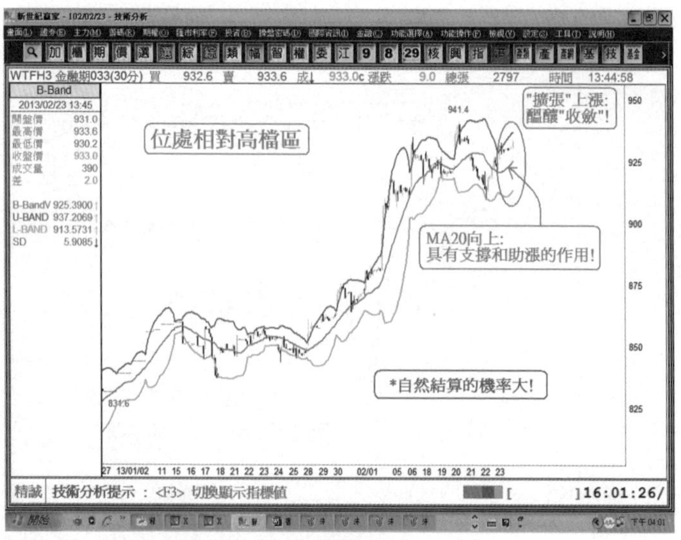


圖8-77：金融指數03（30分鐘線圖）

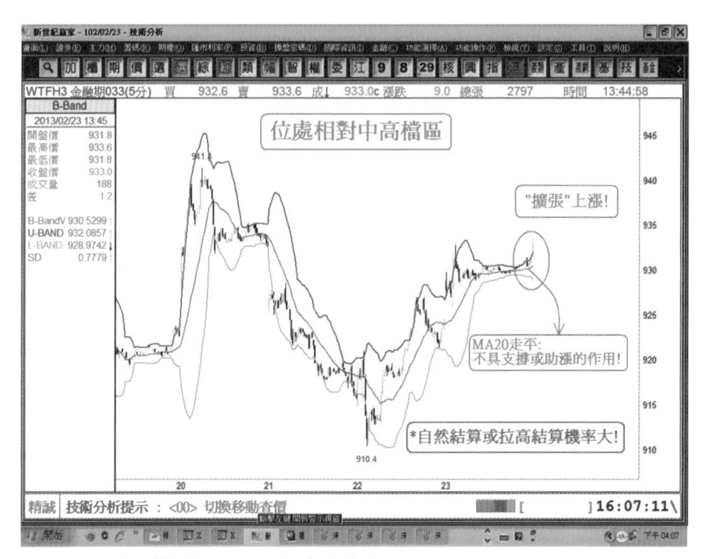


圖8-78：金融指數03（5分鐘線圖）

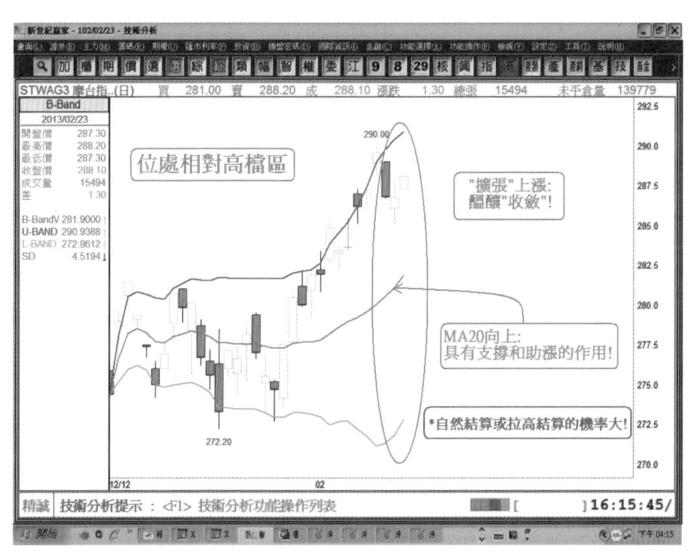


圖8-79：摩台指數02（日線圖）

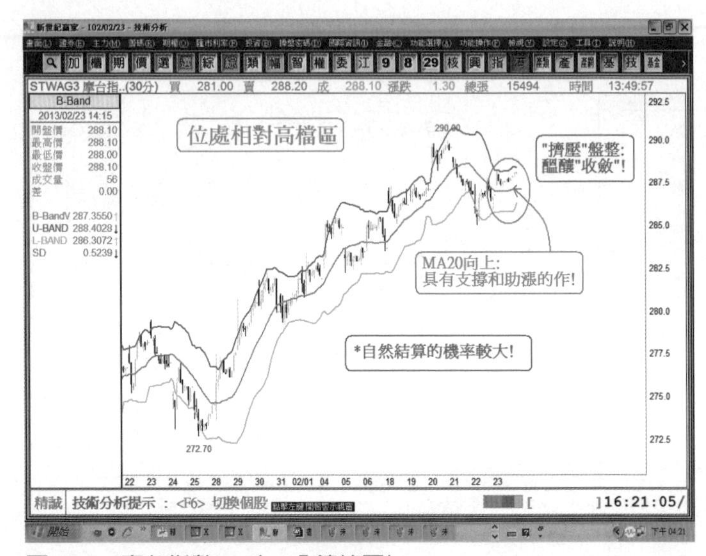


圖8-80：摩台指數02（30分鐘線圖）

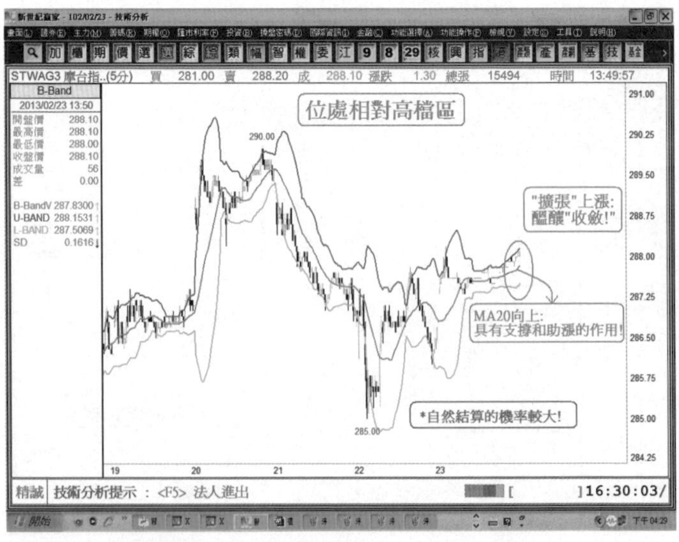


圖8-81：摩台指數02（5分鐘線圖）

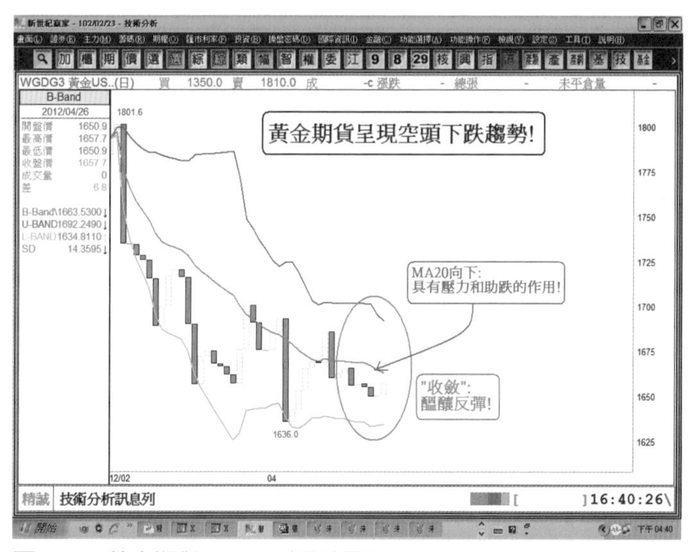


圖8-82：黃金期貨US023（日線圖）

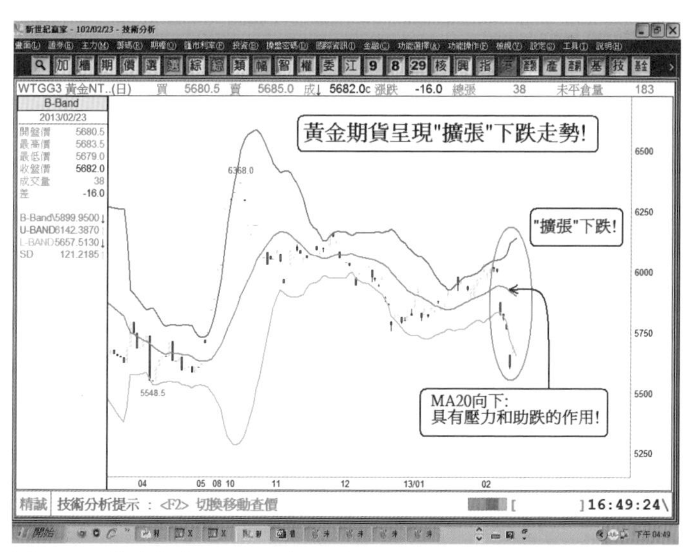


圖8-83：黃金期貨NT023（日線圖）

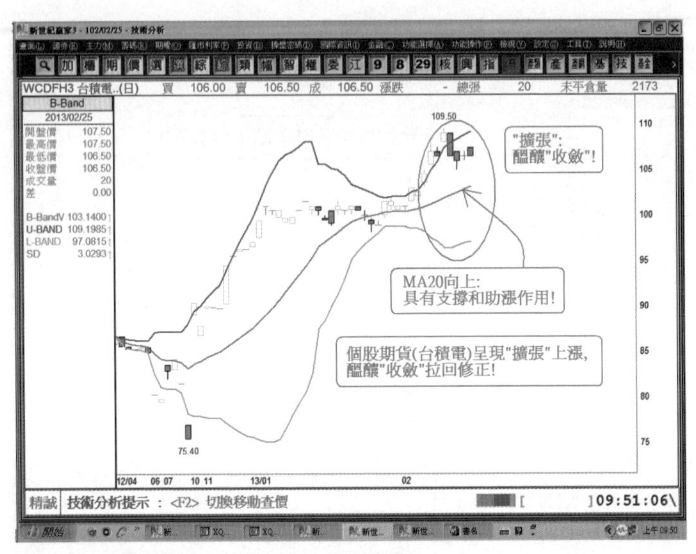


圖8-84：個股期貨（台積電）（日線圖）

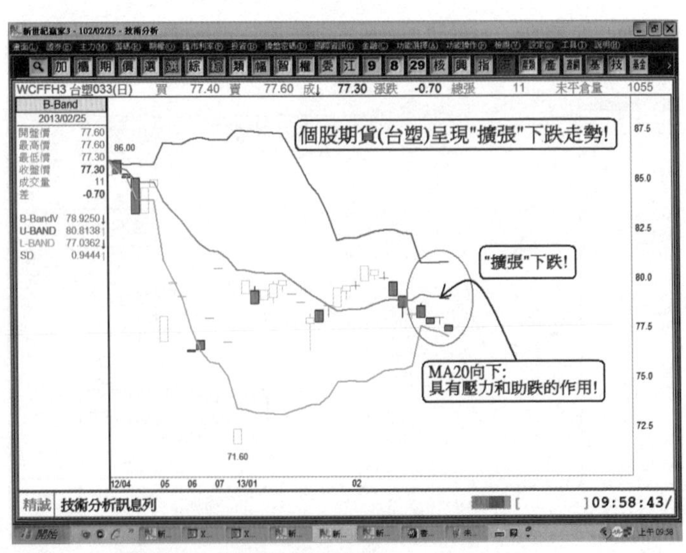


圖8-85：個股期貨（台塑）（日線圖）

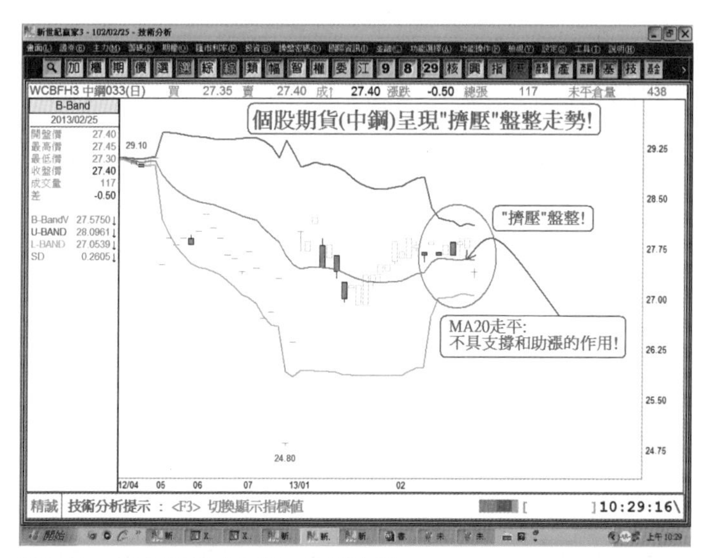


圖8-86：個股期貨（中鋼）（日線圖）

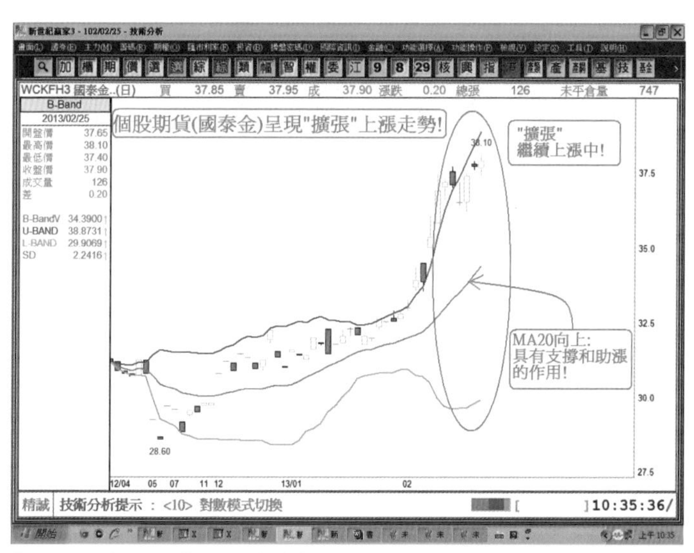


圖8-87：個股期貨（國泰金）（日線圖）

# 三、權證市場：

## (一) 認購權證

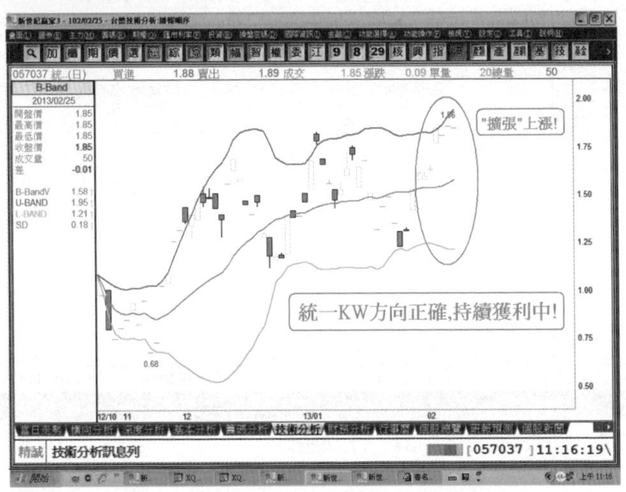


圖8-88：057037統一KW（加權指數）歐購

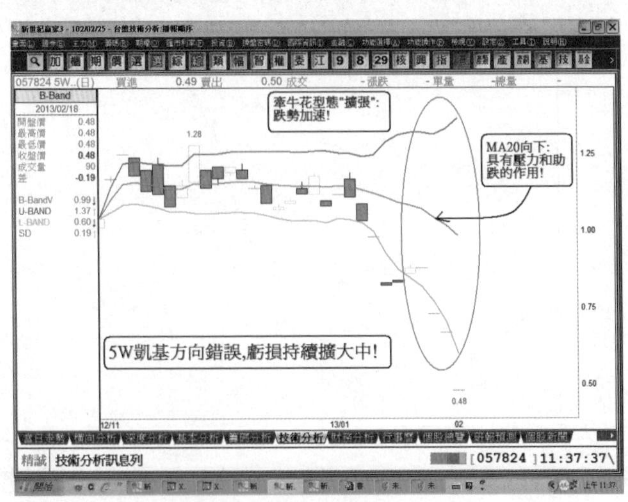


圖8-89：057824凱基（華通）美購

## （二）認售權證

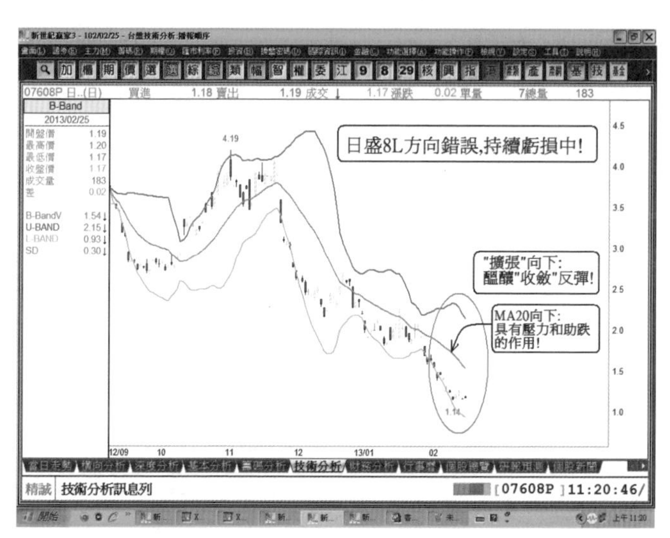


圖8-90：07608P日盛8L（加權指數）歐售

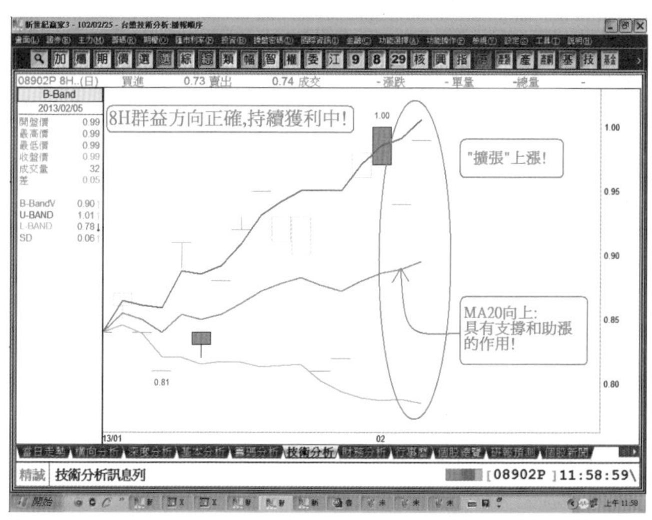


圖8-91：08902P8H群益（日月光）歐售

## （三）牛權證

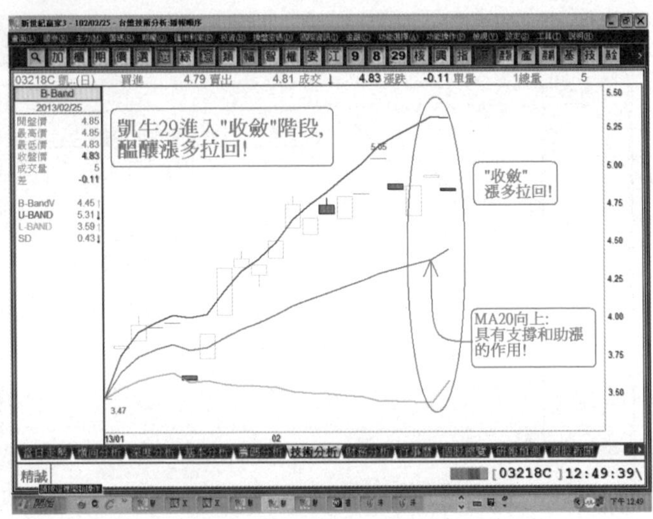


圖8-92：03217C凱牛29（加權指數）歐購下

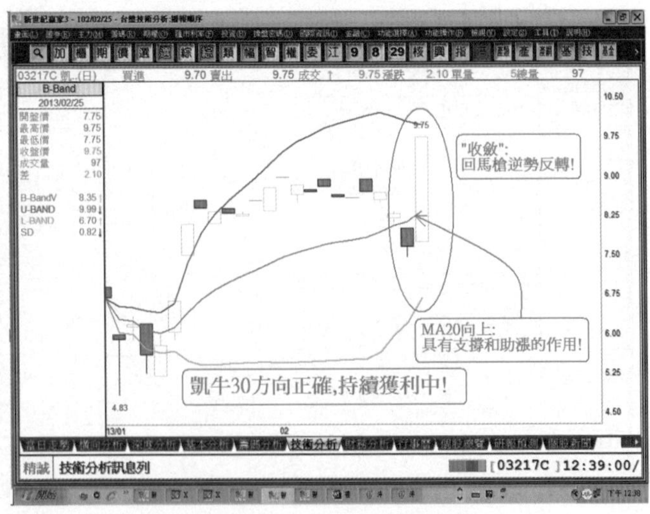


圖8-93：03217C凱牛30（F-晨星）歐購下

## （四）熊權證

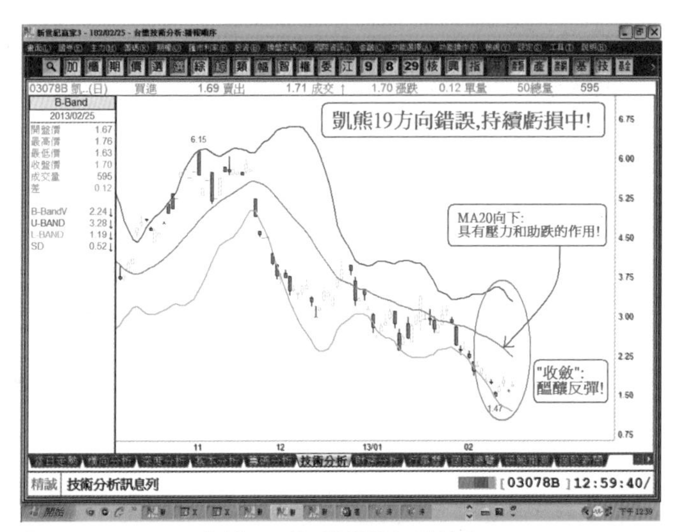


圖8-94：03078B凱熊19（加權指數）歐售上

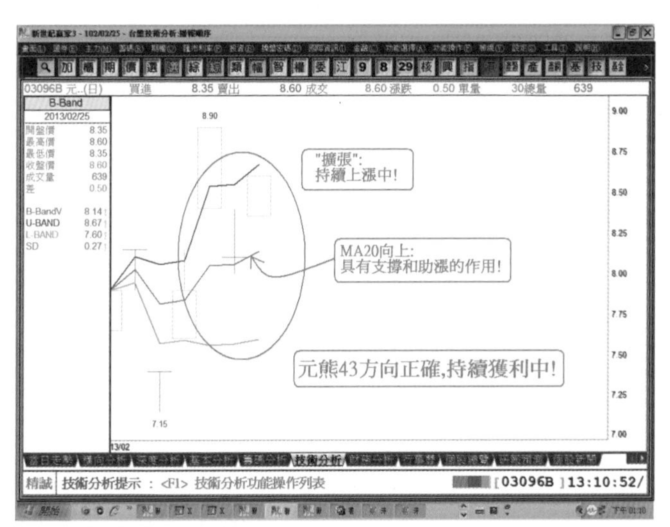


圖8-95：03096B元熊43（台積電）歐售上

# 四、外匯市場：

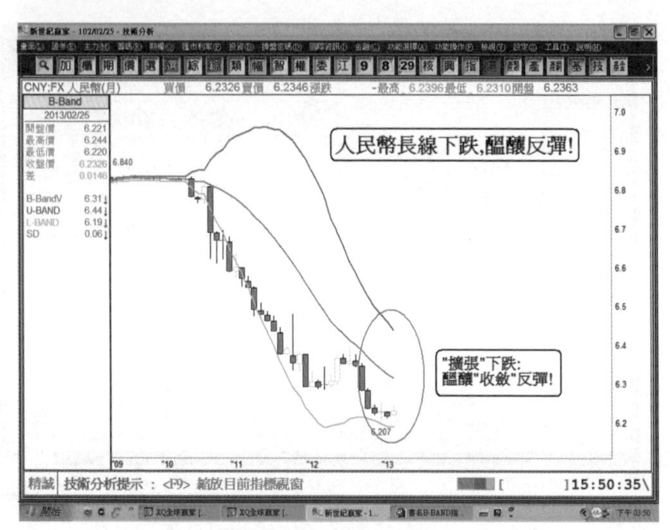


圖8-96：人民幣長線走勢（月線圖）

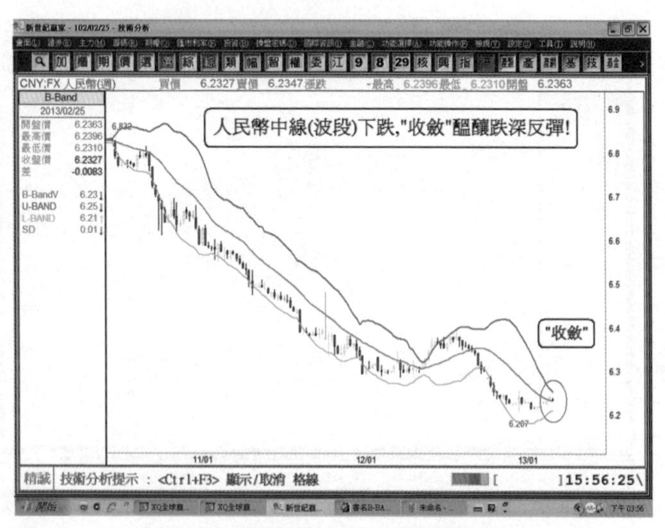


圖8-97：人民幣中線（波段）走勢（週線圖）

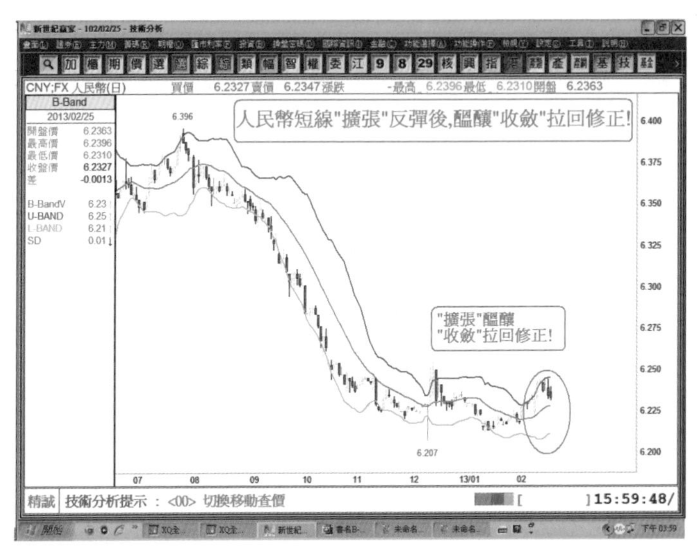


圖8-98：人民幣短線走勢（日線圖）

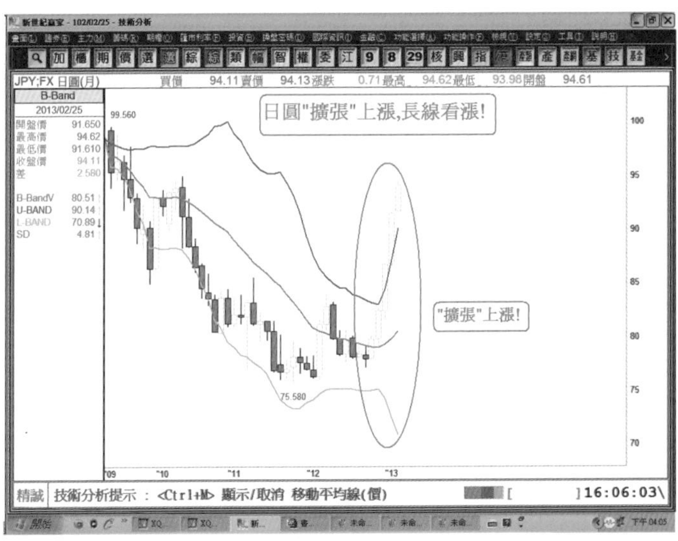


圖8-99：日圓長線走勢（月線圖）

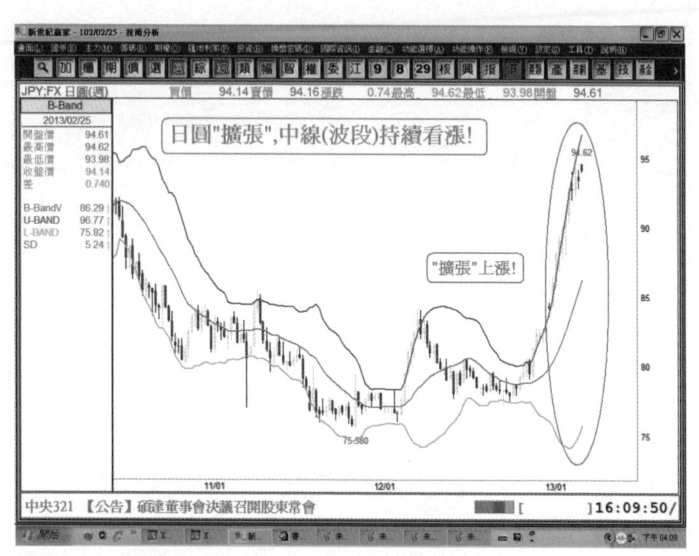


圖8-100：日圓中線（波段）走勢（週線圖）

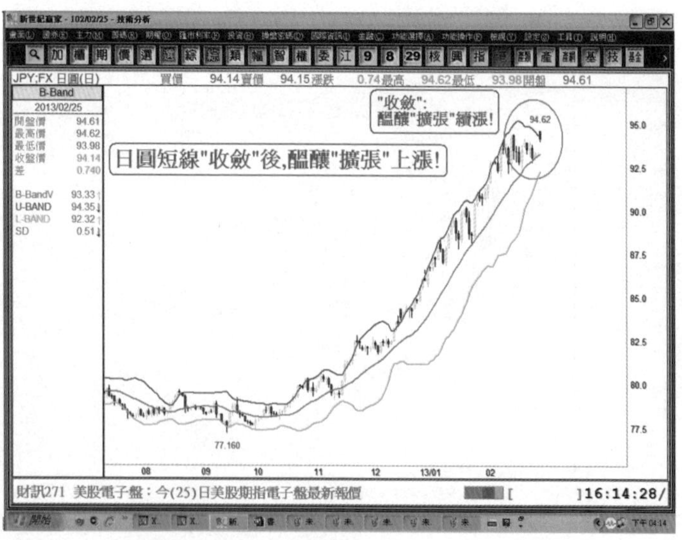


圖8-101：日圓短線走勢（日線圖）

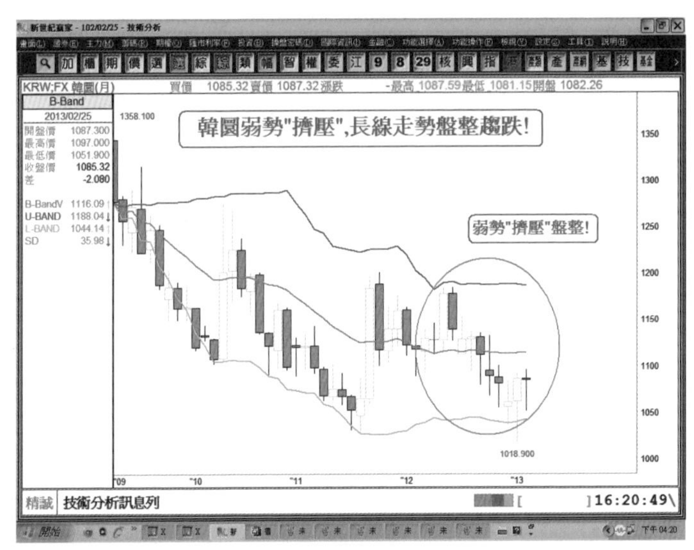


圖8-102：韓圜長線走勢（月線圖）

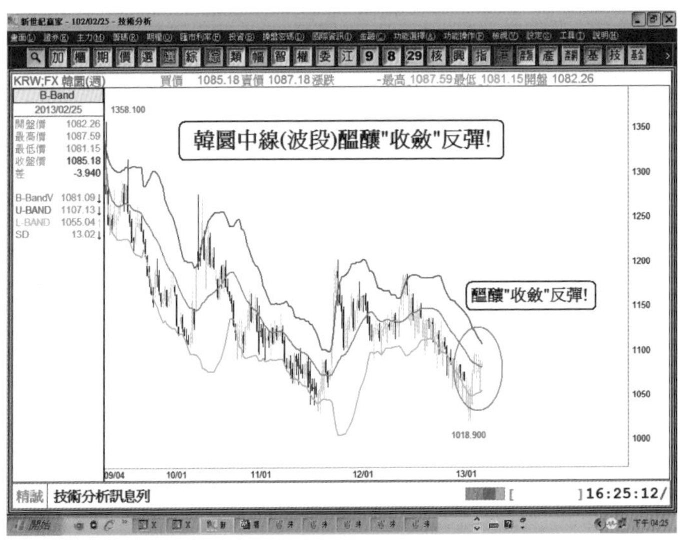


圖8-103：韓圜中線（波段）走勢（週線圖）

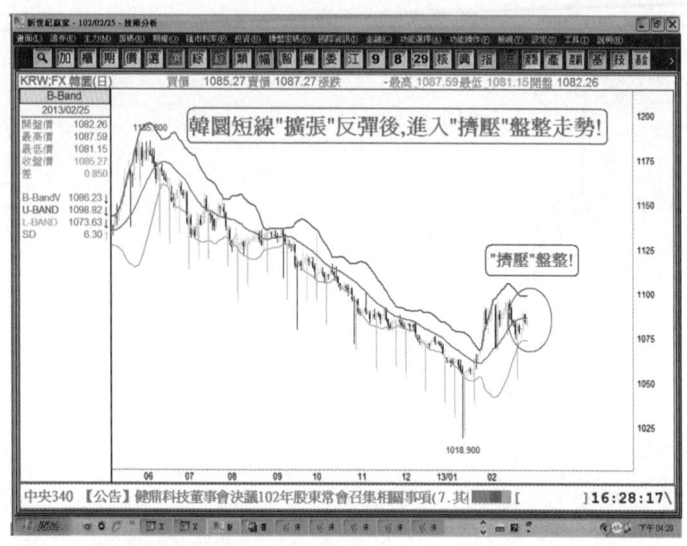


圖8-104：韓圜短線走勢（日線圖）

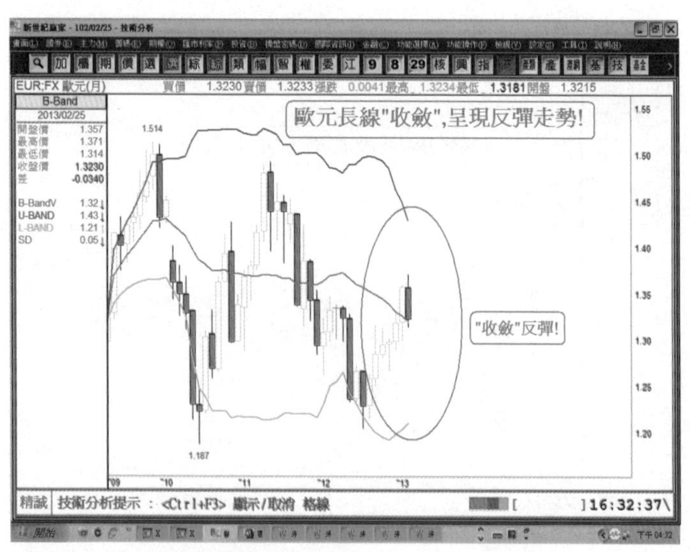


圖8-105：歐元長線走勢（月線圖）

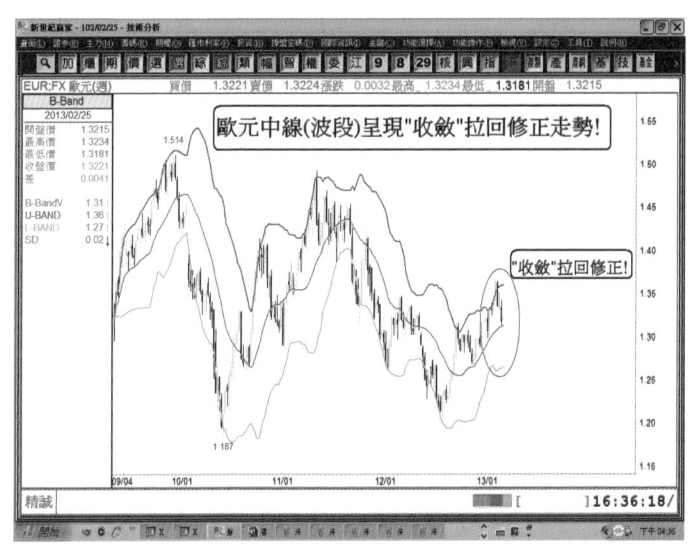


圖8-106：歐元中線（波段）走勢（週線圖）

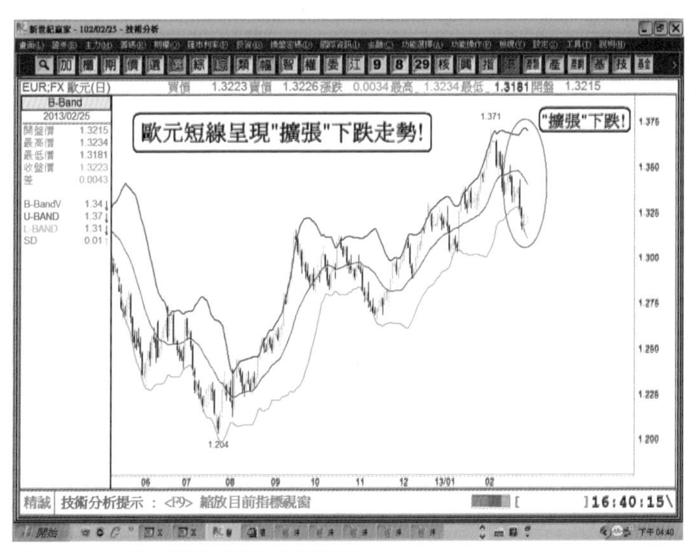


圖8-107：歐元短線走勢（日線圖）

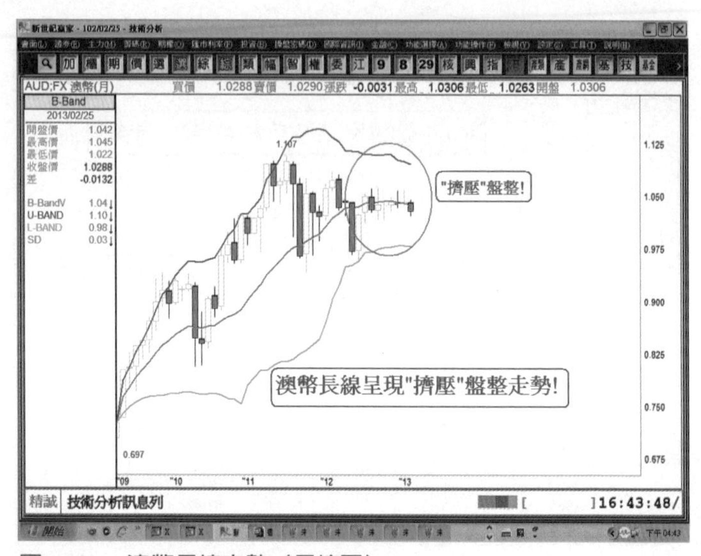


圖8-108：澳幣長線走勢（月線圖）

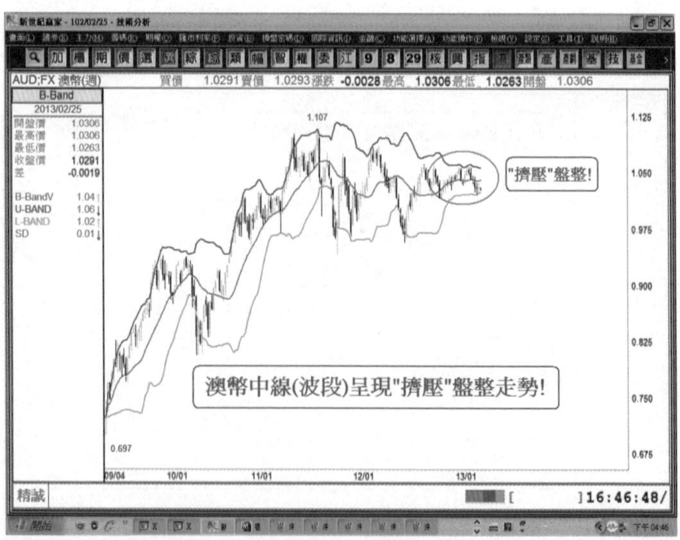


圖8-109：澳幣中線（波段）走勢（週線圖）

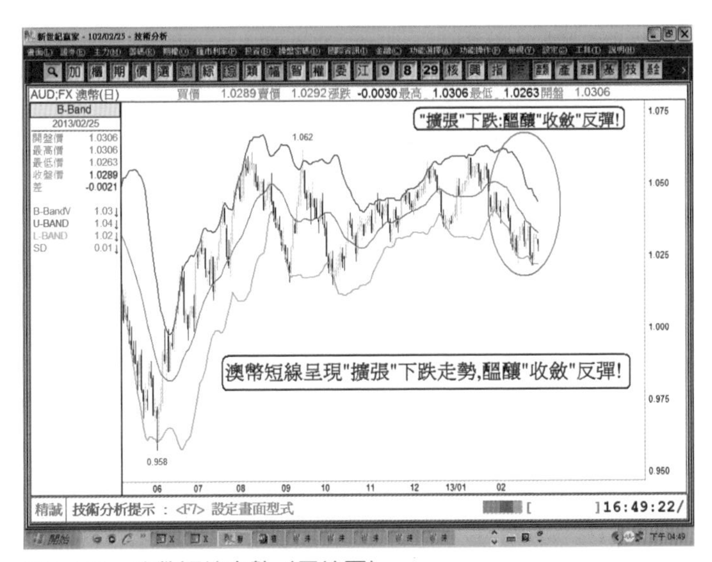


圖8-110：澳幣短線走勢（日線圖）

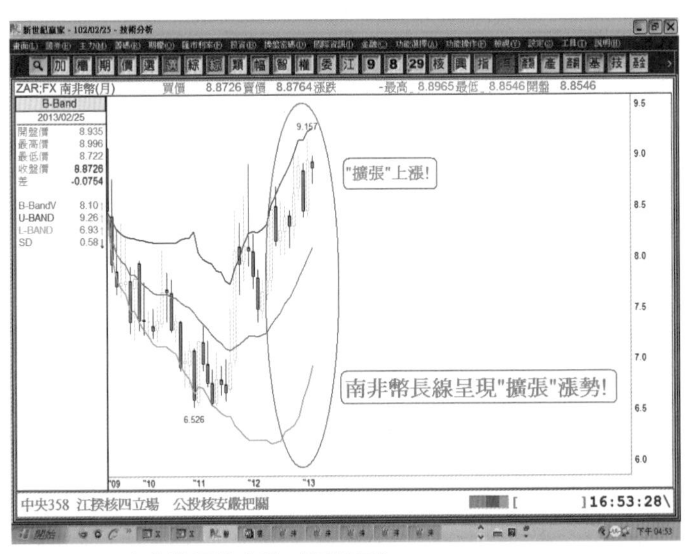


圖8-111：南非幣長線走勢（月線圖）

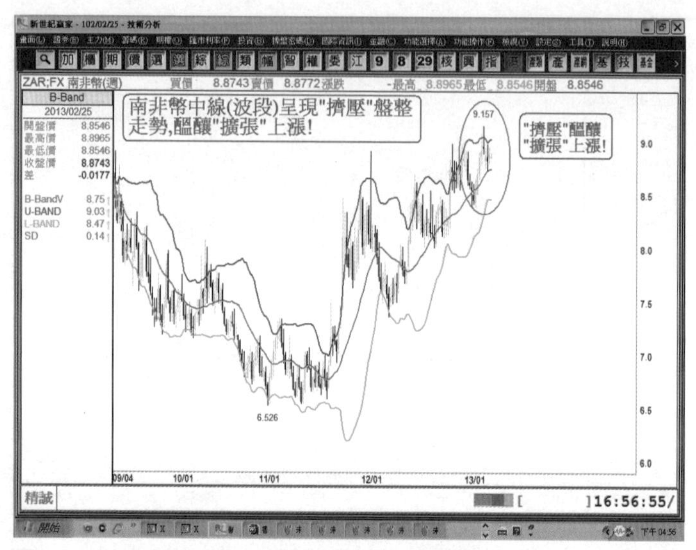


圖8-112：南非幣中線（波段）走勢（週線圖）

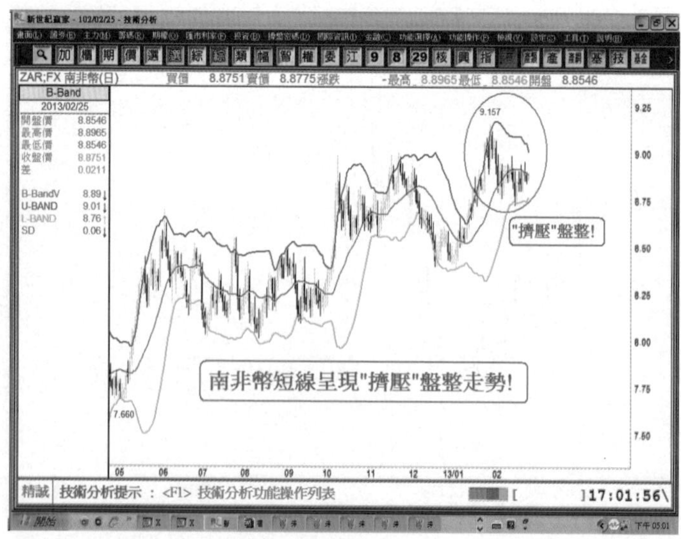


圖8-113：南非幣短線走勢（日線圖）

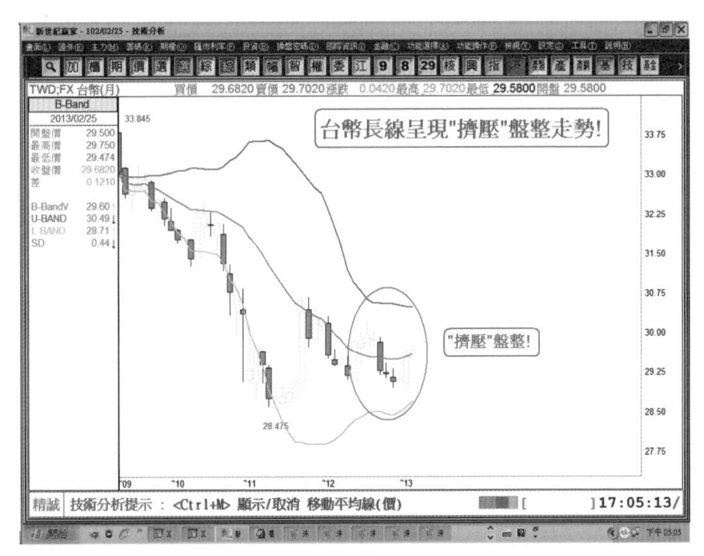


圖8-114：台幣長線走勢（月線圖）

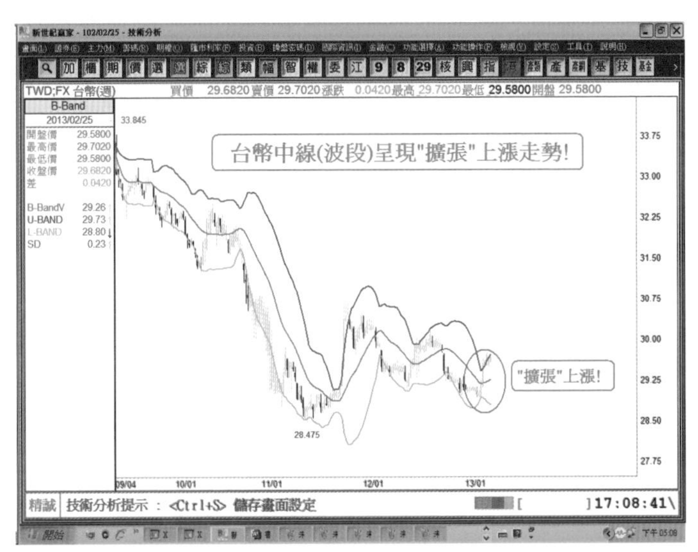


圖8-115：台幣中線（波段）走勢（週線圖）

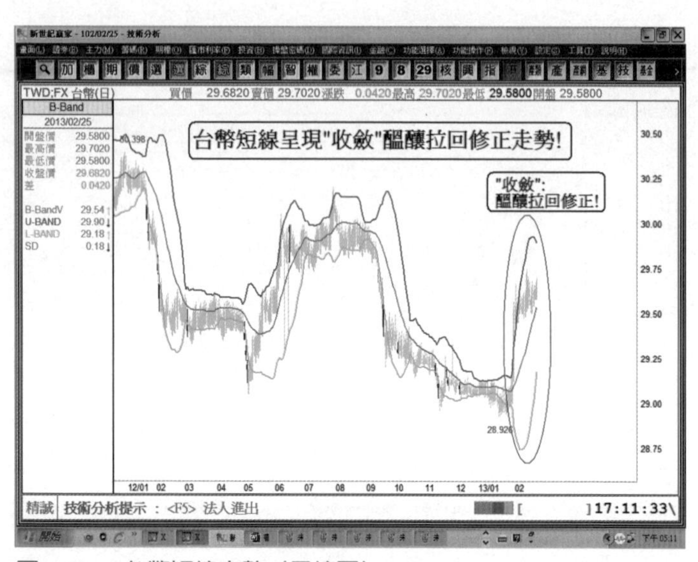


圖8-116：台幣短線走勢（日線圖）

# 五、期貨（貴金屬）市場：

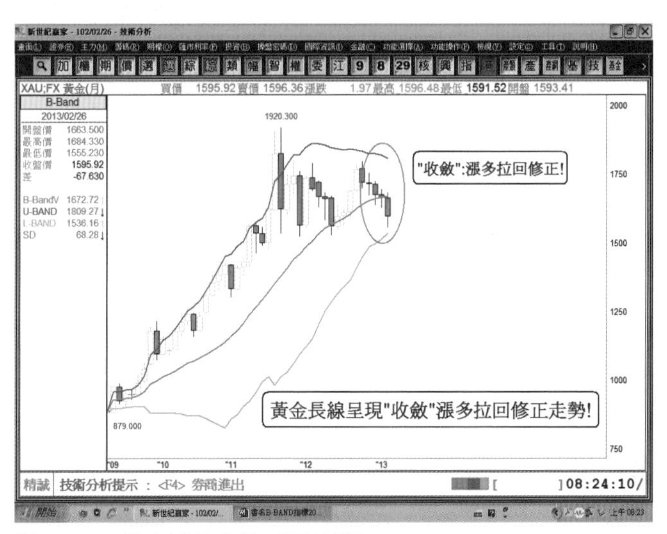


圖8-117：黃金長線走勢（月線圖）

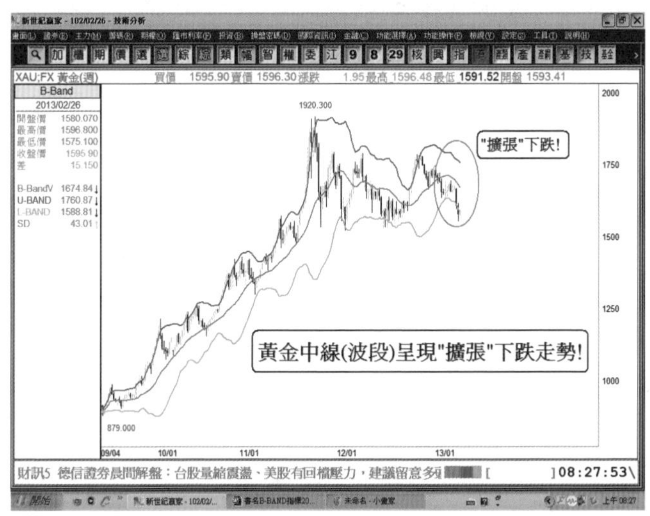


圖8-118：黃金中線（波段）走勢（週線圖）

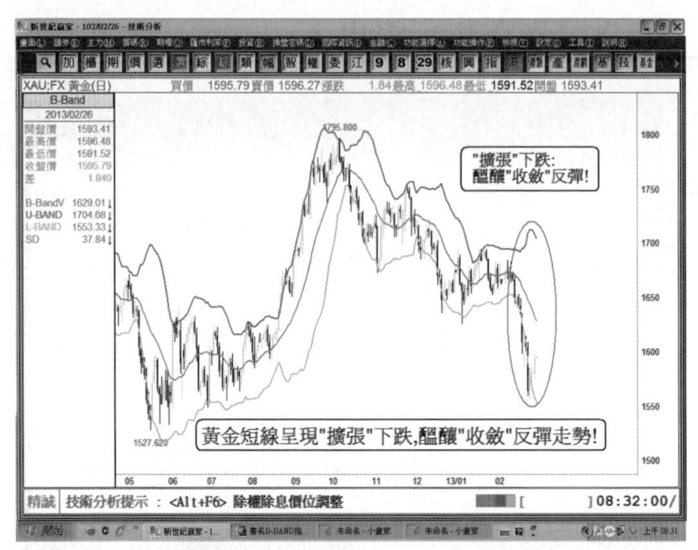


圖8-119：黃金短線走勢（日線圖）

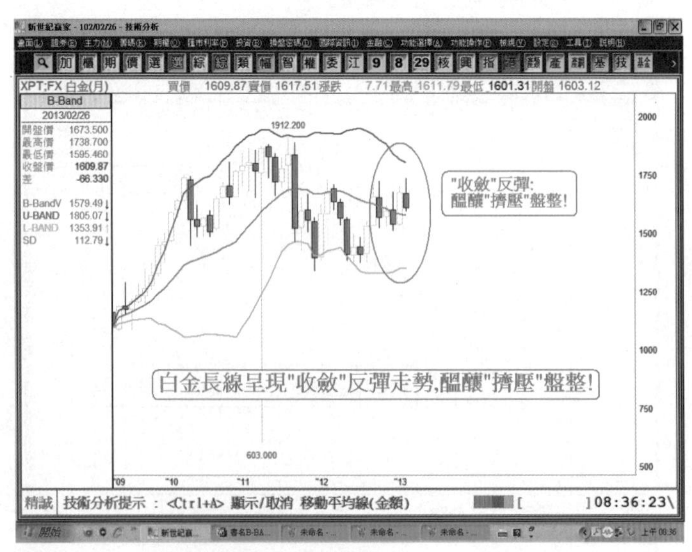


圖8-120：白金長線走勢（月線圖）

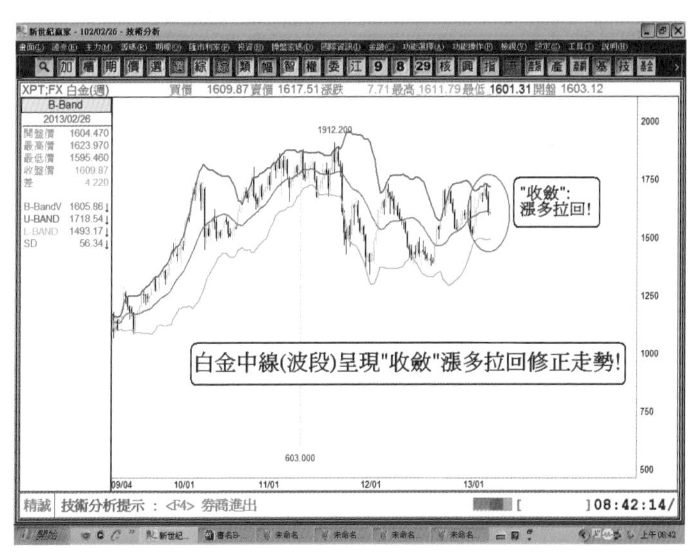

圖8-121：白金中線（波段）走勢（週線圖）

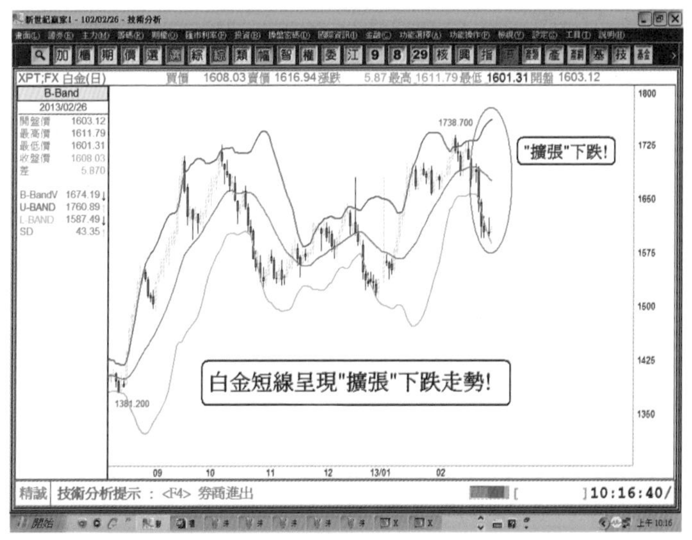

圖8-122：白金短線走勢（日線圖）

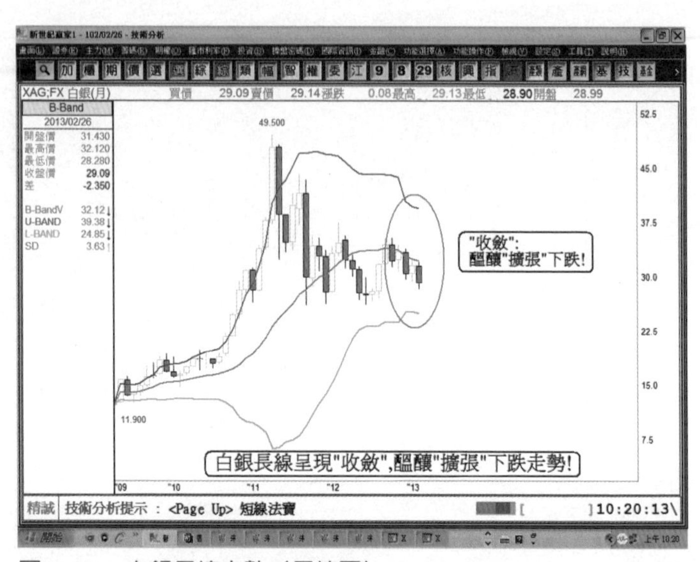


圖8-123：白銀長線走勢（月線圖）

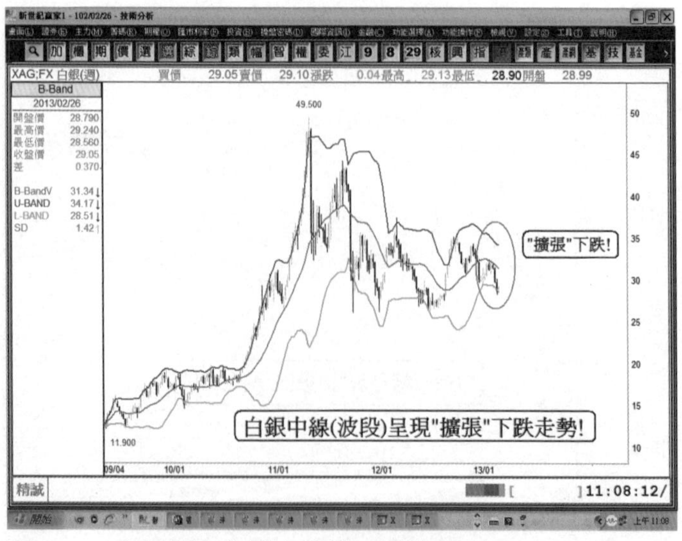


圖8-124：白銀中線（波段）走勢（週線圖）

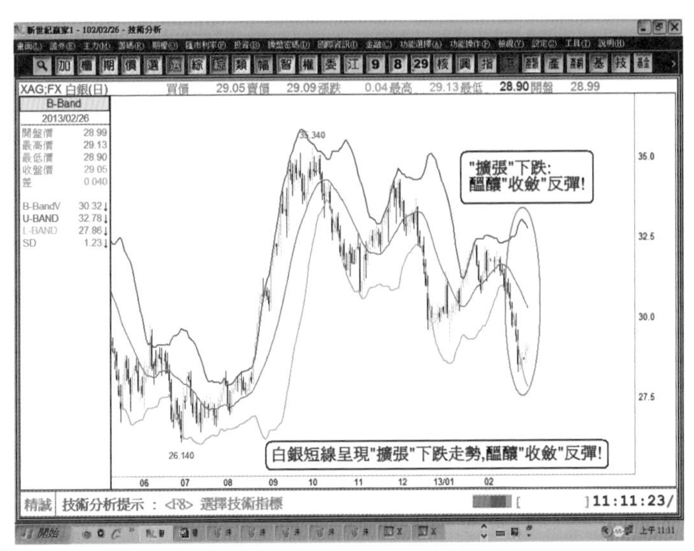

圖8-125：白銀短線走勢（日線圖）

B-Band指標適用的商品種類非常多，舉凡股票、期貨、債券、權證ˇ等；亦適用於全球的金融市場和商品。讀者只要能讀通且熟悉本書所提的多頭市場上漲三部曲（擠壓盤整、擴張上漲、收斂漲多拉回）、空頭市場下跌三部曲（擠壓盤整、擴張下跌、收斂跌深反彈）、多頭市場上漲型態（蓮藕、花生、牽牛(喇叭)花）、空頭市場下跌型態（蓮藕、花生、牽牛(喇叭)花），就可優游於全球金融市場，依個人喜好，可以選擇投資股票或期貨或債券或權證ˇ等。只要全球金融市場不打烊，讀者永遠有賺錢的機會。

# 第三篇

# B-Band指標的實務運用

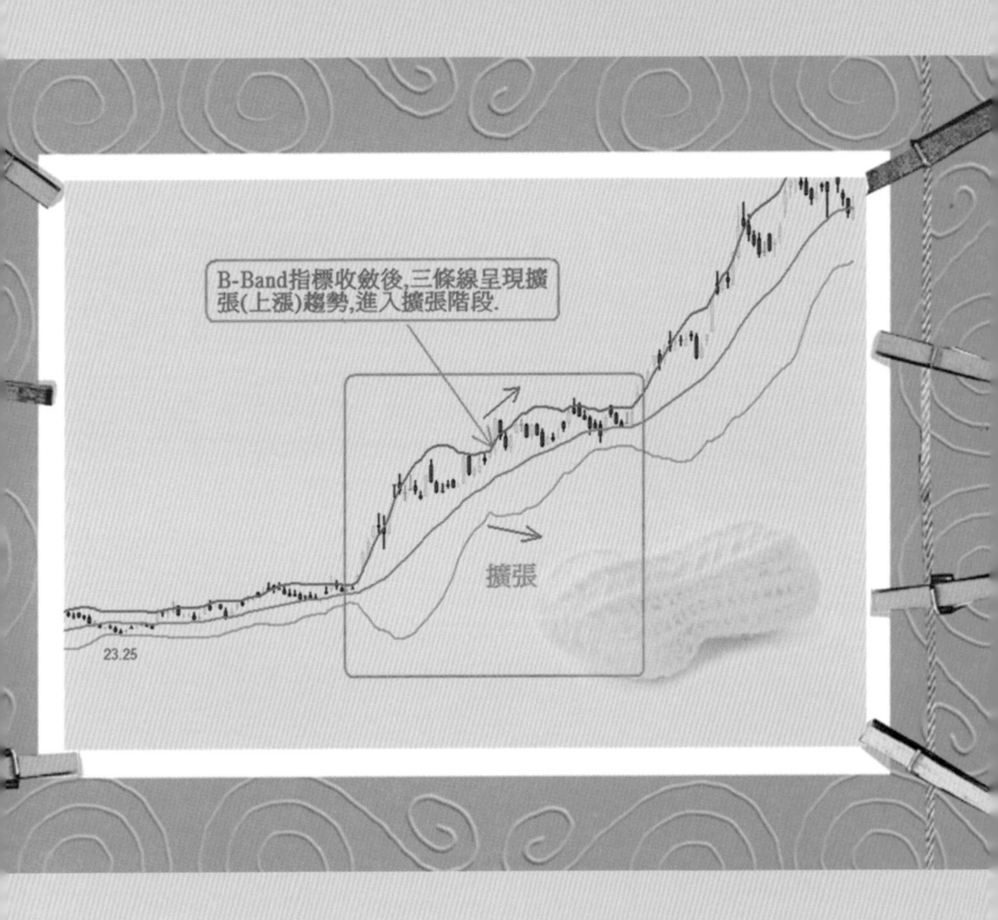

# 第九章

# B-Band指標的買進型態

## 一、多頭市場的買進型態

### (一) 蓮藕買進型態（擠壓後的擴張）

經過一段時間的盤整走勢，突然發動漲勢，突破盤整格局，此時，B-Band指標的型態會呈現『開口擴張』狀態，表示波段漲勢的開始，是絕佳的買進型態。但是『擠壓－開口擴張』的買進型態，又分爲三種模式：成功的模式、失敗的模式和敗部復活的模式。

1. **成功的模式**：當B-Band指標的型態呈現『開口擴張』狀態，表示波段漲勢開始，價格會沿著上軌線一路上漲，形成波段漲勢，這是蓮藕買進型態的成功模式（參閱圖9-1、圖9-2）。

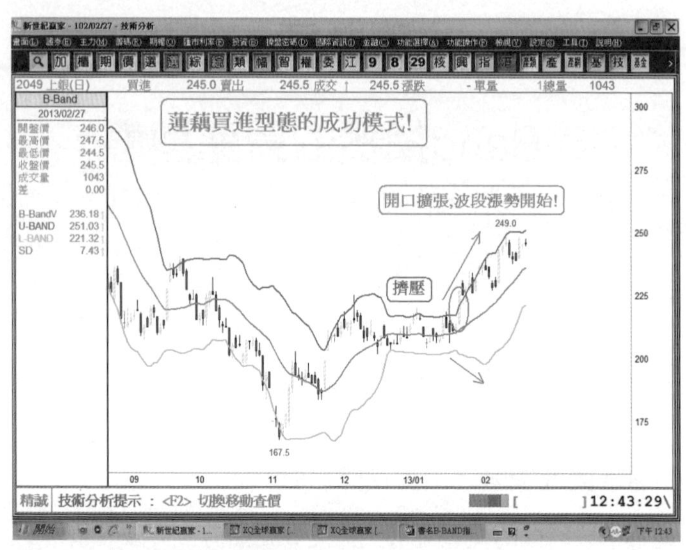

圖9-1：蓮藕買進型態的成功模式一

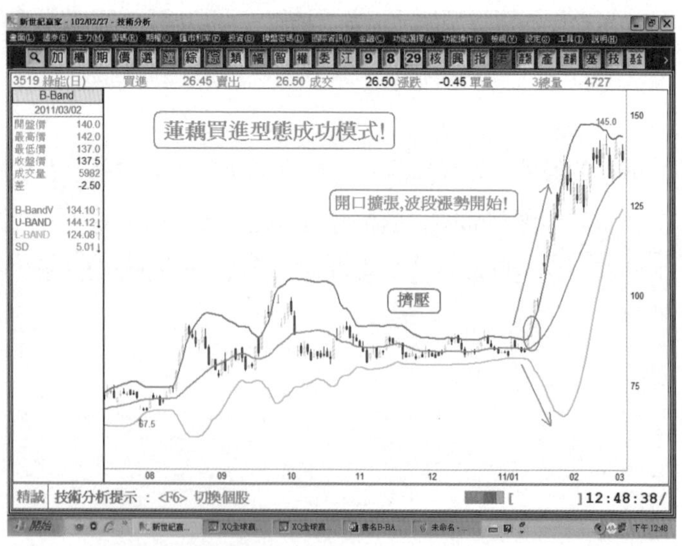

圖9-2：蓮藕買進型態的成功模式二

2. **失敗的模式**：當B-Band指標的型態呈現『開口擴張』狀態，表示波段漲勢開始，價格理應要沿著上軌線一路上漲，若價格在『開口擴張』的隔一天，未形成『開高走高』之勢，波段漲勢恐有失敗之虞？經驗法則：當價格形成『開口擴張』時買進，若價格於次日沒有形成『開高走高』沿著上軌線上漲，表示『開口擴張』的漲勢失敗，必須設停損賣出（參閱圖9-3、圖9-4）。

3. **敗部復活的模式**：如何設定停損？買進三天後，價格未脫離買進成本，則必須斷臂求生，停損賣出。三天如何計算？是從買進當天起算或是從買進的隔一天起算？正確答案：『開口擴張』時買進，從次日起算三天。又爲何要設定三天？因爲有的標的『開口擴張』時，極短線的技術指標會來到相對高檔區，在常態下，次日大都會形成開高走低，也就是過關拉回走勢，休息三天後，第四天又將展開波段漲勢，三天經驗法則只是統稱（參閱圖9-5、圖9-6）。

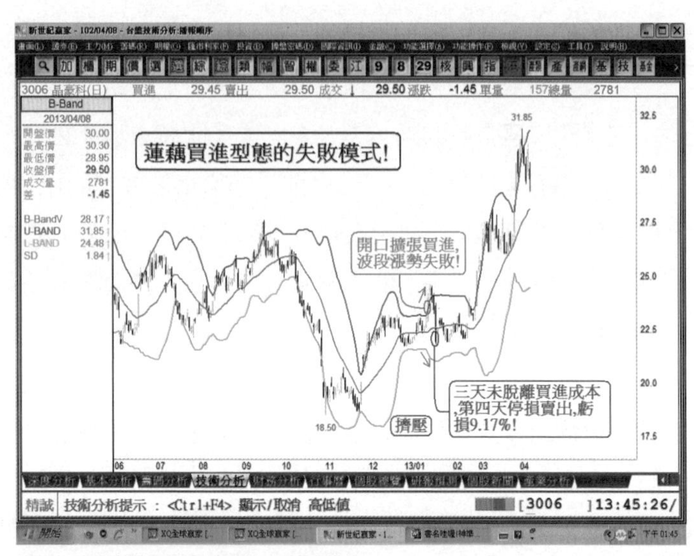


圖9-3：蓮藕買進型態的失敗模式一

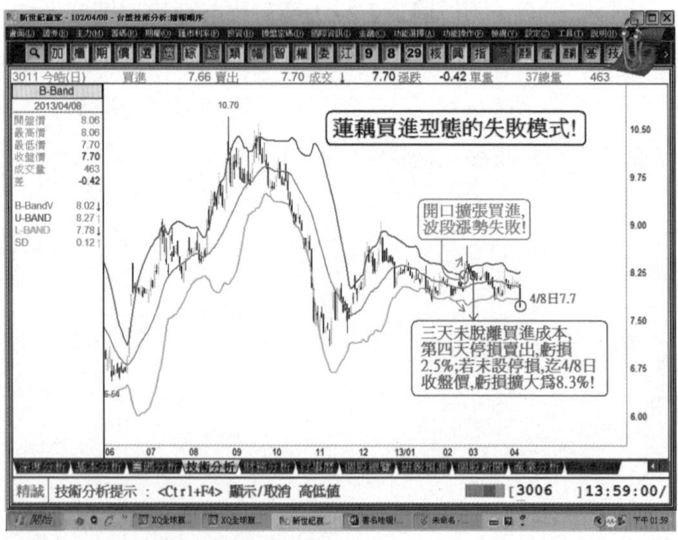


圖9-4：蓮藕買進型態的失敗模式二

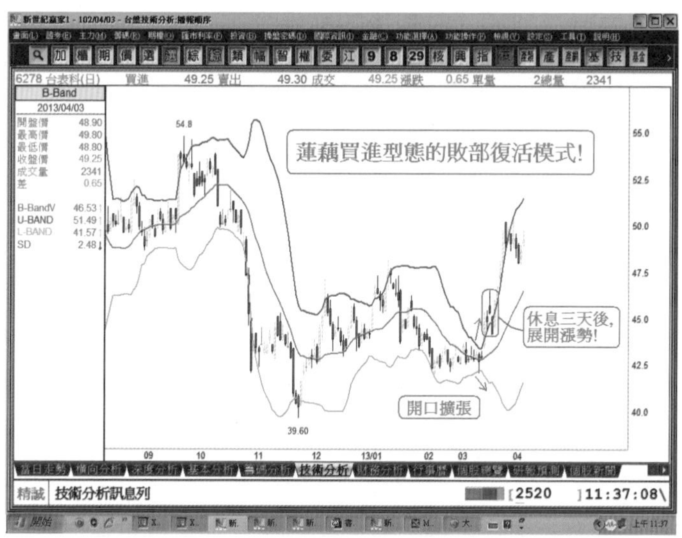


圖9-5：蓮藕買進型態的敗部復活模式一

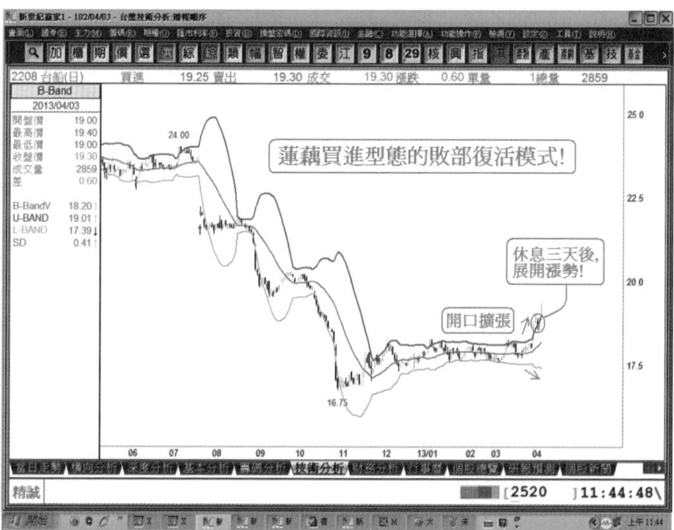


圖9-6：蓮藕買進型態的敗部復活模式二

## （二）花生買進型態（收斂後的擴張）

多頭市場漲多之後，會出現漲多拉回修正走勢，此時，B-Band指標的型態會呈現『閉口收斂』狀態，價格會回測中軸線MA20（月線）。不論價格是否跌破中軸線MA20（月線），突然發動漲勢，突破下跌格局，另一波漲勢再起。此時，B-Band指標的型態會呈現『開口擴張』狀態，表示波段漲勢的開始，形態類似花生，是多頭市場創新高的買進型態，亦是次佳的買進型態。

蓮藕買進型態分爲三種模式：成功的模式、失敗的模式和敗部復活的模式；但是花生的買進型態只有一種模式——成功的模式。因爲花生的買進型態是屬於第二波的漲勢，此時的中軸線MA20（月線）是向上延伸，形成助漲支撐作用，當花生型態的『開口擴張』就是漲勢開始，成功機率非常大，唯一的差別就是波段上漲的幅度大小略有不同（參閱圖9-7、圖9-8）。

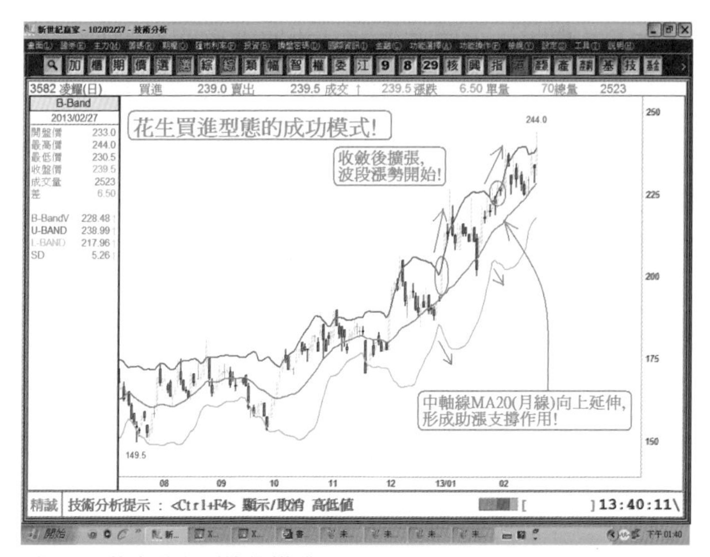


圖9-7：花生買進型態的模式一

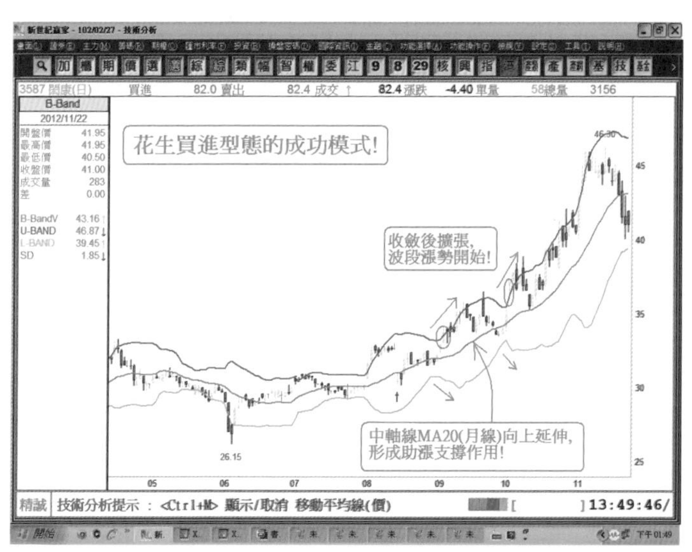


圖9-8：花生買進型態的模式二

### （三）牽牛（喇叭）花買進型態（半收斂後的擴張）

多頭市場漲多之後，會出現漲多拉回修正走勢，此時，B-Band指標的型態會呈現『閉口收斂』狀態，價格會回測中軸線MA20（月線）。當價格修正結束，突然發動另一波漲勢，此時，B-Band指標的型態會呈現『開口擴張』狀態，形態類似花生。

當花生型態漲多後，會再進入『閉口收斂』拉回修正走勢，但是，『收斂』拉回修正只進行到一半，便再次展開『擴張漲勢』，其型態類似牽牛（喇叭）花買進型態，是多頭市場創新高噴出的買進型態，乃次次佳的買進型態，屬於極短線的追高買進型態，不建議波段操作者買進。

蓮藕買進型態分爲三種模式：成功的模式、失敗的模式和敗部復活的模式；花生的買進型態只有一種模式——成功的模式。牽牛（喇叭）花的買進型態也只有一種模式——成功的模式。因爲牽牛（喇叭）花的買進型態是屬於第三波的漲勢，此時的中軸線MA20（月線）亦是向上延伸，形成助漲支撐作用，當牽牛（喇叭）花型態的『開口擴張』就是噴出漲勢的開始，成功機率非常大，實務上大都是飆股走勢（參閱圖9-9、圖9-10）。

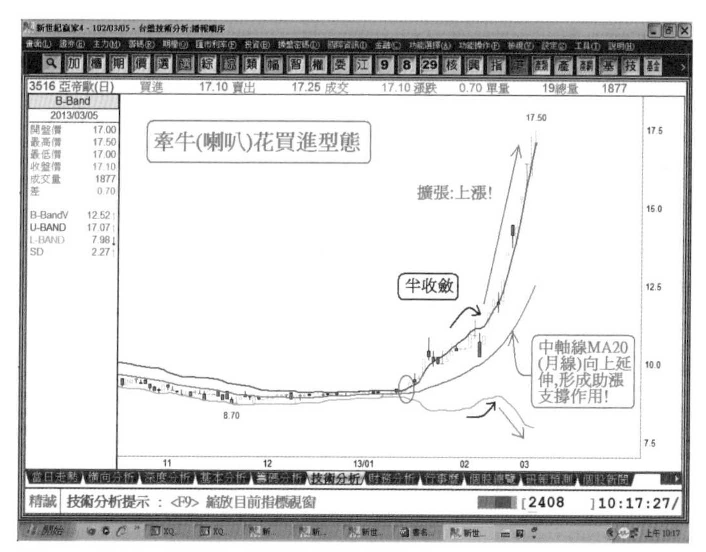


圖9-9：牽牛（喇叭）花買進型態的模式一

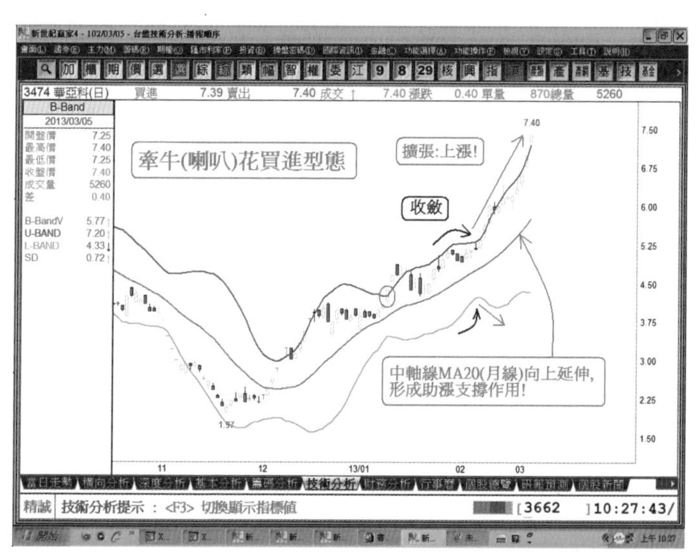


圖9-10：牽牛（喇叭）花買進型態的模式二

## 二、空頭市場的買進型態

### (一)『收斂』跌深反彈的買進型態：

空頭市場（下跌趨勢）跌深之後，都會醞釀反彈；醞釀反彈的時機如何判斷？筆者觀察B-Band指標多年，當B-Band指標呈現『收斂』型態，類似『閉口』或『縮口』的狀態，就是價格將展開跌深反彈走勢。

若更詳細的說明：在空頭市場（下跌趨勢）時，B-Band指標的上軌線會先下彎，待下跌數日之後，價格會脫離下軌線，B-Band指標的下軌線才會向上彎，當上軌線和下軌線同步（向下和向上）彎曲時，就是進入『收斂』反彈階段，其形狀就好像正要『閉口』或『縮口』的樣子。當價格進入『收斂』反彈階段，就是『收斂』跌深反彈的買進型態（參閱圖9-11、圖9-12）。

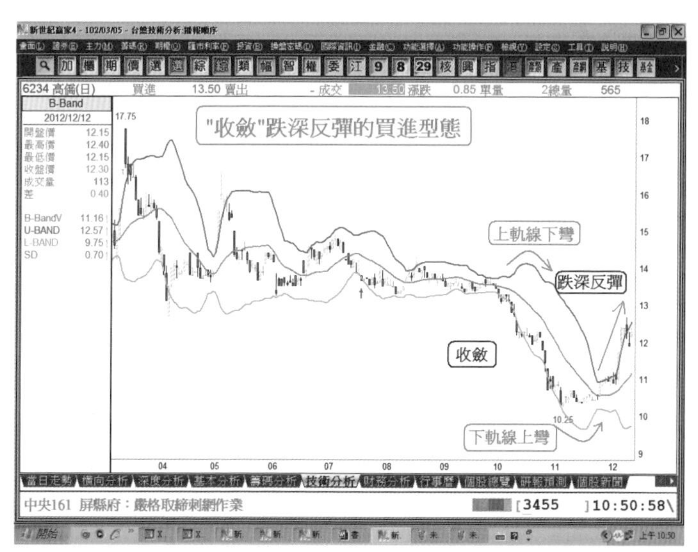


圖9-11：『收斂』跌深反彈的買進型態模式一

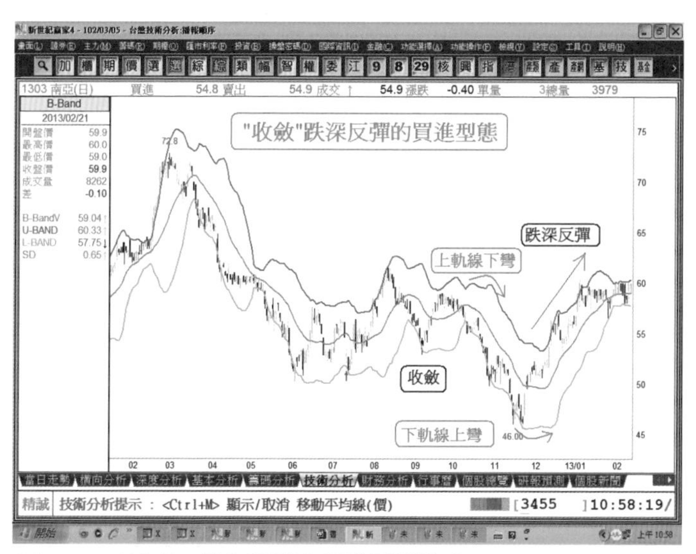


圖9-12：『收斂』跌深反彈的買進型態模式二

B-Band指標的買進型態在多頭市場時有三種；在空頭市場時有一種。

多頭市場的三種買進型態：

- 『蓮藕』買進型態，也就是『擠壓後的擴張』。
- 『花生』買進型態，也就是『收斂後的擴張』。
- 『牽牛（喇叭）花』買進型態，也就是『半收斂後的擴張』。

空頭市場的一種買進型態：

- 『收斂』跌深反彈的買進型態。

讀者要多看圖練習，練習到和呼吸一樣自然，一眼就可以看出這是多頭市場的三種買進型態或是空頭市場的一種買進型態。如此，才能伺機逢低買進，賺取波段獲利。

# 第十章

# B-Band指標的賣出型態

## 一、多頭市場的賣出型態

### (一)『收斂』漲多拉回的賣出型態：

多頭市場（上漲趨勢）漲多之後，都會醞釀拉回修正；醞釀拉回修正的時機如何判斷？筆者觀察B-Band指標多年，當B-Band指標呈現『收斂』型態，類似『閉口』或『縮口』的狀態，就是價格將展開漲多拉回修正走勢。

若更詳細的說明：在多頭市場（上漲趨勢）時，B-Band指標的下軌線會先上彎，待上漲數日之後，價格會脫離上軌線，B-Band指標的上軌線才會下彎，當下軌線和上軌線同步（向上和向下）彎曲時，就是進入『收斂』漲多拉回修正階段，其形狀就好像正要『閉口』或『縮口』的樣子。當價格進入『收斂』漲多拉回修正階段，就是『收斂』漲多拉回的賣出型態（參閱圖10-1、圖10-2）。

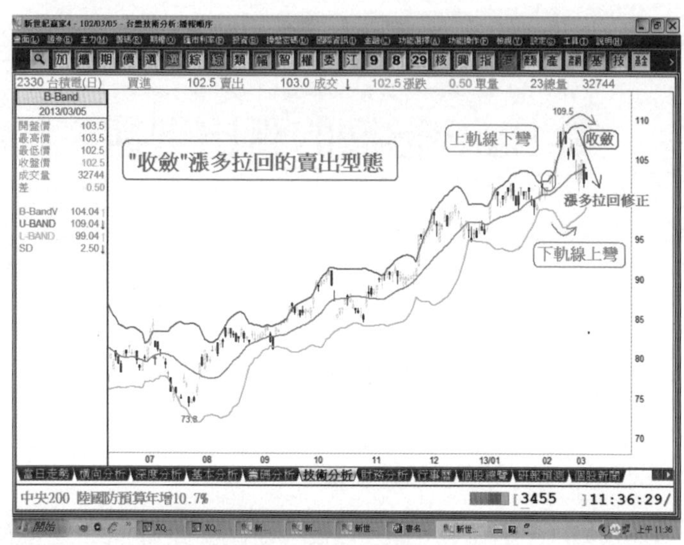


圖10-1：『收斂』漲多拉回的賣出型態一

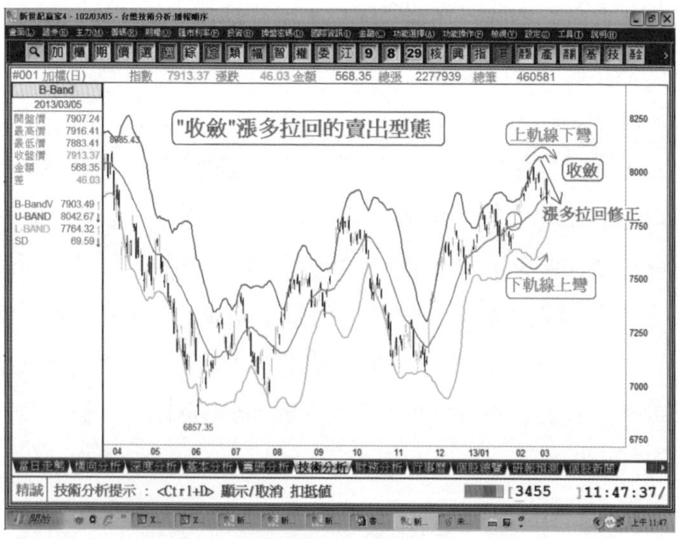


圖10-2：『收斂』漲多拉回的賣出型態二

# 二、空頭市場的賣出型態

## （一）蓮藕賣出型態（擠壓後的擴張）

經過一段時間的盤整走勢，突然發動跌勢，跌破盤整格局，此時，B-Band指標的型態會呈現『開口擴張』狀態，表示波段跌勢的開始，是絕佳的賣出型態。但是『擠壓-開口擴張』的賣出型態，又分為兩種模式：成功的模式和失敗的模式。

1. 成功的模式：當B-Band指標的型態呈現『開口擴張』狀態，表示波段跌勢開始，價格會沿著下軌線一路下跌，形成波段跌勢，這是蓮藕賣出型態的成功模式（參閱圖10-3、圖10-4）。

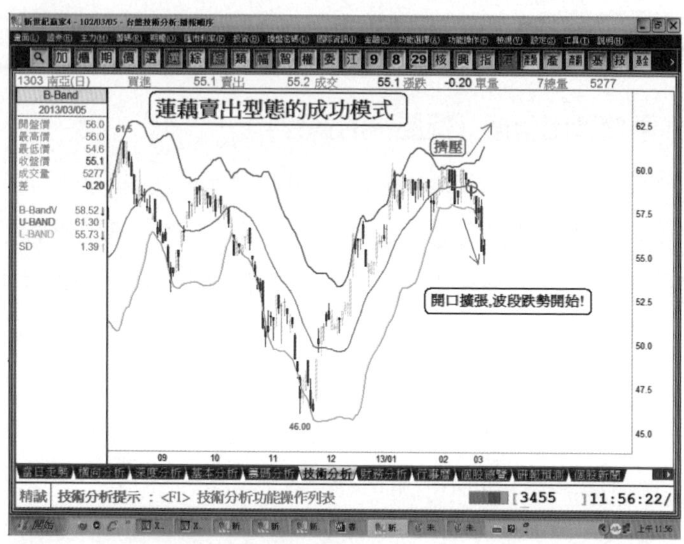


圖10-3：蓮藕賣出型態的成功模式一

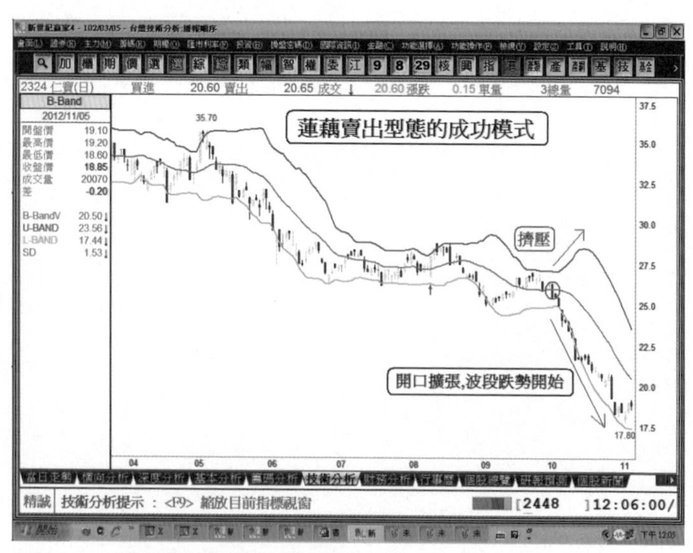


圖10-4：蓮藕賣出型態的成功模式二

2. 失敗的模式：當B-Band指標的型態呈現『開口擴張』狀態，表示波段跌勢開始，價格理應要沿著下軌線一路下跌，若價格在『開口擴張』的隔一天，未形成『開低走低』之勢，波段跌勢恐有失敗之虞？經驗法則：當價格形成『開口擴張』時賣出（放空），若價格於次日沒有形成『開低走低』沿著下軌線下跌，表示『開口擴張』的跌勢失敗，必須設停損買進（回補）。

如何設定停損？賣出（放空）三天後，價格未脫離賣出（放空）成本，則必須斷臂求生，停損買進（回補）。三天如何計算？是從賣出（放空）當天起算或是從賣出（放空）的隔一天起算？正確答案：『開口擴張』時賣出（放空），從次日起算三天。又爲何要設定三天？因爲有的標的『開口擴張』下跌時，極短線的技術指標會來到相對低檔區，在常態下，次日大都會形成開低走高，也就是跌深反彈走勢，休息三天後，第四天又將展開波段跌勢，三天經驗法則只是統稱（參閱圖10-5、圖10-6）。

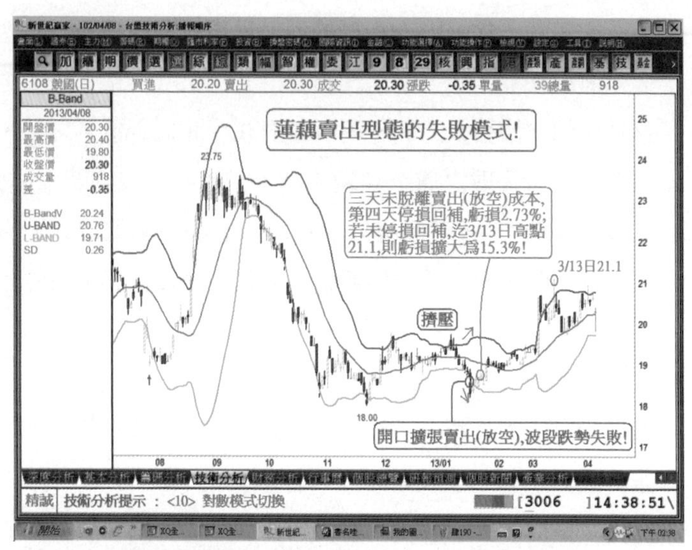


圖10-5：蓮藕賣出型態的失敗模式一

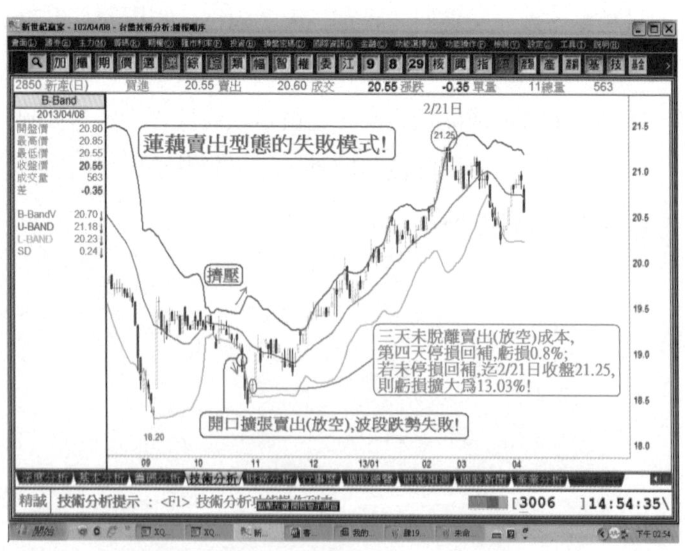


圖10-6：蓮藕賣出型態的失敗模式二

## (二)花生賣出型態(收斂後的擴張)

空頭市場跌多之後，會出現跌深反彈走勢，此時，B-Band指標的型態會呈現『閉口收斂』狀態，價格將挑戰中軸線MA20(月線)。不論價格是否突破中軸線MA20(月線)，突然發動跌勢，跌破上漲格局，表示另一波跌勢再起。此時，B-Band指標的型態會呈現『開口擴張』狀態，表示波段跌勢的開始，形態類似花生，是空頭市場創新低的賣出型態，亦是次佳的賣出型態。

蓮藕賣出型態分爲兩種模式：成功的模式和失敗的模式；但是花生的賣出型態只有一種模式——成功的模式。因爲花生的賣出型態是屬於第二波的跌勢，此時的中軸線MA20(月線)是向下延伸，形成助跌壓力作用，當花生型態的『開口擴張』就是跌勢開始，成功機率非常大，唯一的差別就是波段下跌的幅度大小略有不同(參閱圖10-7、圖10-8)。

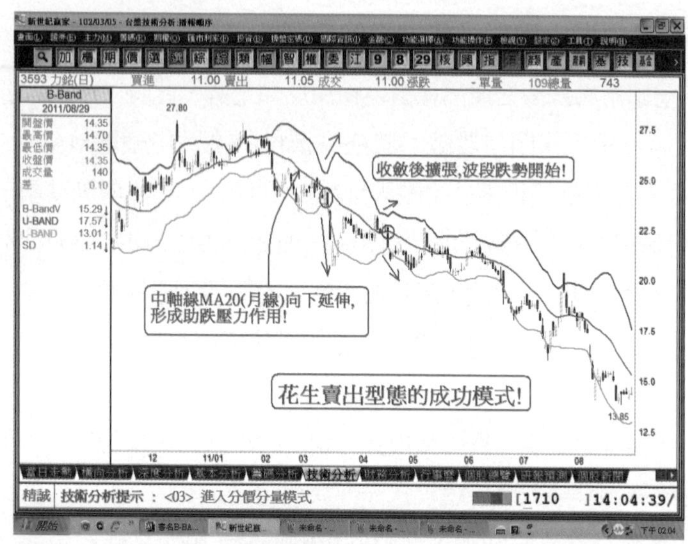


圖10-7：花生賣出型態的模式一

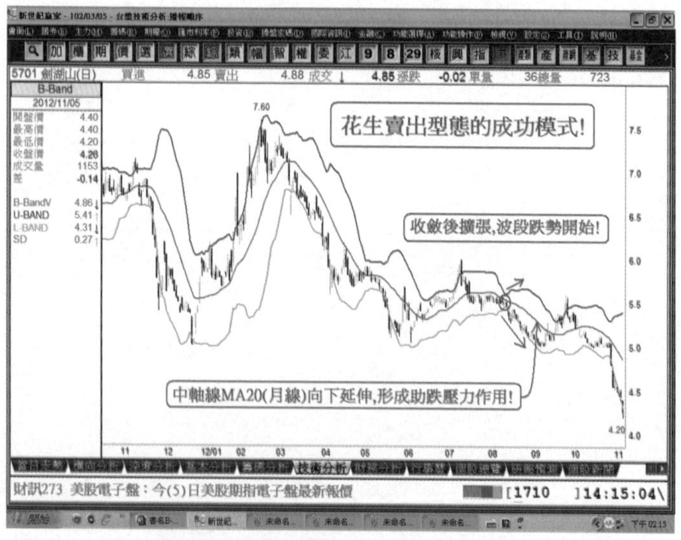


圖10-8：花生賣出型態的模式二

## （三）牽牛（喇叭）花賣出型態（半收斂後的擴張）

空頭市場跌深之後，會出現跌深反彈走勢，此時，B-Band指標的型態會呈現『閉口收斂』狀態，價格將挑戰中軸線MA20（月線）。當價格反彈結束，突然發動另一波跌勢，此時，B-Band指標的型態會呈現『開口擴張』狀態，形態類似花生。

當花生型態跌深後，會再進入『閉口收斂』跌深反彈走勢，但是，『收斂』跌深反彈只進行到一半，便再次展開『擴張跌勢』，其型態類似牽牛（喇叭）花型態，是空頭市場創新低噴出的賣出型態，乃次次佳的賣出型態（參閱圖10-9、圖10-10）。

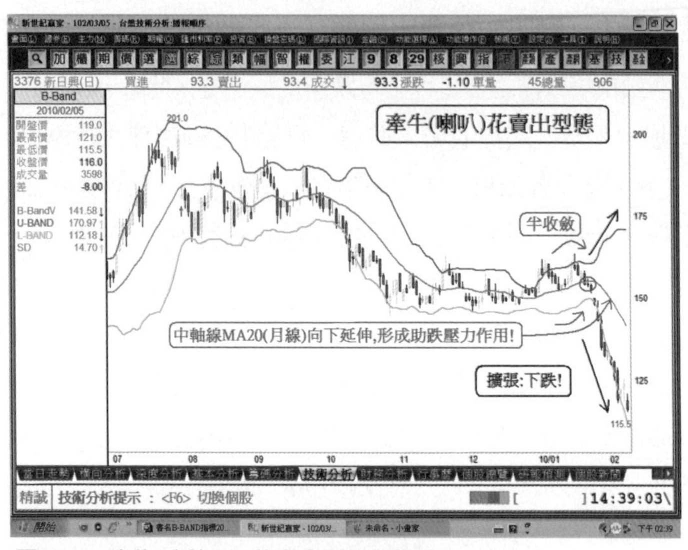


圖10-9：牽牛（喇叭）花賣出型態的模式一

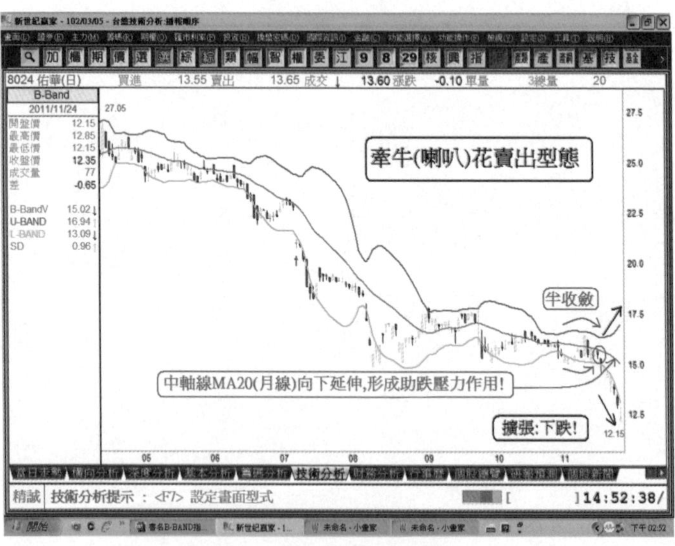


圖10-10：牽牛（喇叭）花賣出型態的模式二

B-Band指標的賣出型態在多頭市場時有一種；在空頭市場時有三種。

多頭市場的一種賣出型態：

- 『收斂』漲多拉回的賣出型態。

空頭市場的三種賣出型態：

- 『蓮藕』賣出型態，也就是『擠壓後的擴張』。
- 『花生』賣出型態，也就是『收斂後的擴張』。
- 『牽牛（喇叭）花』賣出型態，也就是『半收斂後的擴張』。

讀者要多看圖練習，練習到和呼吸一樣自然，一眼就可以看出這是多頭市場的一種賣出型態或是空頭市場的三種賣出型態。如此，才能從容不迫地伺機賣出，全身而退。

# 第十一章

# B-Band指標擴張上漲和技術指標的關係

## B-Band指標擴張上漲和K線理論的關係

B-Band指標擴張上漲，表示波段漲勢開始。當上軌線往上且下軌線往下，中軸線MA20微微向上的同時，K線會出現兩種強勢型態：1.跳空上漲，2.長紅棒（參閱圖11-1、圖11-2）。

## B-Band指標擴張上漲和價量的關係

B-Band指標擴張上漲，表示波段漲勢開始。當上軌線往上且下軌線往下，中軸線MA20微微向上的同時，成交量會大於5日均量，呈現『價漲量增』的多頭上漲模式（參閱圖11-3、圖11-4）。

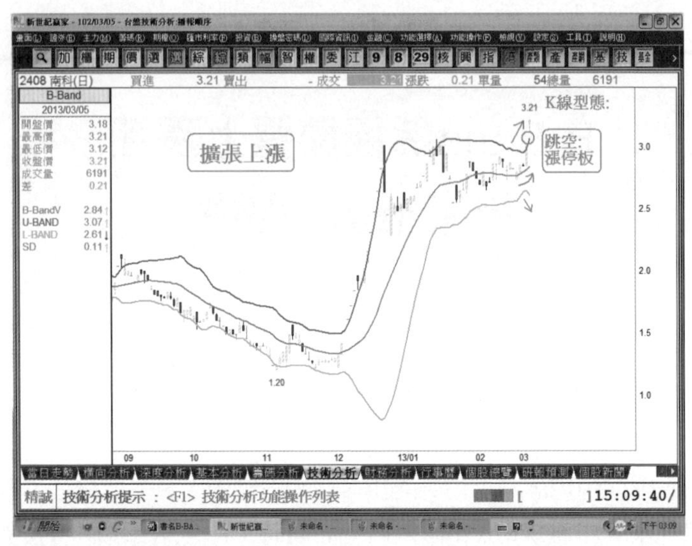


圖11-1:跳空上漲

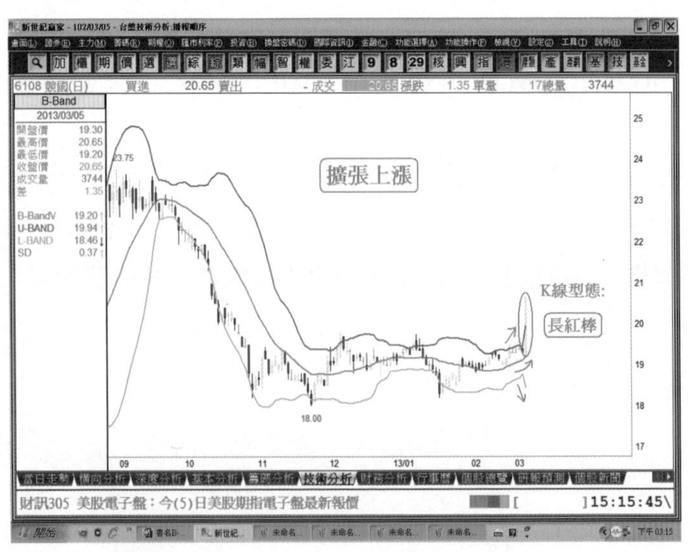


圖11-2:長紅棒

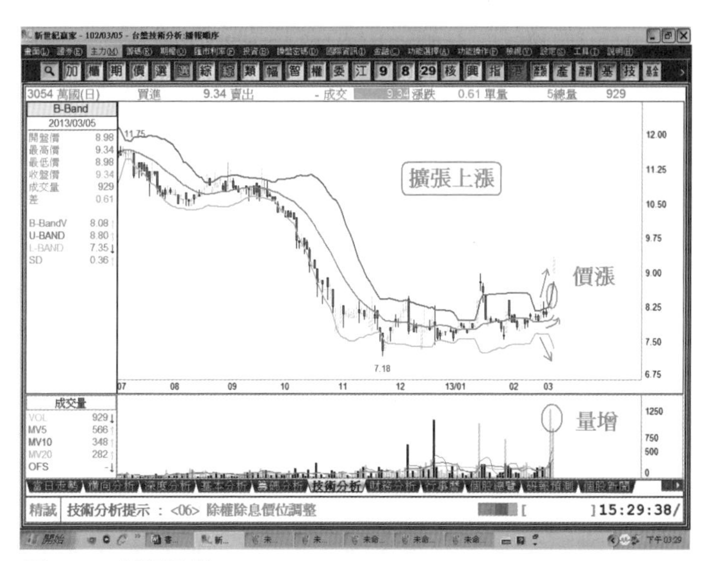


圖11-3：價漲量增

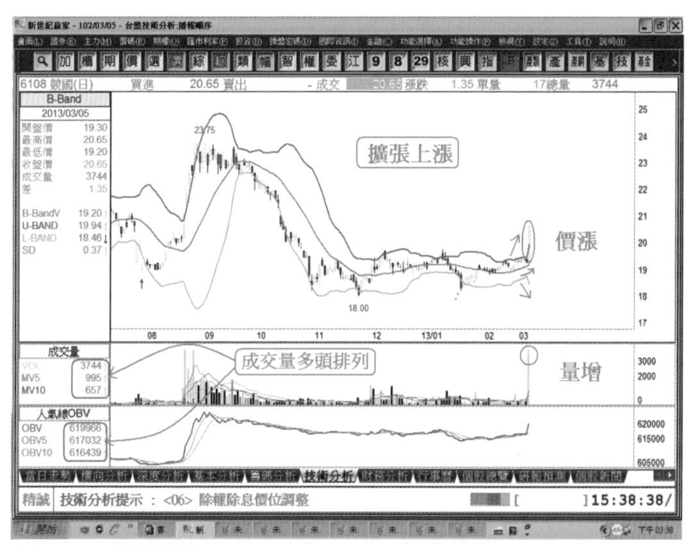


圖11-4：價漲量增

## B-Band指標擴張上漲和威廉指標的關係

B-Band指標擴張上漲，表示波段漲勢開始。當上軌線往上且下軌線往下，中軸線MA20微微向上的同時，威廉指標的數值會等於『0』，表示指標觸頂（過熱），隔日有拉回的可能（參閱圖11-5）。

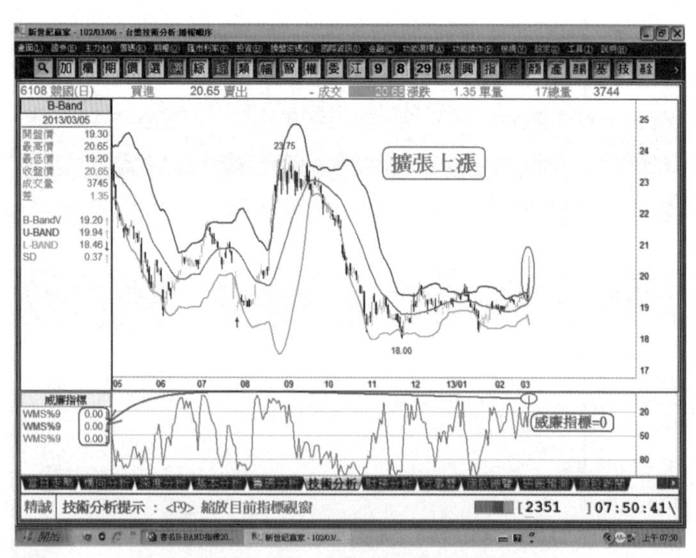


圖11-5：B-Band指標擴張上漲和威廉指標的關係

## 威廉指標等於『0』的經驗法則：

1. **常態盤：**隔天會開高走低。

2. **強勢盤：**隔天會開高走高，威廉指標產生鈍化（失靈）現象，價格還會再上漲2-3天或3-4天。

3. **弱勢盤：**隔天會開低走低或開平走低。

B-Band指標擴張上漲，表示波段漲勢開始，能否形成波段上漲或是失敗的波段上漲，攸關威廉指標的強弱勢表態。

若威廉指標呈現『強勢盤』模式，威廉指標會鈍化（失靈），則B-Band指標會持續擴張上漲，形成成功的波段上漲模式（參閱圖11-6）。

若威廉指標呈現『常態盤』或『弱勢盤』模式，威廉指標會拉回修正，則B-Band指標無法持續擴張上漲，會形成失敗的波段上漲模式（參閱圖11-7）。

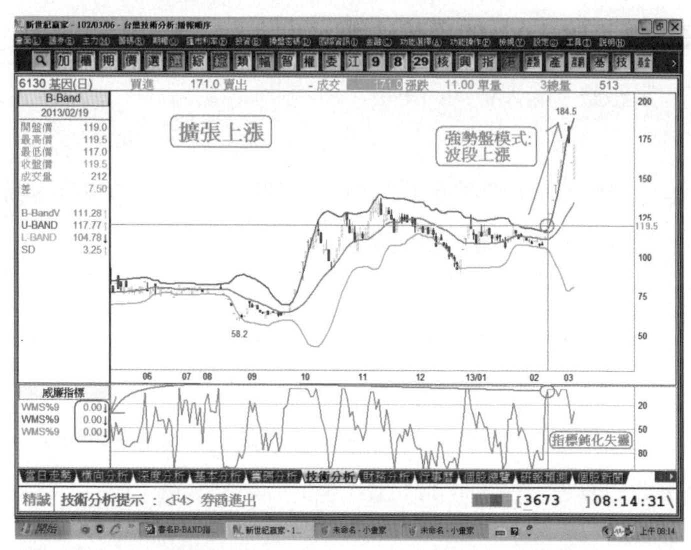


圖11-6：『強勢盤』模式

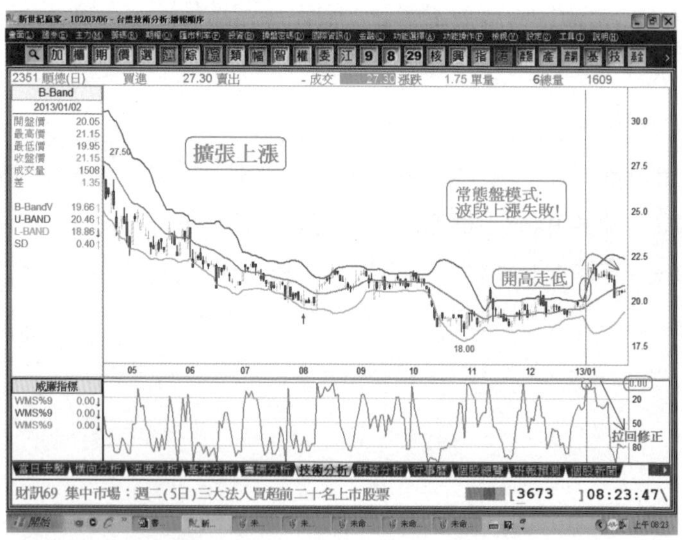


圖11-7：『常態盤』模式

## B-Band指標擴張上漲和快速KD指標的關係

B-Band指標擴張上漲，表示波段漲勢開始。當上軌線往上且下軌線往下，中軸線MA20微微向上的同時，快速KD指標的K值會等於『100』，表示指標觸頂（過熱），隔日有拉回的可能（參閱圖11-8）。

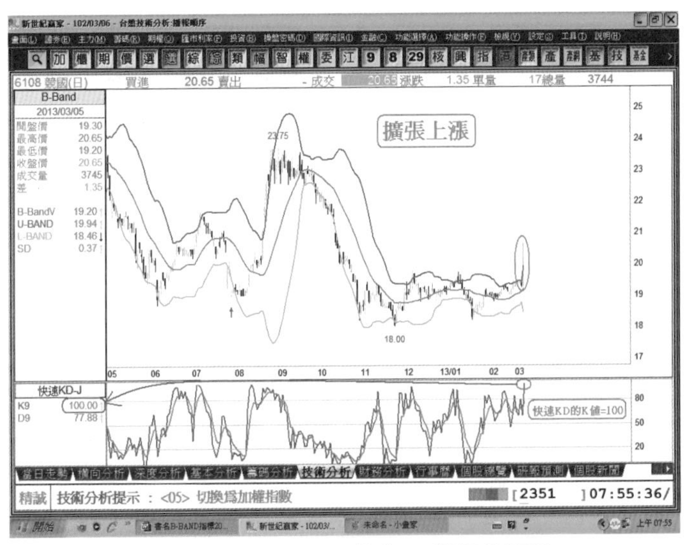


圖11-8：B-Band指標擴張上漲和快速KD指標的關係

## 快速KD指標的K值等於『100』的經驗法則：

1. **常態盤**：隔天會開高走低。

2. **強勢盤**：隔天會開高走高，快速KD指標產生鈍化（失靈）現象，價格還會再上漲2-3天或3-4天。

3. **弱勢盤**：隔天會開低走低或開平走低。

B-Band指標擴張上漲，表示波段漲勢開始，能否形成波段上漲或是失敗的波段上漲，攸關快速KD指標的強弱勢表態。

若快速KD指標呈現『強勢盤』模式，快速KD指標會鈍化（失靈），則B-Band指標會持續擴張上漲，形成成功的波段上漲模式（參閱圖11-9）。

若快速KD指標呈現『常態盤』或『弱勢盤』模式，快速KD指標會拉回修正，則B-Band指標無法持續擴張上漲，會形成失敗的波段上漲模式（參閱圖11-10）。

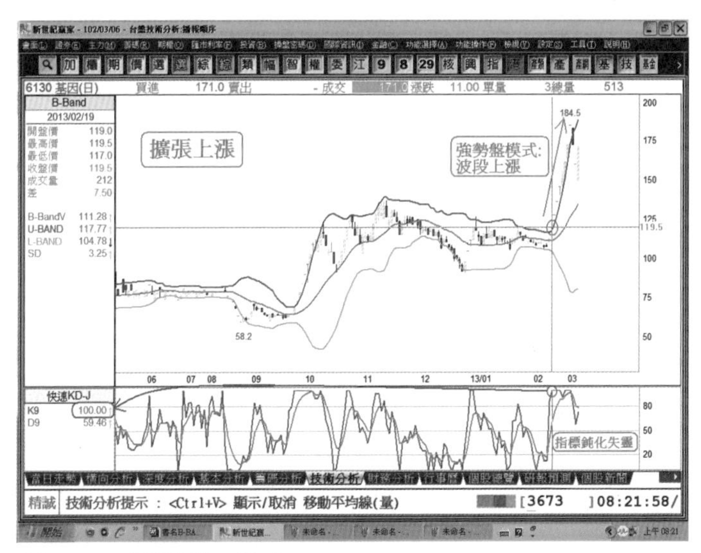


圖11-9：『強勢盤』模式

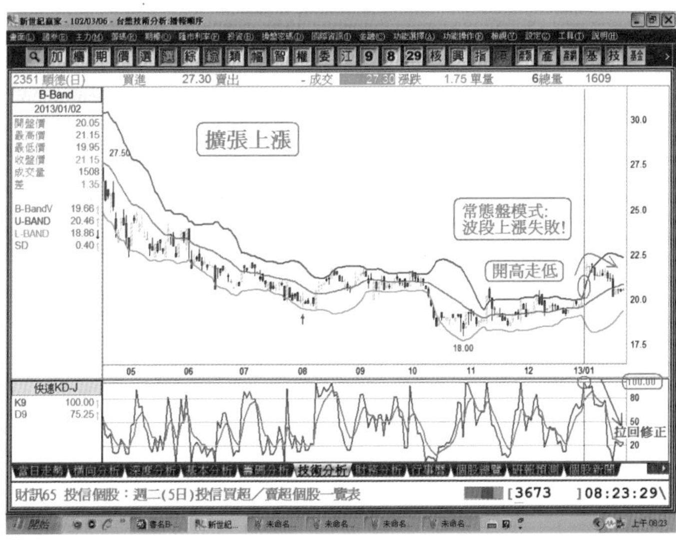


圖11-10：『常態盤』模式

## B-Band指標擴張上漲和RSI指標的關係

B-Band指標擴張上漲，表示波段漲勢開始。當上軌線往上且下軌線往下，中軸線MA20微微向上的同時，RSI指標會形成『黃金交叉』向上（參閱圖11-11）

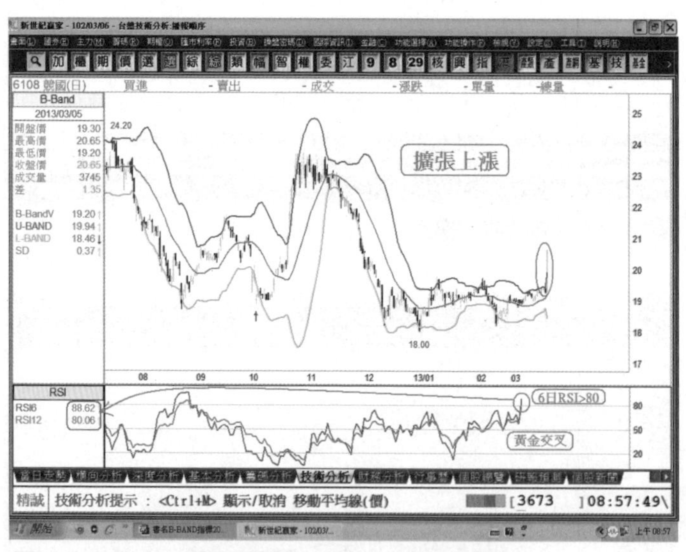


圖11-11：B-Band指標擴張上漲和RSI指標的關係

## RSI指標的經驗法則：

當6日RSI減去12日RSI等於或大於正12（＋12），代表正乖離過大（在常態下，6日RSI減去12日RSI大都爲小於10的個位數，一旦，等於或大於正12，經驗法則表示正乖離過大），隔日會醞釀漲多拉回修正。

1. **當RSI指標的6日RSI收盤數值>80，屬強勢盤：**拉回修正後，未來價格還會有第二波漲勢，其結果可能有三種模式：

   (1) RSI指標鈍化失靈，價格強勢波段上漲（參閱圖11-12）。

   (2) 價格創新高，但是RSI指標未同步創新高，形成『熊市背離』賣出警訊（參閱圖11-13）。

   (3) 價格和RSI指標都未創新高，形成『M頭』賣出型態（參閱圖11-14）。

2. **當RSI指標的6日RSI收盤數值＜80，屬弱勢盤：**拉回修正後，價格會同步下跌（參閱圖11-15）。

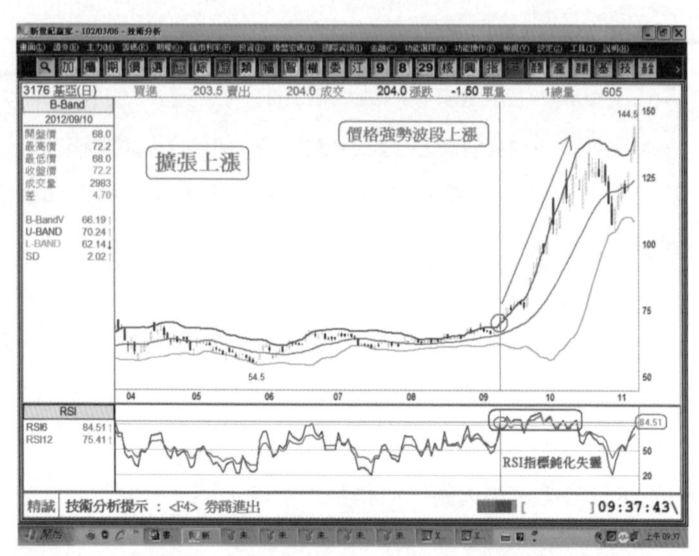


圖11-12：強勢盤：RSI指標鈍化失靈，價格強勢波段上漲

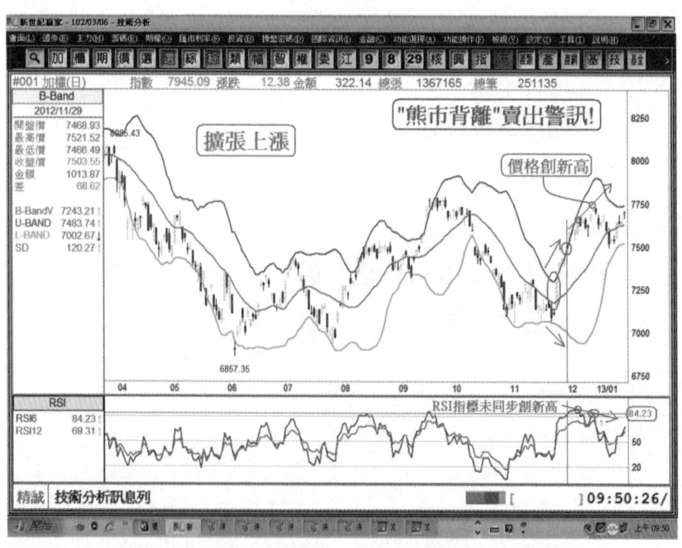


圖11-13：強勢盤：價格創新高，『熊市背離』賣出警訊

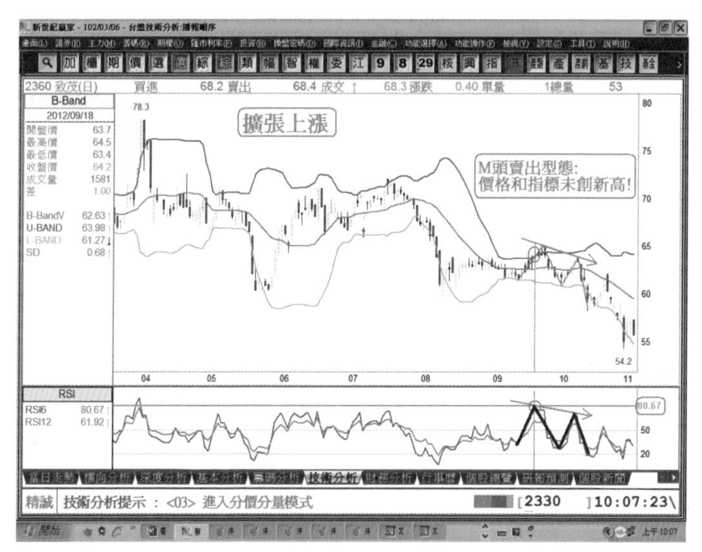


圖11-14：強勢盤：價格未創新高，形成『M頭』賣出型態

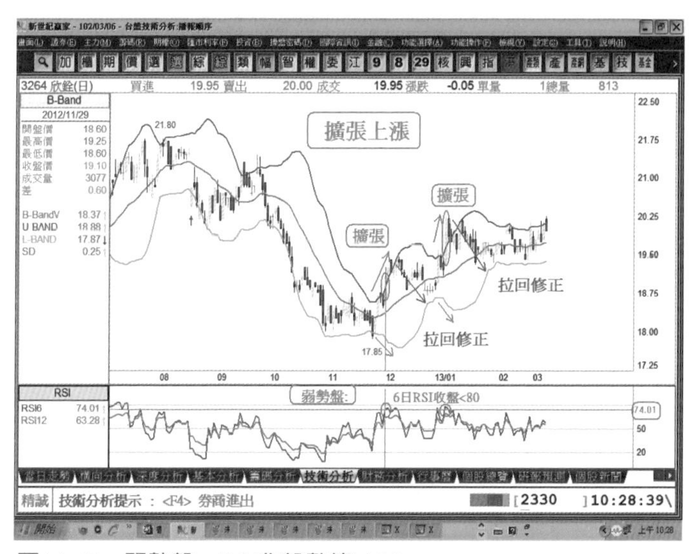


圖11-15：弱勢盤：RSI收盤數值＜80

# B-Band指標擴張上漲和KD指標的關係

B-Band指標擴張上漲，表示波段漲勢開始。當上軌線往上且下軌線往下，中軸線MA20微微向上的同時，KD指標會形成『黃金交叉』向上（參閱圖11-16）。

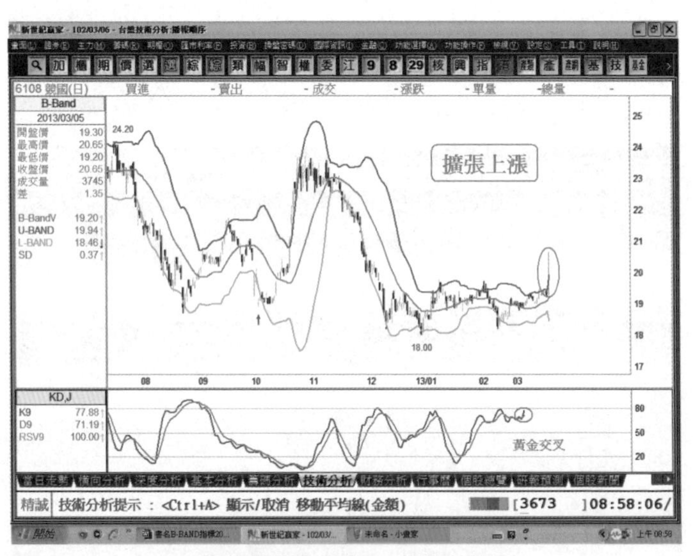


圖11-16：B-Band指標擴張上漲和KD指標的關係

## KD指標的經驗法則：

1. **強勢盤**：KD指標的9日K值收盤數值＞80，拉回修正後，未來價格還會有第二波漲勢，其結果可能有三種模式：

   (1) KD指標鈍化失靈，價格強勢波段上漲（參閱圖11-17）。

   (2) KD指標未同步創新高，形成『熊市背離』賣出警訊（參閱圖11-18）。

   (3) 價格和KD指標都未創新高，形成『M頭』賣出型態（參閱圖11-19）。

2. **弱勢盤**：KD指標的9日K值收盤數值＜80，拉回修正後，價格會同步下跌（參閱圖11-20）。

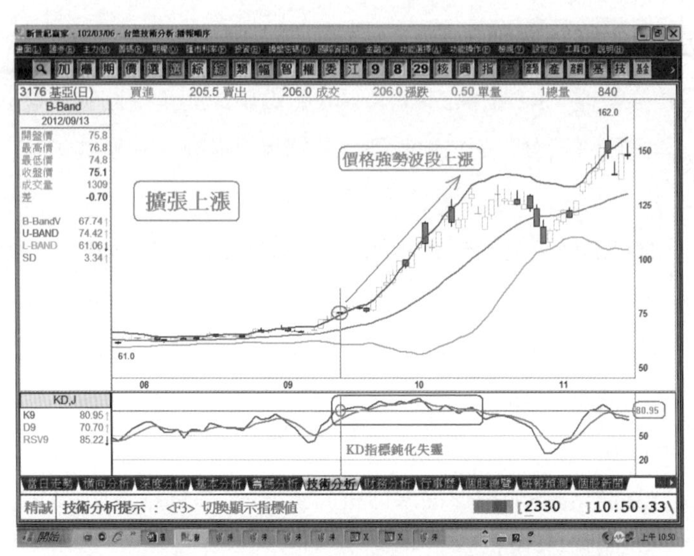


圖11-17：強勢盤：KD指標鈍化失靈，價格強勢波段上漲

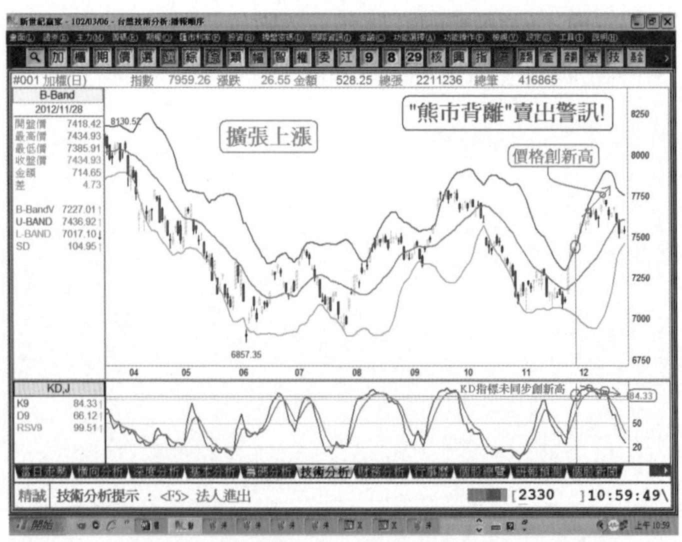


圖11-18：強勢盤：價格創新高，『熊市背離』賣出警訊

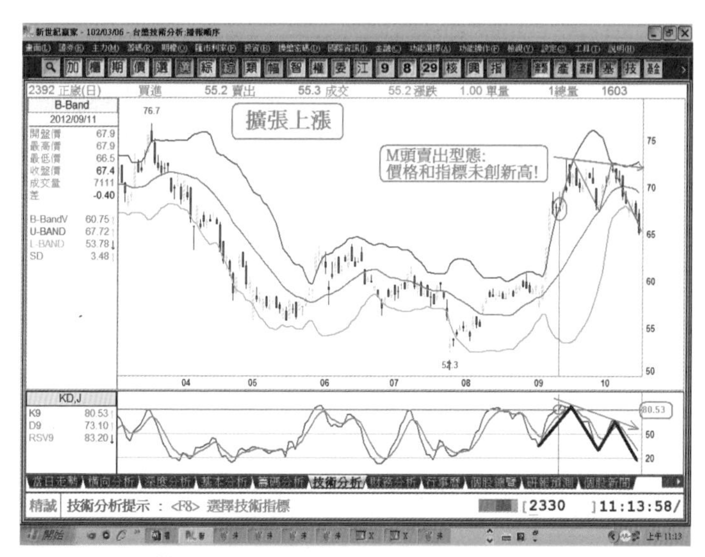


圖11-19：強勢盤：價格未創新高，形成『M頭』賣出型態

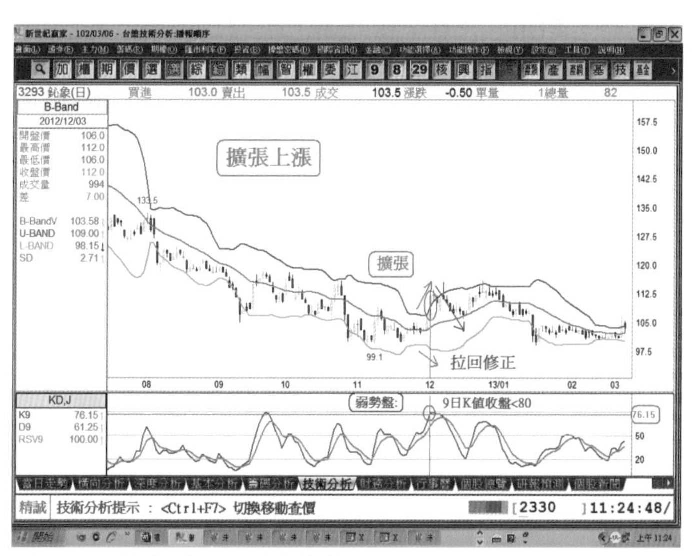


圖11-20：弱勢盤：KD收盤數值＜80

## B-Band指標擴張上漲和MACD指標的關係

B-Band指標擴張上漲，表示波段漲勢開始。當上軌線往上且下軌線往下，中軸線MA20微微向上的同時，MACD指標會形成『黃金交叉』向上（參閱圖11-21）。

### MACD指標的經驗法則：

1. **多頭市場：**DIF和MACD兩條線位於0軸之上，屬於多頭市場格局。當DIF由下往上穿越MACD，形成『黃金交叉』，是多頭市場波段上漲的買進訊號（參閱圖11-22）。

2. **多頭市場：**DIF和MACD兩條線位於0軸之上，屬於多頭市場格局。當DIF由上往下跌破MACD，形成『死亡交叉』，是多頭市場的漲多拉回賣出訊號（參閱圖11-23）。

3. **熊市背離：**當價格創新高，但是MACD指標未同步創新高，形成背離現象，稱之爲『熊市背離』賣出警訊（參閱圖11-24）。

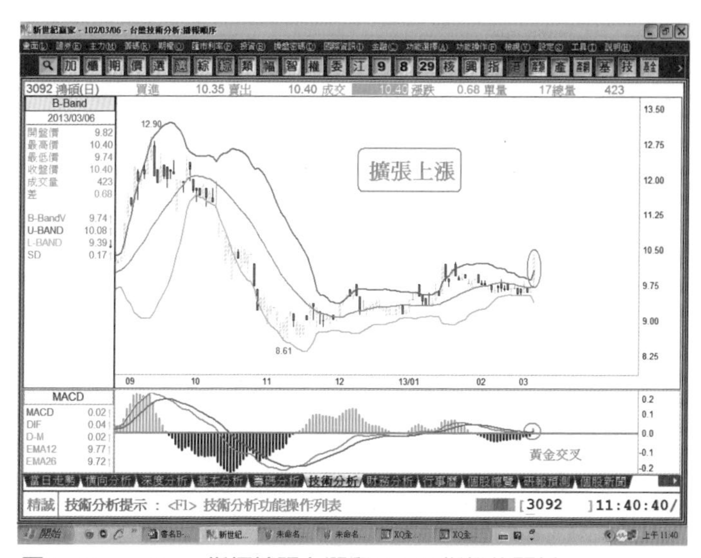


圖11-21：B-Band指標擴張上漲和MACD指標的關係

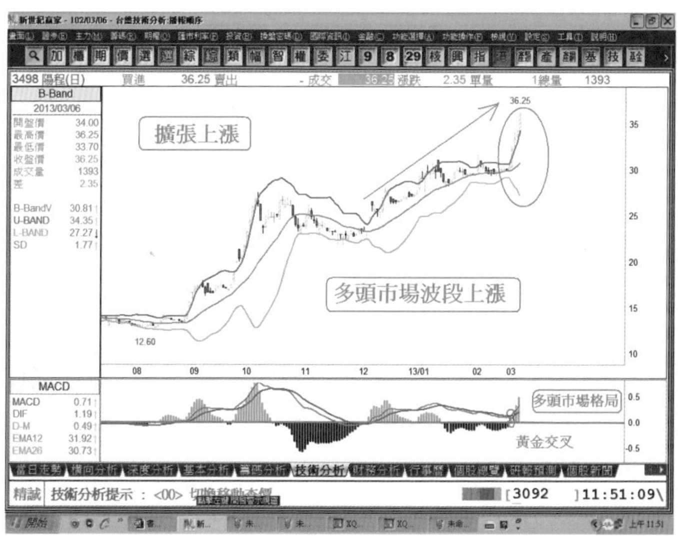


圖11-22：多頭市場波段上漲的買進訊號

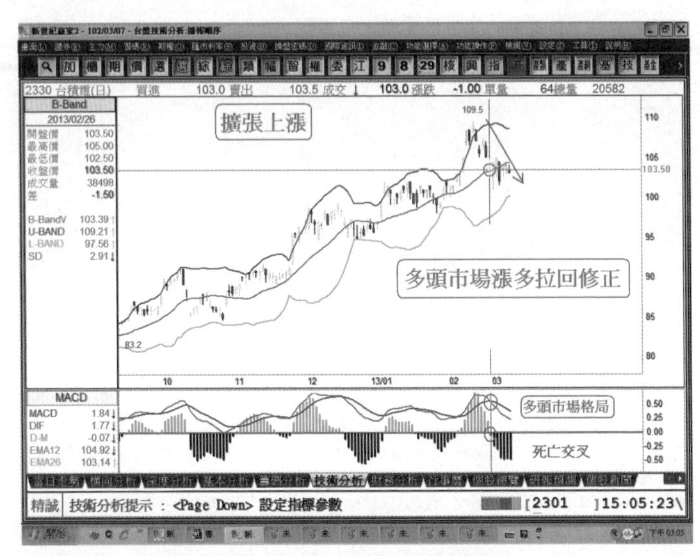


圖11-23：多頭市場漲多拉回修正的賣出訊號

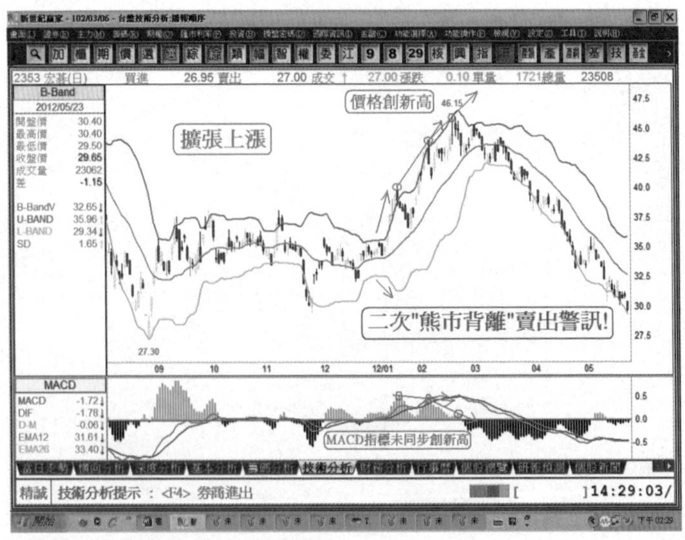


圖11-24：熊市背離（賣出警訊）

## B-Band指標擴張上漲和多空指標的關係

B-Band指標擴張上漲，表示波段漲勢開始。當上軌線往上且下軌線往下，中軸線MA20微微向上的同時，多空指標會形成『黃金交叉』向上（參閱圖11-25）。

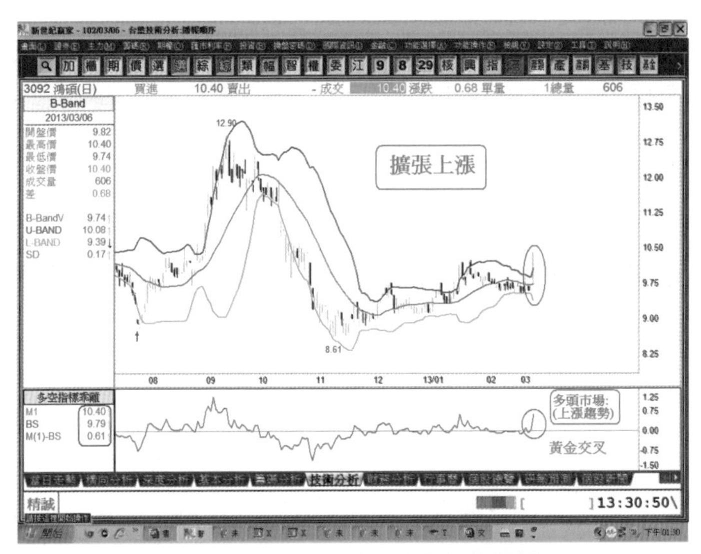


圖11-25：B-Band指標擴張上漲和多空指標的關係

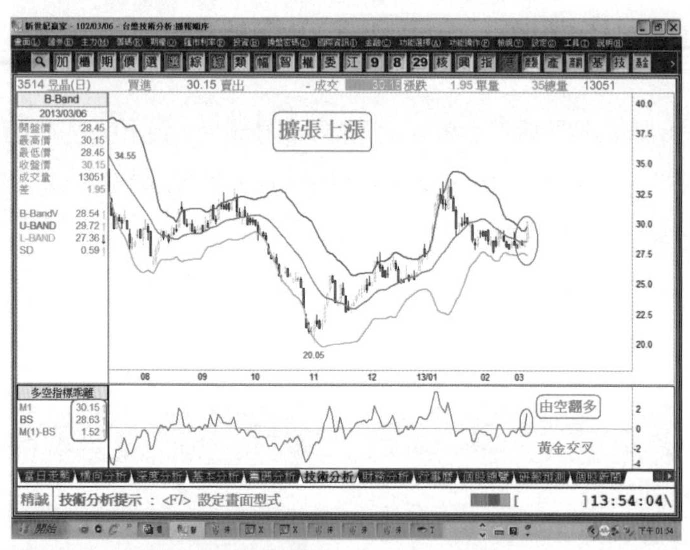


圖11-26：多頭市場（由空翻多）

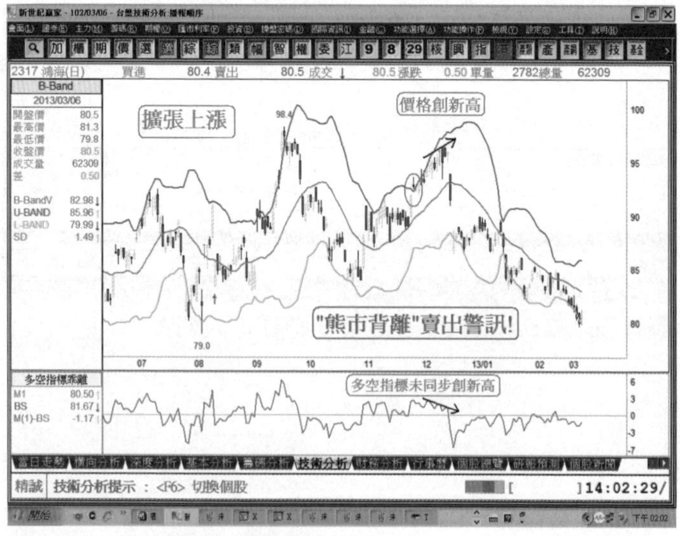


圖11-27：熊市背離（賣出警訊）

### 多空指標的經驗法則：

1. **多頭市場：**收盤價大於多空指標，表示盤勢由空翻多，屬於多頭市場（上漲）格局。當收盤價由下往上穿越0軸，形成『黃金交叉』，是多頭市場（上漲）的買進訊號（參閱圖11-26）。

2. **熊市背離：**當價格創新高，但是多空指標未同步創新高，形成背離現象，稱之爲『熊市背離』賣出警訊（參閱圖11-27）。

## B-Band指標擴張上漲和DMI指標的關係

B-Band指標擴張上漲，表示波段漲勢開始。當上軌線往上且下軌線往下，中軸線MA20微微向上的同時，DMI指標會形成『黃金交叉』向上。

### DMI指標的經驗法則：

DMI指標叫做趨向指標，又稱之爲方向指標。DMI指標是技術指標中最慢出現『黃金交叉』買進訊號的指標；當DMI指標都出現買進訊號，就可以確定標的的方向是多頭市場（上漲趨勢）。

1. **多頭市場：**當＋DI由下往上穿越－DI，形成『黃金交叉』，是多頭市場（上漲）的買進訊號（參閱圖11-28）。

2. **熊市背離：**當價格創新高，但是DMI指標未同步創新高，形成背離現象，稱之爲『熊市背離』賣出警訊（參閱圖11-29）。

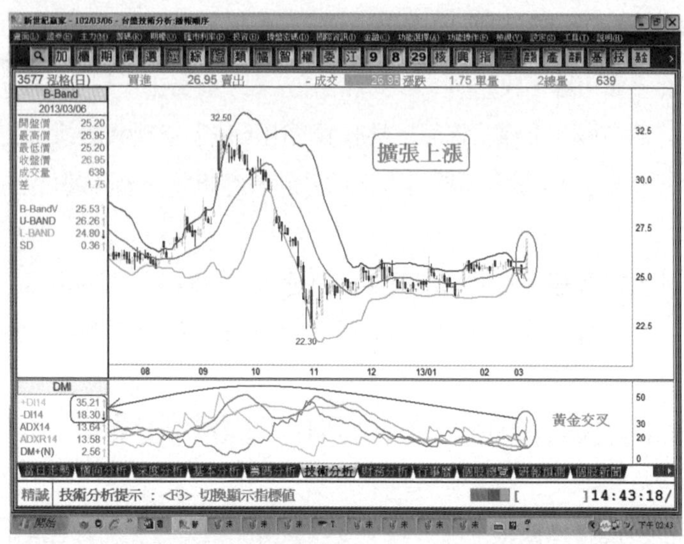


圖11-28：多頭市場『黃金交叉』

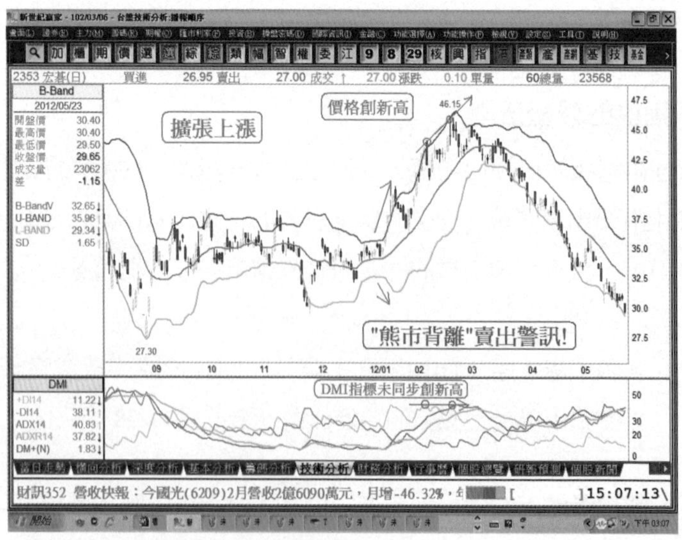


圖11-29：熊市背離（賣出警訊）

B-Band指標是準確度很高的技術指標，它可以單獨研判『買進訊號』和『賣出訊號』，當『開口擴張』向上，表示漲勢啓動，如果再加上其他的技術指標一起配合研判，就可以大大地增加其準確度。

當B-Band指標『開口擴張』向上，表示漲勢啓動，若配合『K線理論』、『價量關係』、『KD、RSI……等技術指標』綜合研判：『K線理論』出現跳空上漲或長紅棒且『價量關係』呈現價漲量增的多頭模式，而技術指標大多形成『黃金交叉』買進訊號，當下就是絕佳的買進時機（買點）。

# 第十二章

# B-Band指標擴張下跌和技術指標的關係

## B-Band指標擴張下跌和K線理論的關係

B-Band指標擴張下跌，表示波段跌勢開始。當上軌線往上且下軌線往下，中軸線MA20微微向下的同時，K線會出現兩種弱勢型態：1.跳空下跌，2.長黑棒（參閱圖12-1、圖12-2）。

## B-Band指標擴張下跌和價量的關係

B-Band指標擴張下跌，表示波段跌勢開始。當上軌線往上且下軌線往下，中軸線MA20微微向下的同時，成交量會大於5日均量，呈現『價跌量增』的空頭下跌模式或成交量和人氣指標OBV形成空頭排列，表示人氣退潮（參閱圖12-3、圖12-4）。

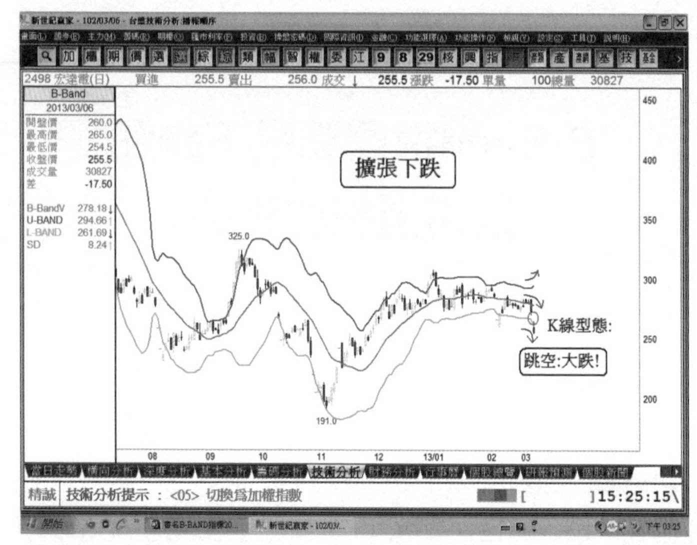


圖12-1：跳空下跌

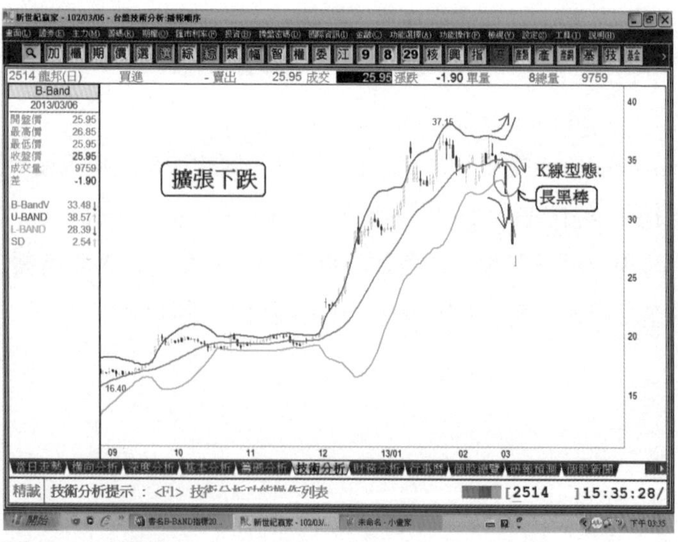


圖12-2：長黑棒

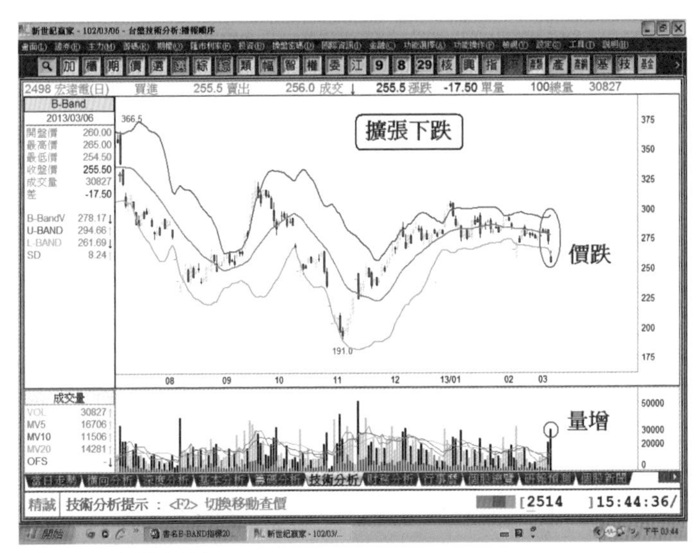


圖12-3：價跌量增

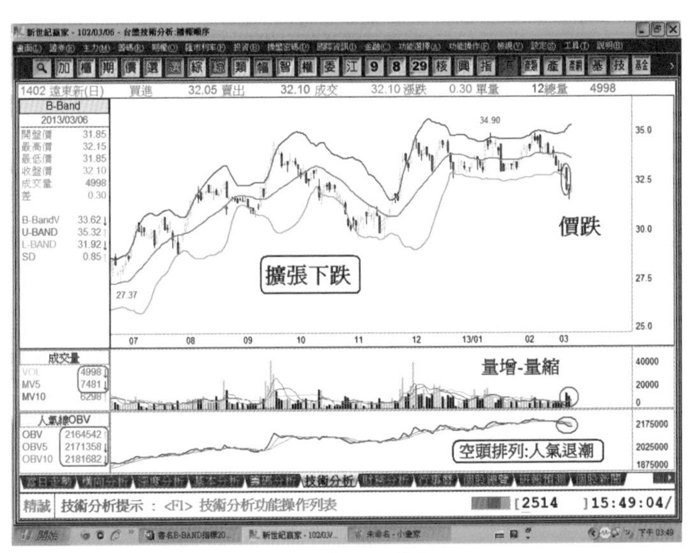


圖12-4：價跌量增（空頭排列人氣退潮）

# B-Band指標擴張下跌和威廉指標的關係

B-Band指標擴張下跌，表示波段跌勢開始。當上軌線往上且下軌線往下，中軸線MA20微微向下的同時，威廉指標的數值會等於『100』，表示指標觸底，隔日醞釀反彈（參閱圖12-5）。

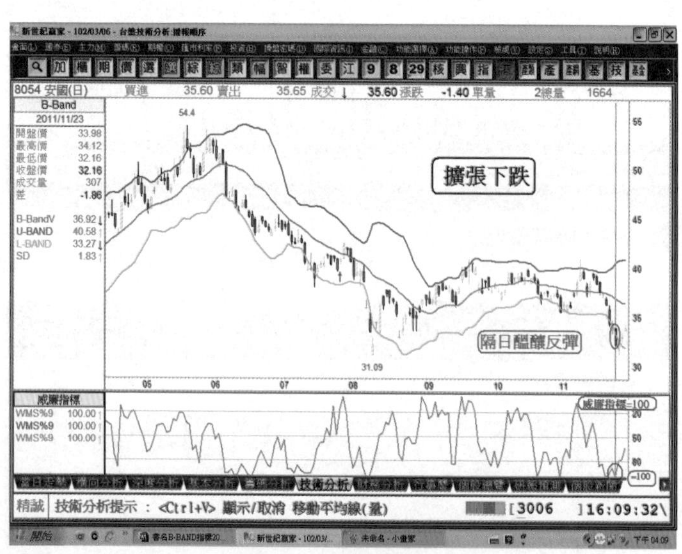


圖12-5：B-Band指標擴張下跌和威廉指標的關係

## 威廉指標等於『100』的經驗法則：

1. **常態盤**：隔天會開低走高。
2. **強勢盤**：隔天會開高走高或開平走高。
3. **弱勢盤**：隔天會開低走低，威廉指標產生鈍化（失靈）現象，價格還會再下跌2-3天或3-4天。

B-Band指標擴張下跌，表示波段跌勢開始，能否會形成波段大跌或是失敗的波段下跌，攸關威廉指標的強弱勢表態。

若威廉指標呈現『弱勢盤』模式，威廉指標會鈍化（失靈），則B-Band指標會持續擴張下跌，形成波段大跌（參閱圖12-6）。

若威廉指標呈現『常態盤』或『強勢盤』模式，威廉指標會醞釀反彈，則B-Band指標不會續擴張下跌，甚至會逆轉，形成『擴張』上漲走勢（參閱圖12-7）。

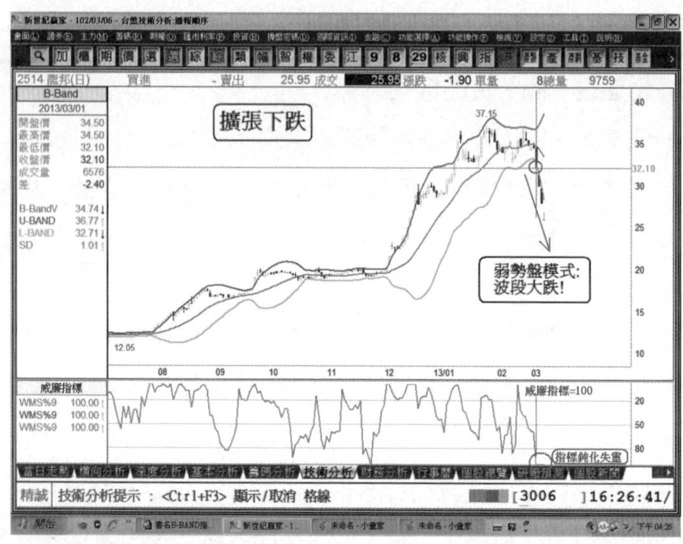


圖12-6：『弱勢盤』模式

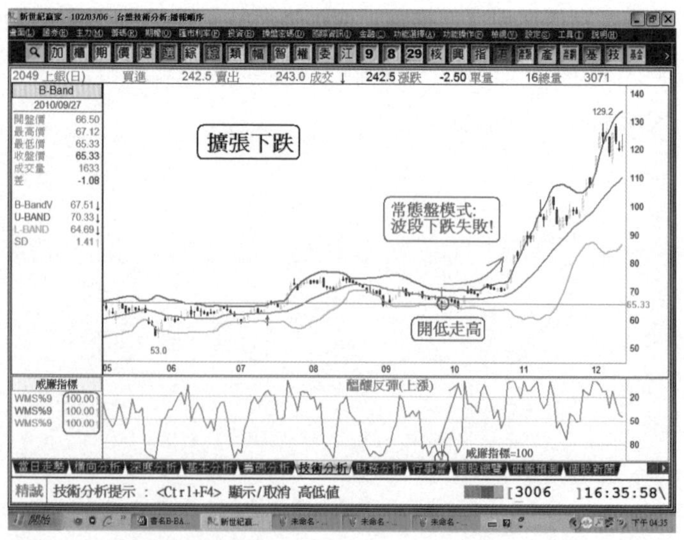


圖12-7：『常態盤』模式

# B-Band指標擴張下跌和快速KD指標的關係

B-Band指標擴張下跌，表示波段跌勢開始。當上軌線往上且下軌線往下，中軸線MA20微微向下的同時，快速KD指標的K值會等於『0』，表示指標觸底，隔日醞釀反彈（參閱圖12-8）。

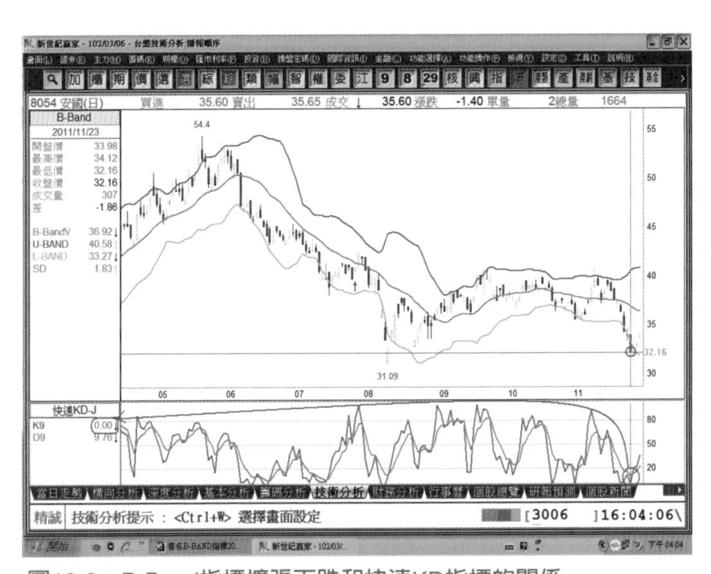


圖12-8：B-Band指標擴張下跌和快速KD指標的關係

## 快速KD指標等於『0』的經驗法則：

1. **常態盤**：隔天會開低走高。
2. **強勢盤**：隔天會開高走高或開平走高。
3. **弱勢盤**：隔天會開低走低，快速KD指標產生鈍化（失靈）現象，價格還會再下跌2-3天或3-4天。

B-Band指標擴張下跌，表示波段跌勢開始，能否會形成波段大跌或是失敗的波段下跌，攸關快速KD指標的強弱勢表態。

若快速KD指標呈現『弱勢盤』模式，快速KD指標會鈍化（失靈），則B-Band指標會持續擴張下跌，形成波段大跌（參閱圖12-9）。

若快速KD指標呈現『常態盤』或『強勢盤』模式，快速KD指標會醞釀反彈，則B-Band指標不會續擴張下跌，甚至會逆轉，形成『擴張』上漲走勢（參閱圖12-10）。

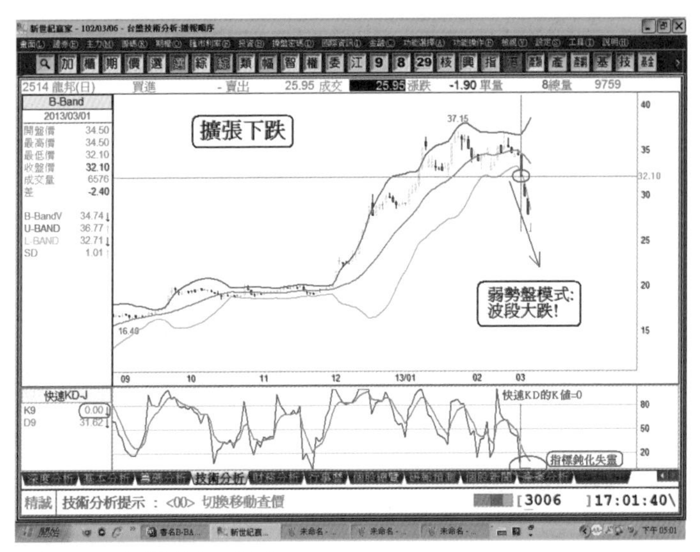


圖12-9：『弱勢盤』模式

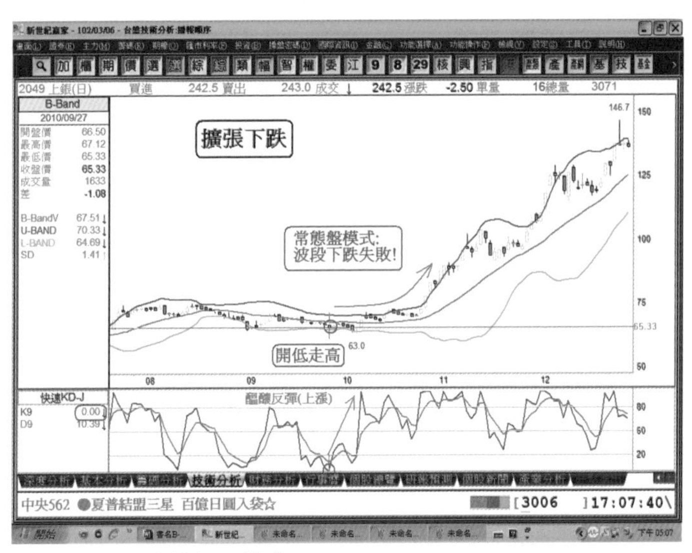


圖12-10：『常態盤』模式

## B-Band指標擴張下跌和RSI指標的關係

B-Band指標擴張下跌，表示波段跌勢開始。當上軌線往上且下軌線往下，中軸線MA20微微向下的同時，RSI指標會形成『死亡交叉』向下（參閱圖12-11）。

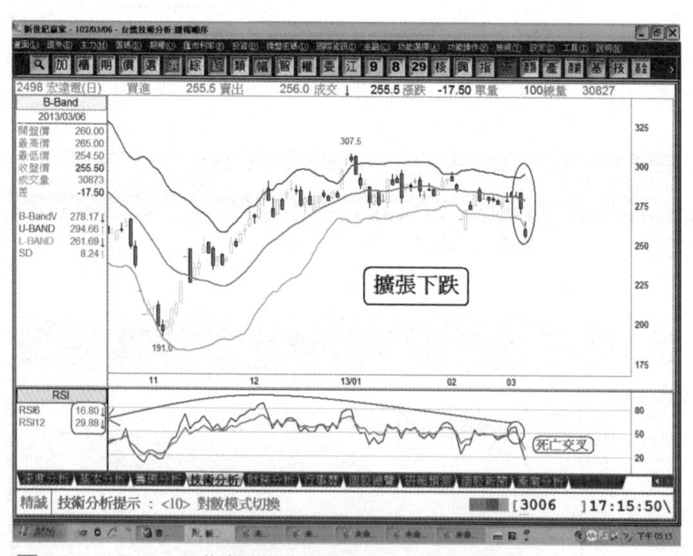


圖12-11：B-Band指標擴張下跌和RSI指標的關係

## RSI指標的經驗法則：

當6日RSI減去12日RSI等於或小於負12（－12），代表負乖離過大（在常態下，6日RSI減去12日RSI大都爲大於負10的負個位數，一旦，等於或小於負12，經驗法則表示負乖離過大），隔日會醞釀反彈。當RSI指標的6日RSI收盤數值<20亦會醞釀反彈，但是反彈大都是弱勢反彈，6日RSI的數值只會來到50附近，便醞釀拉回，未來價格還會有第二波跌勢，其結果可能有三種模式：

1. RSI指標鈍化失靈，價格弱勢波段下跌（參閱圖12-12、圖12-13）。

2. 價格創新低，但是RSI指標未同步創新低，形成『牛市背離』買進警訊（參閱圖12-14）。

3. 價格和RSI指標都未創新低，形成『W底』買進型態（參閱圖12-15）。

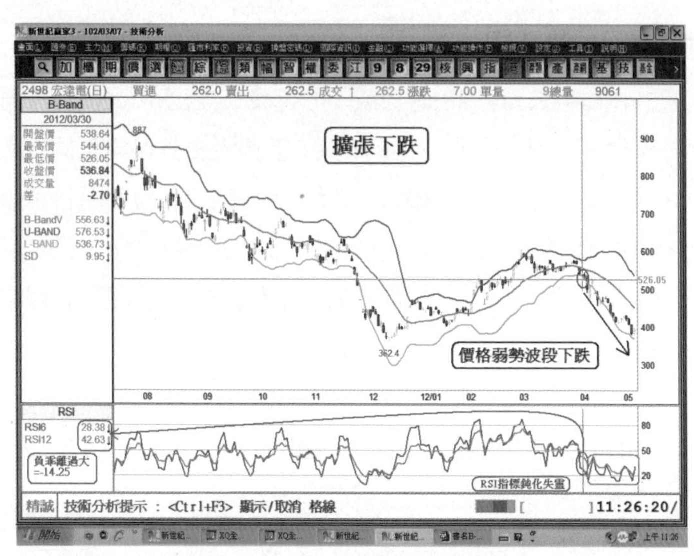


圖12-12：RSI指標鈍化失靈，價格弱勢波段下跌

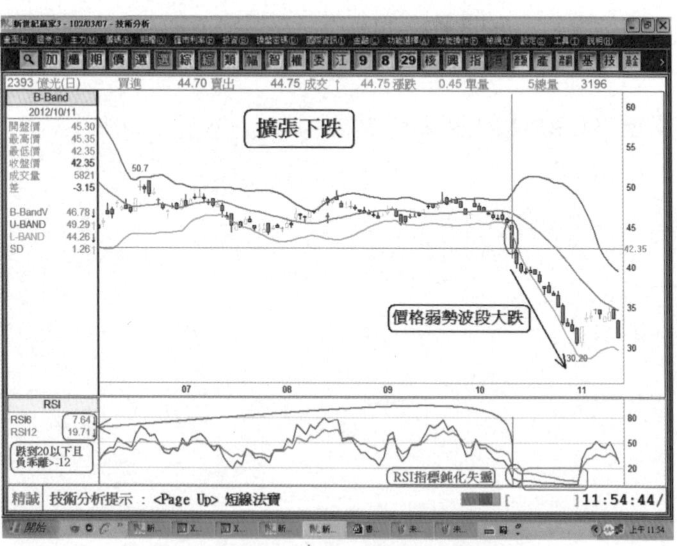


圖12-13：RSI指標鈍化失靈，價格弱勢波段大跌

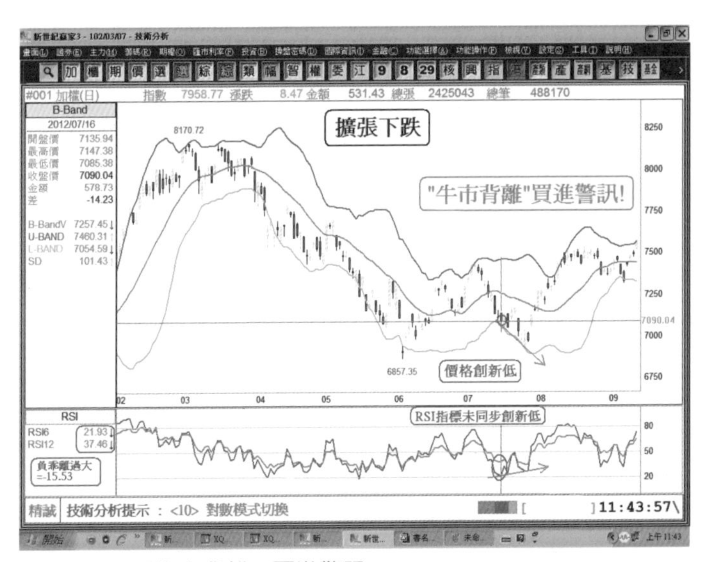


圖12-14：『牛市背離』買進警訊

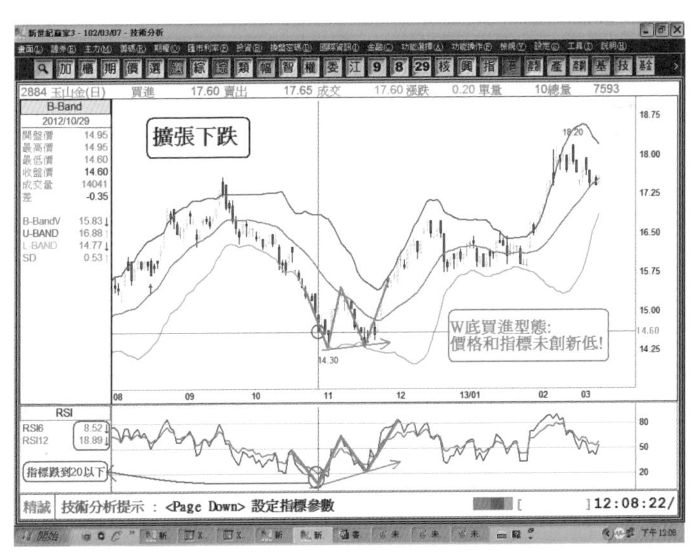


圖12-15：價格未創新低，形成『W底』買進型態

## B-Band指標擴張下跌和KD指標的關係

B-Band指標擴張下跌，表示波段跌勢開始。當上軌線往上且下軌線往下，中軸線MA20微微向下的同時，KD指標會形成『死亡交叉』向下（參閱圖12-16）。

### KD指標的經驗法則：

當KD指標的9日K收盤數值<20會醞釀反彈，但是反彈大都是弱勢反彈，9日K的數值只會來到50附近，便醞釀拉回，未來價格還會有第二波跌勢，其結果可能有三種模式：

1. KD指標鈍化失靈，價格弱勢波段下跌（參閱圖12-17）。

2. 價格創新低，但是KD指標未同步創新低，形成『牛市背離』買進警訊（參閱圖12-18）。

3. 價格和KD指標都未創新低，形成『W底』買進型態（參閱圖12-19）。

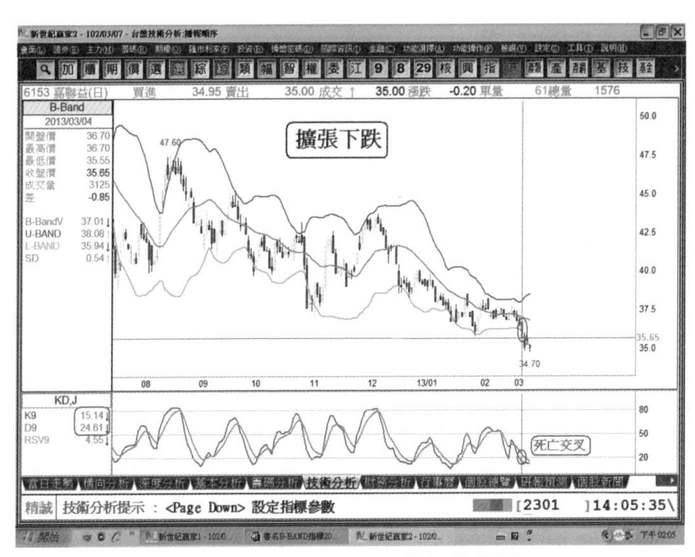


圖12-16：B-Band指標擴張下跌和KD指標的關係

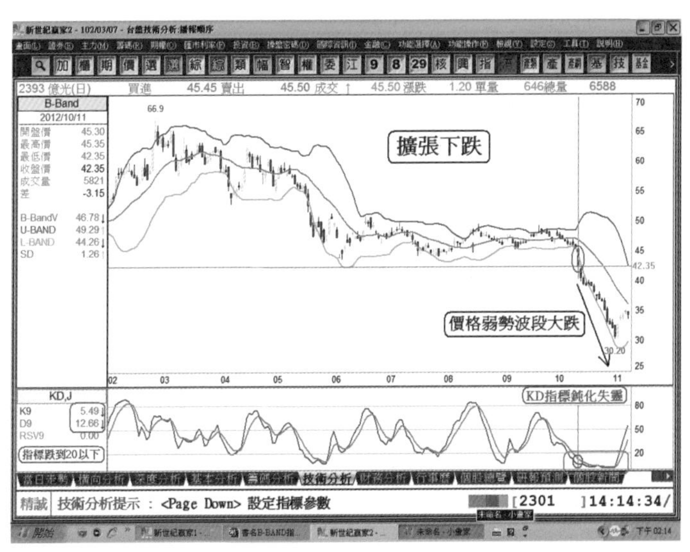


圖12-17：KD指標鈍化失靈，價格弱勢波段下跌

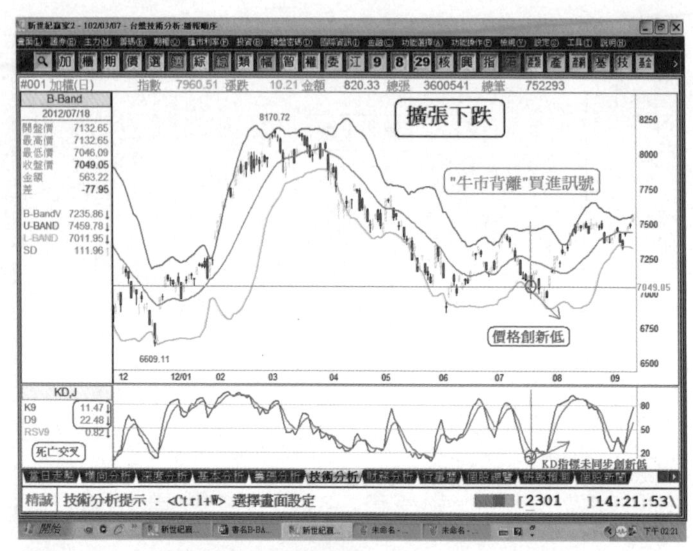


圖12-18：『牛市背離』買進警訊

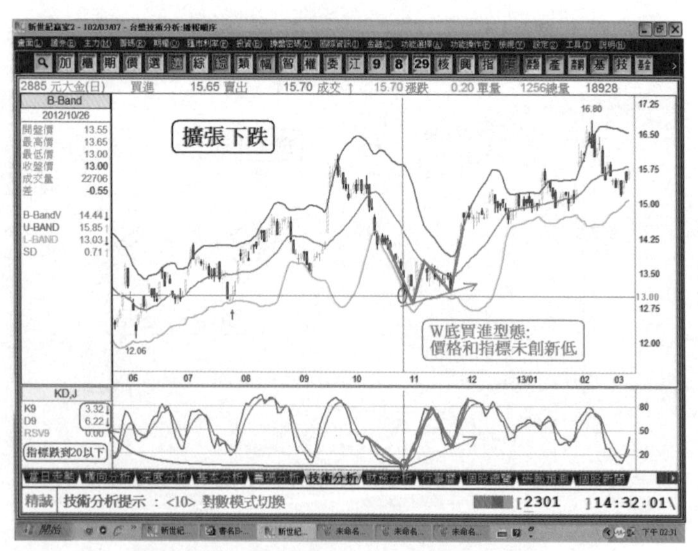


圖12-19：價格未創新低，形成『W底』買進型態

## B-Band指標擴張下跌和MACD指標的關係

B-Band指標擴張下跌，表示波段跌勢開始。當上軌線往上且下軌線往下，中軸線MA20微微向下的同時，MACD指標會形成『死亡交叉』向下（參閱圖12-20）。

### MACD指標的經驗法則：

1. **空頭市場：**DIF和MACD兩條線位於0軸之下，屬於空頭市場格局。當DIF由上往下跌破MACD，形成『死亡交叉』，是空頭市場波段下跌的賣出訊號（參閱圖12-21）。

2. **空頭市場：**DIF和MACD兩條線位於0軸之下，屬於空頭市場格局。當DIF由下往上穿越MACD，形成『黃金交叉』，是空頭市場的跌深反彈買進訊號（參閱圖12-22）。

3. **牛市背離：**當價格創新低，但是MACD指標未同步創新低，形成背離現象，稱之為『牛市背離』買進警訊（參閱圖12-23）。

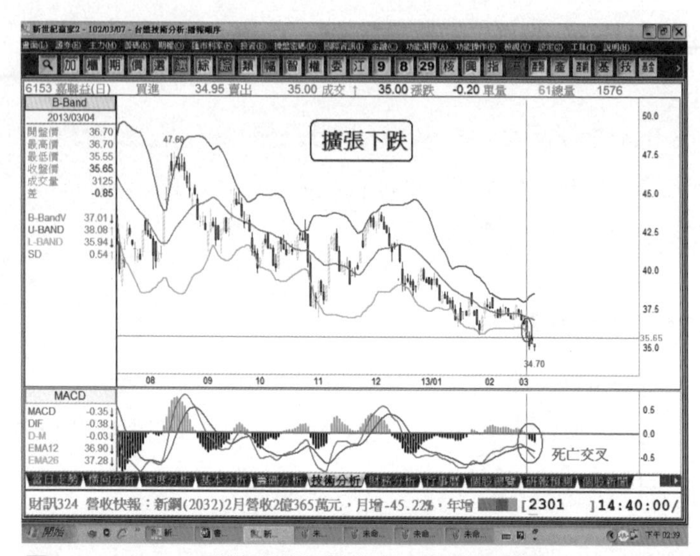


圖12-20：B-Band指標擴張下跌和MACD指標的關係

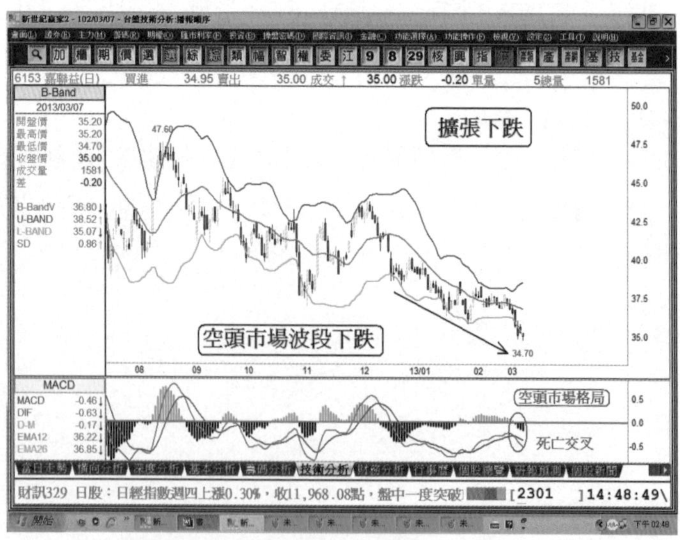


圖12-21：空頭市場波段下跌的賣出訊號

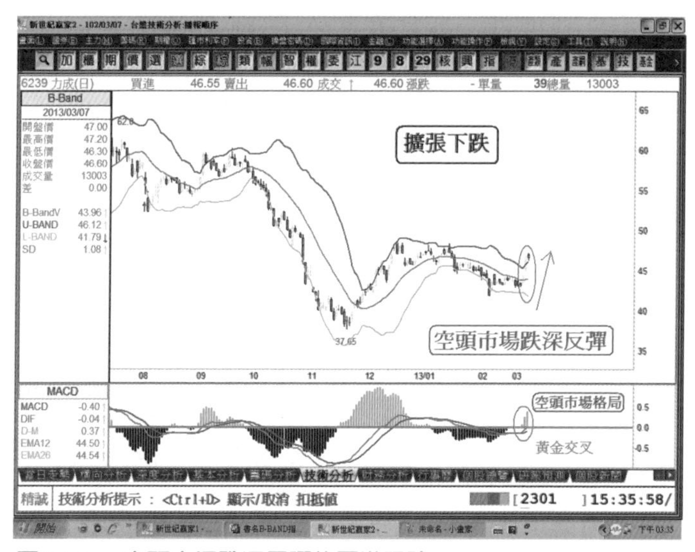


圖12-22：空頭市場跌深反彈的買進訊號

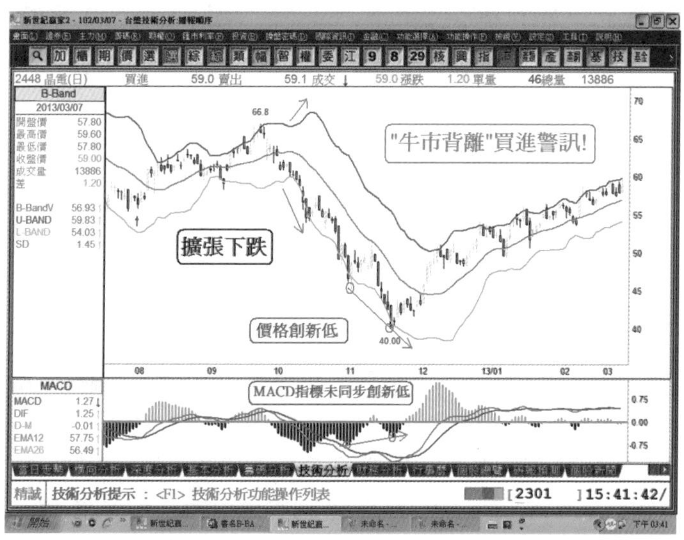


圖12-23：『牛市背離』買進警訊

# B-Band指標擴張下跌和多空指標的關係

B-Band指標擴張下跌，表示波段跌勢開始。當上軌線往上且下軌線往下，中軸線MA20微微向下的同時，多空指標會形成『死亡交叉』向下（參閱圖12-24）。

## 多空指標的經驗法則：

1. **空頭市場**：收盤價小於多空指標，表示盤勢由多翻空，屬於空頭市場（下跌）格局。當收盤價由上往下跌破0軸，形成『死亡交叉』，是空頭市場（下跌）的賣出訊號（參閱圖12-25）。
2. **牛市背離**：當價格創新低，但是多空指標未同步創新低，形成背離現象，稱之爲『牛市背離』買進警訊（參閱圖12-26）。

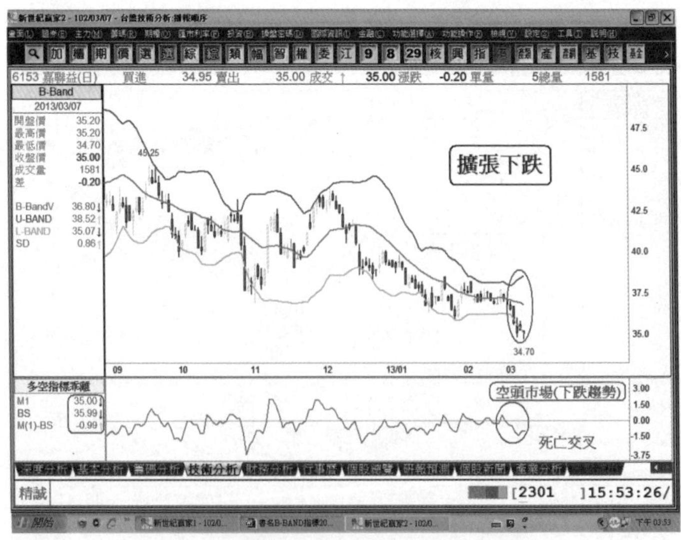


圖12-24：B-Band指標擴張下跌和多空指標的關係

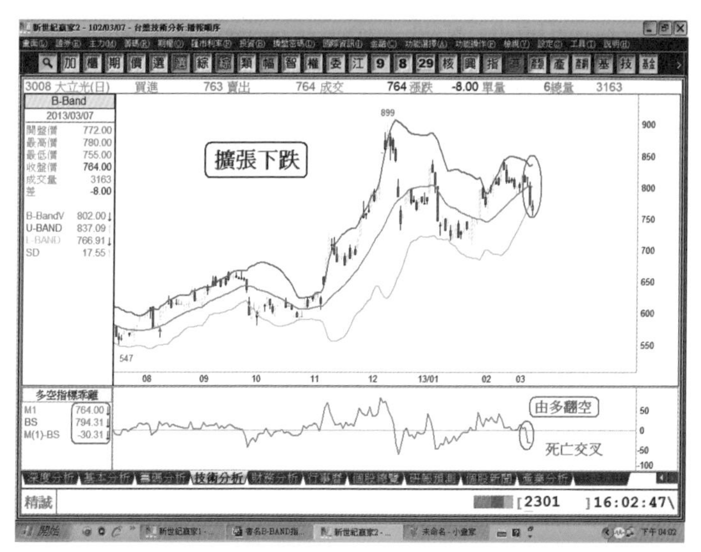


圖12-25：空頭市場的賣出訊號

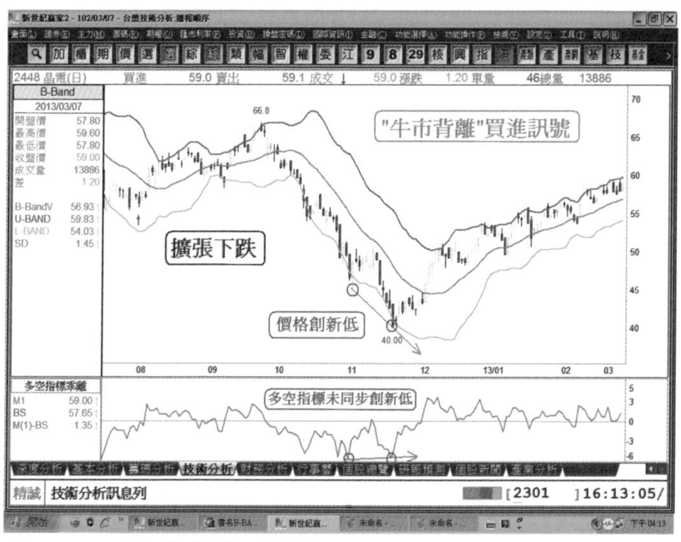


圖12-26：『牛市背離』買進警訊

## B-Band指標擴張下跌和DMI指標的關係

B-Band指標擴張下跌，表示波段跌勢開始。當上軌線往上且下軌線往下，中軸線MA20微微向下的同時，DMI指標會形成『死亡交叉』向下。

### DMI指標的經驗法則：

DMI指標叫做趨向指標，又稱之爲方向指標。DMI指標是技術指標中最慢出現『死亡交叉』賣出訊號的指標；當DMI指標都出現賣出訊號，就可以確定標的的方向是空頭市場（下跌趨勢）。

1. **空頭市場：**當＋DI由上往下跌破－DI，形成『死亡交叉』，是空頭市場（下跌）的賣出訊號（參閱圖12-27）。

2. **牛市背離：**當價格創新低，但是DMI指標未同步創新低，形成背離現象，稱之爲『牛市背離』買進警訊（參閱圖12-28）。

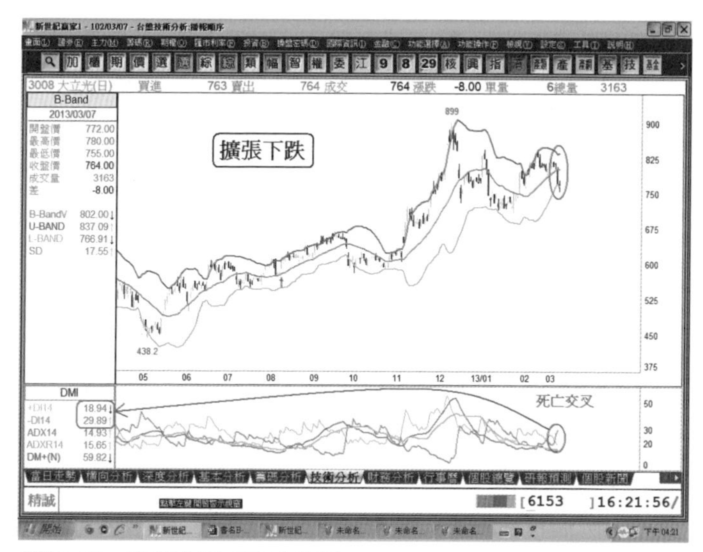


圖12-27：空頭市場『死亡交叉』

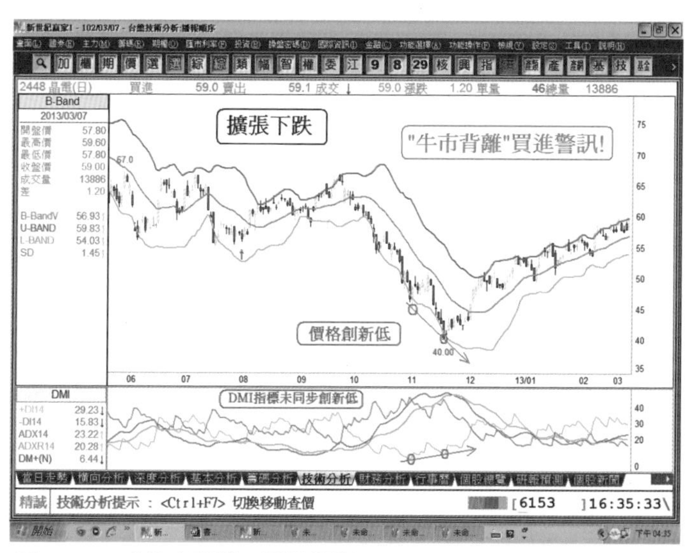


圖12-28：『牛市背離』買進警訊

B-Band指標是準確度很高的技術指標，它可以單獨研判『買進訊號』和『賣出訊號』，當『開口擴張』向下，表示跌勢啓動，如果再加上其他的技術指標一起配合研判，就可以大大地增加其準確度。

當B-Band指標『開口擴張』向下，表示跌勢啓動，若配合『K線理論』、『價量關係』、『KD、RSI……等技術指標』綜合研判：『K線理論』出現跳空下跌或長黑棒且『價量關係』呈現價跌量增的空頭模式，而技術指標大多形成『死亡交叉』賣出訊號，則當下就是絕佳的賣出時機（賣點）。

# 第四篇
# B-Band指標的壓軸精華

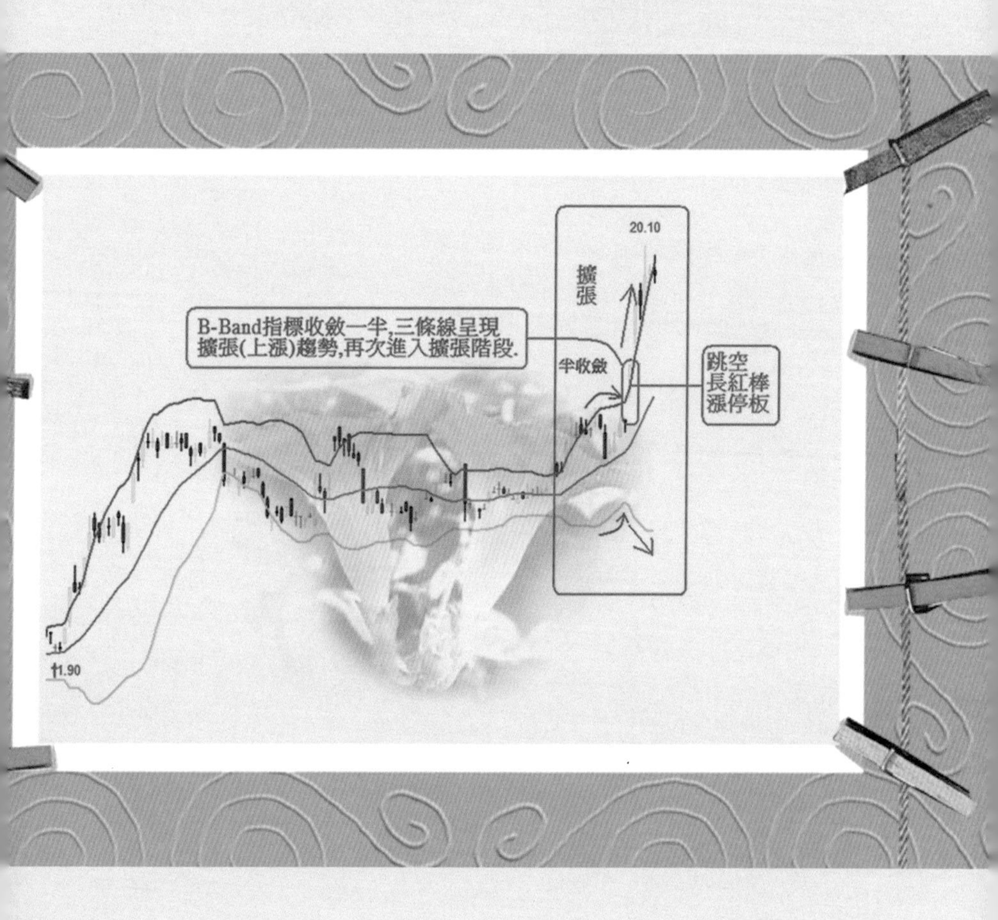

# 第十三章

# 在多頭市場，B-Band指標的買進時機(買點)和賣出時機(賣點)

大部分的技術指標其買進訊號的形成，是由兩條指標線產生交叉訊號，也就是大家耳熟能詳的『黃金交叉』；『黃金交叉』的構成是短天期的指標線由下往上穿越長天期的指標線，謂之『黃金交叉』買進訊號或『黃金交叉』買點。但是B-Band指標在多頭市場（上漲趨勢）的買進訊號卻不是兩條線的『黃金交叉』，而是『開口擴張』。

在多頭市場，B-Band指標的買進時機（買點）和賣出時機（賣點）如何判斷？其實務上的經驗法則如下：

1. B-Band指標在多頭市場絕佳的買進時機是『蓮藕型態』，也就是『擠壓』盤整階段；當B-Band指標呈現『開口擴張』中軸線MA20微微向上型態，就是絕佳買點，也就是買在『起漲點』（參閱圖13-1、圖13-2）。

2. B-Band指標在多頭市場最佳的賣出時機也是『蓮藕型態』，也就是『擠壓』盤整階段；當B-Band指標呈現『開口擴張』

中軸線MA20微微向下型態，就是絕佳賣點，也就是賣在『起跌點』（參閱圖13-3、圖13-4）。

3. B-Band指標呈現『開口擴張』波段上漲，在上漲的過程中，『收斂型態』爲漲多拉回修正的減碼賣點（參閱圖13-5、圖13-6）。

4. B-Band指標呈現『開口擴張』上漲的失敗型態，也就是沒有呈現波段上漲，經驗法則：三天未脫離買進成本，停損賣出（參閱圖13-7、圖13-8）。

5. B-Band指標在多頭市場次佳的買進時機是『花生型態』，也就是『收斂』漲多拉回修正階段；當B-Band指標再度呈現『開口擴張』中軸線MA20微微向上型態，就是次佳買點，也就是買在第二波『起漲點』（參閱圖13-9、圖13-10）。

6. B-Band指標在多頭市場噴出的買進時機是『牽牛（喇叭）花型態』，也就是『半收斂』漲多拉回修正階段；當B-Band指標再度呈現『開口擴張』中軸線MA20明顯向上，就是心臟要夠強的噴出買點，也就是買在第三波『起漲點』（參閱圖13-11、圖13-12）。

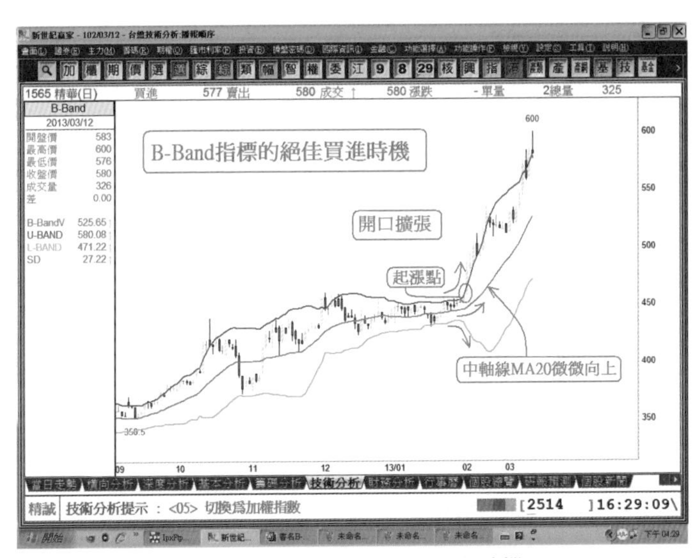


圖13-1：B-Band指標在多頭市場的絕佳買進時機

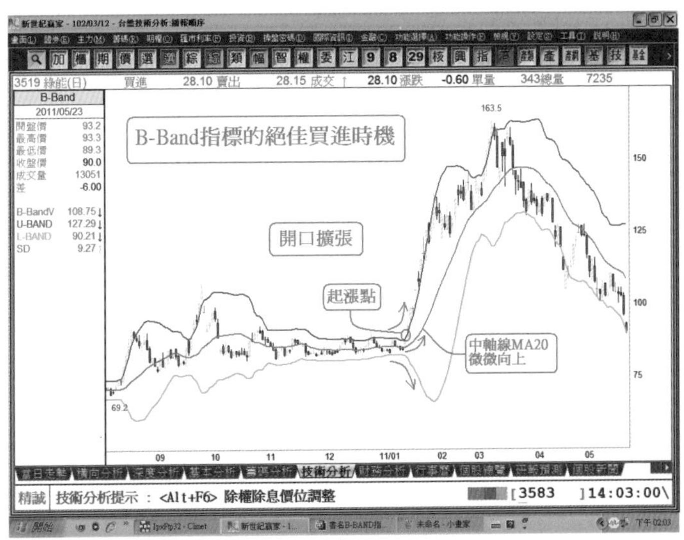


圖13-2：B-Band指標在多頭市場的絕佳買進時機

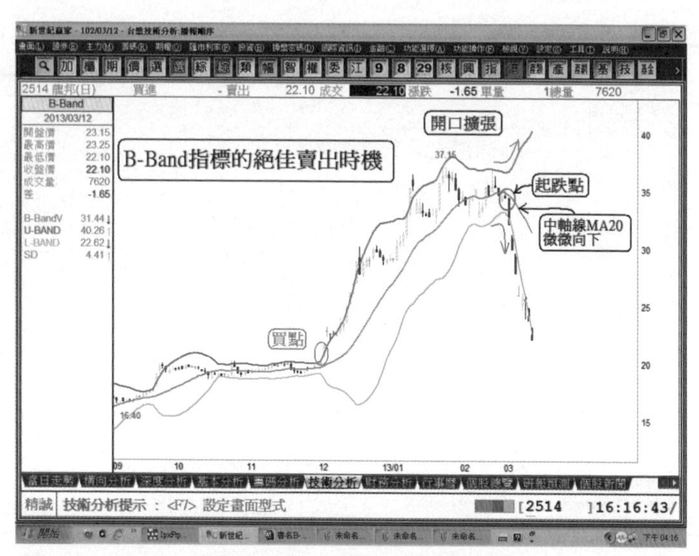


圖13-3：B-Band指標在多頭市場的絕佳賣出時機

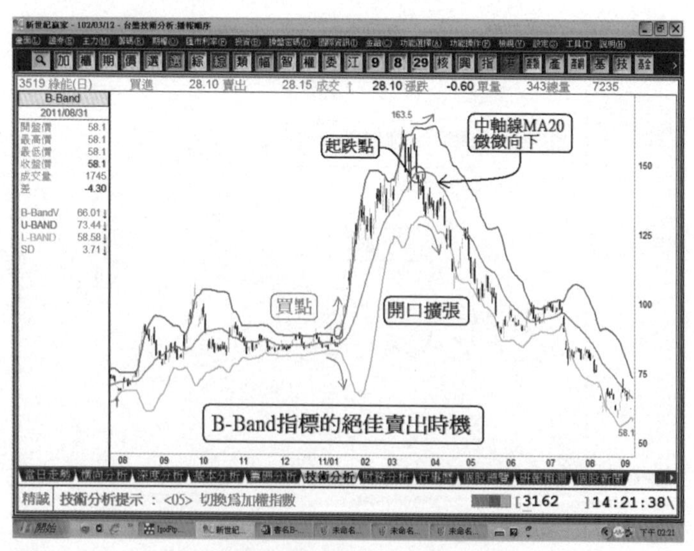


圖13-4：B-Band指標在多頭市場的絕佳賣出時機

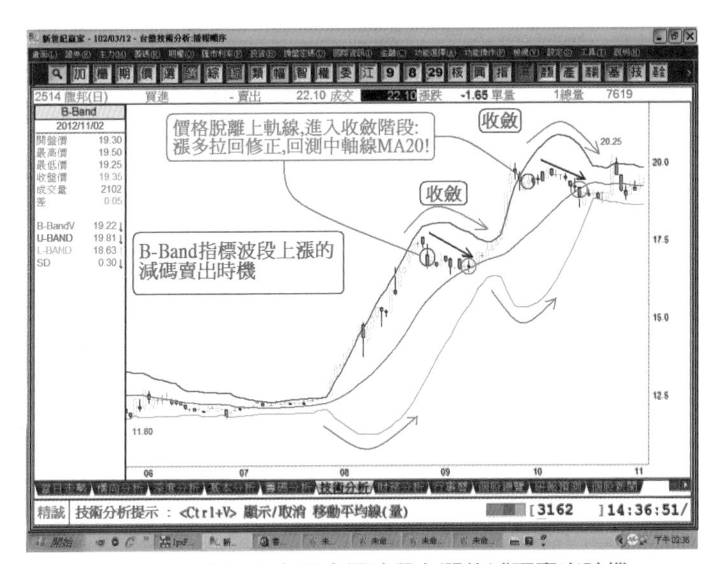


圖13-5：B-Band指標在多頭市場波段上漲的減碼賣出時機

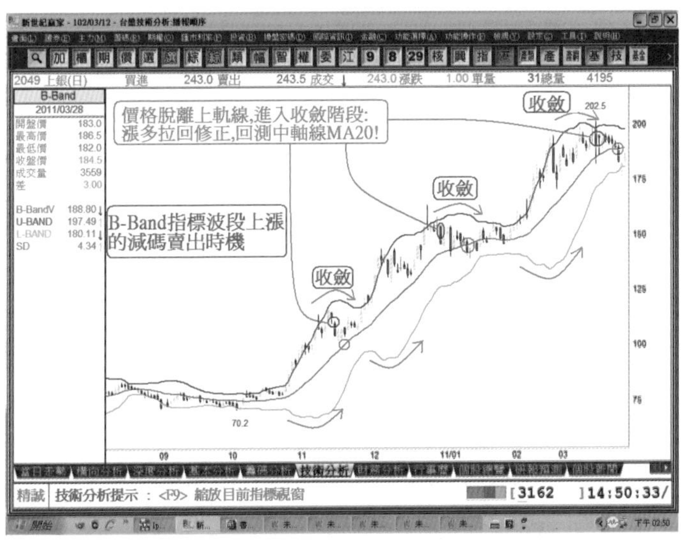


圖13-6：B-Band指標在多頭市場波段上漲的減碼賣出時機

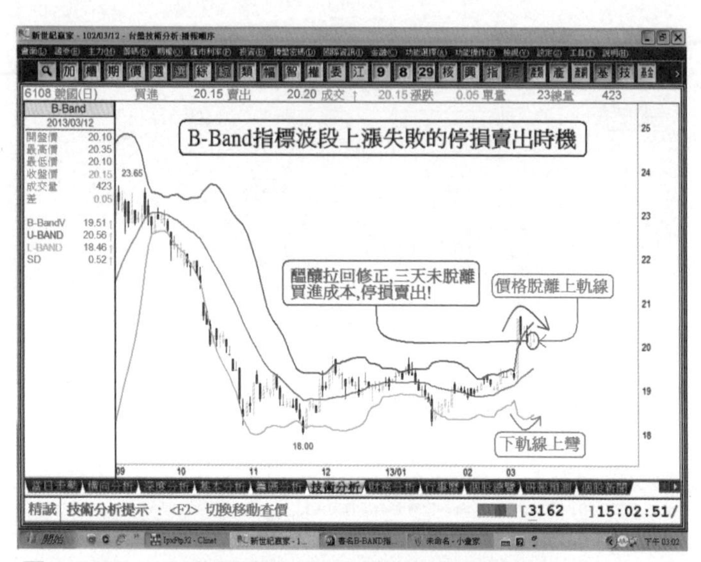


圖13-7：B-Band指標波段上漲失敗的停損賣出時機

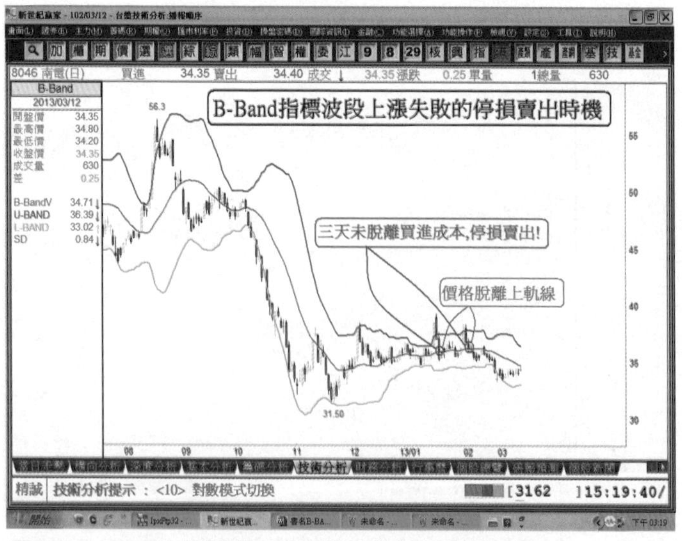


圖13-8：B-Band指標波段上漲失敗的停損賣出時機

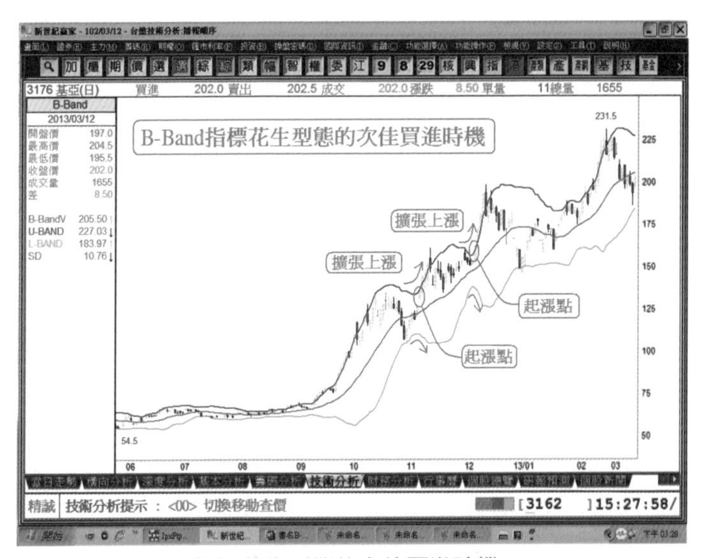


圖13-9：B-Band指標花生型態的次佳買進時機

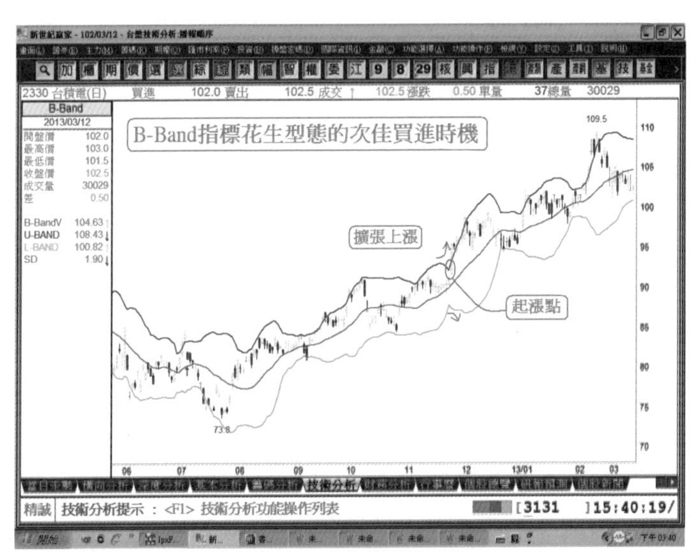


圖13-10：B-Band指標花生型態的次佳買進時機

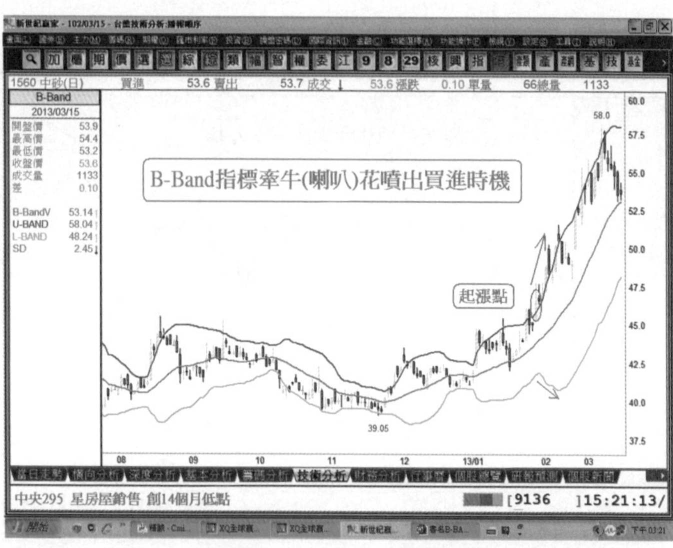


圖13-11：B-Band指標牽牛（喇叭）花型態的噴出買進時機

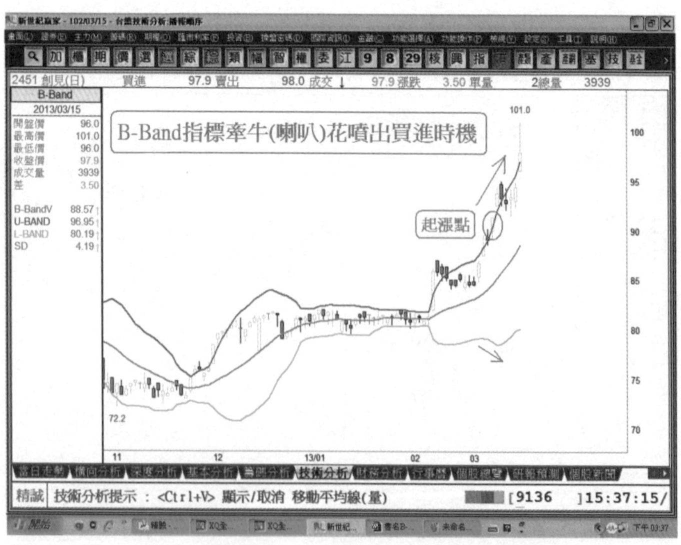


圖13-12：B-Band指標牽牛（喇叭）花型態的噴出買進時機

## 讀後心得

在多頭市場，B-Band指標的買進時機（買點）和賣出時機（賣點）有跡可循：

1. 當B-Band指標從『擠壓』盤整階段，變成『開口擴張』向上時，是第一波上漲的絕佳買進時機（買點）。

2. 當B-Band指標『開口擴張』向上時，展開第一波上漲，待漲多之後會進入『收斂』階段，也就是『漲多拉回修正』，這是獲利減碼賣出的時機（賣點）。

3. 當B-Band指標『開口擴張』向上時，通常會展開三波上漲：

   (1) 第一波爲『蓮藕型態』的上漲，待漲多之後會進入『收斂』階段，也就是『漲多拉回修正』，這是第一波的獲利減碼賣出的時機（賣點）。

   (2) 第二波爲『花生型態』的上漲，待漲多之後會進入『收斂』階段，也就是『漲多拉回修正』，這是第二波的獲利減碼賣出的時機（賣點）。

   (3) 第三波爲『牽牛（喇叭）花型態』的上漲，待漲多之後會進入『收斂』階段，也就是『漲多拉回修正』，這是第三波的獲利減碼賣出的時機（賣點）。

4. 當B-Band指標『開口擴張』向上且完成『蓮藕型態』、『花生型態』、『牽牛（喇叭）花型態』等三波段上漲，之後，非常可能出現：『開口擴張』向下的『蓮藕賣出型態』，這是多頭市場（上漲趨勢）的絕佳賣出時機（賣點），表示多頭市場（上漲趨勢）結束，空頭市場（下跌趨勢）來臨。

# 第十四章

# 在空頭市場，B-Band指標的賣出時機(賣點)和買進時機(買點)

大部分的技術指標其賣出訊號的形成，亦是由兩條指標線產生交叉訊號，也就是大家耳熟能詳的『死亡交叉』；『死亡交叉』的構成是短天期的指標線由上往下跌破長天期的指標線，謂之『死亡交叉』賣出訊號或『死亡交叉』賣點。但是B-Band指標在空頭市場（下跌趨勢）的賣出訊號卻不是『死亡交叉』，而是『開口擴張』。

在空頭市場，B-Band指標的賣出時機（賣點）和買進時機（買點）如何判斷？其實務上的經驗法則如下：

1. B-Band指標在空頭市場絕佳的賣出時機是『蓮藕型態』，也就是『擠壓』盤整階段；當B-Band指標呈現『開口擴張』中軸線MA20微微向下型態，就是絕佳賣點，也就是賣在『起跌點』（參閱圖14-1、圖14-2）。

2. B-Band指標在空頭市場絕佳的買進時機也是『蓮藕型態』，也就是『擠壓』盤整階段；當B-Band指標呈現『開口擴張』

中軸線MA20微微向上型態，就是絕佳買點，也就是買在『起漲點』（參閱圖14-3、圖14-4）。

3. B-Band指標呈現『開口擴張』波段下跌，在下跌的過程中，『收斂型態』爲反彈買點（參閱圖14-5、圖14-6）。

4. B-Band指標呈現『開口擴張』下跌的失敗型態，也就是沒有呈現波段下跌，經驗法則：三天未脫離放空賣出成本，停損回補（參閱圖14-7、圖14-8）。

5. B-Band指標在空頭市場次佳的賣出時機是『花生型態』，也就是『收斂』跌深反彈階段；當B-Band指標再度呈現『開口擴張』中軸線MA20微微向下型態，就是次佳賣點，也就是賣在第二波『起跌點』（參閱圖14-9、圖14-10）。

6. B-Band指標在空頭市場崩跌的賣出時機是『牽牛（喇叭）花型態』，也就是『半收斂』跌深反彈階段；當B-Band指標再度呈現『開口擴張』中軸線MA20明顯向下，就是崩跌的賣點，也就是賣在第三波『起跌點』（參閱圖14-11、圖14-12）。

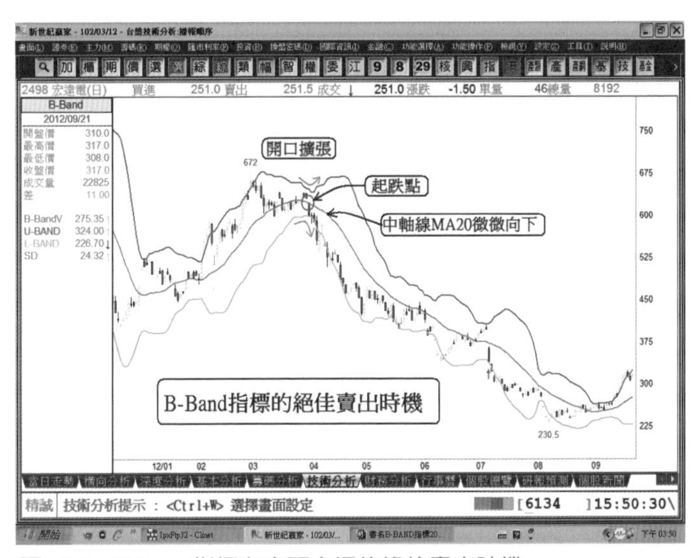


圖14-1：B-Band指標在空頭市場的絕佳賣出時機

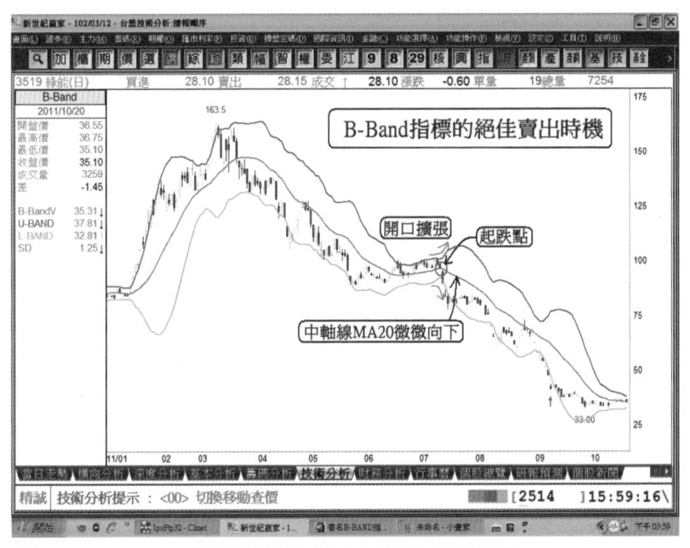


圖14-2：B-Band指標在空頭市場的絕佳賣出時機

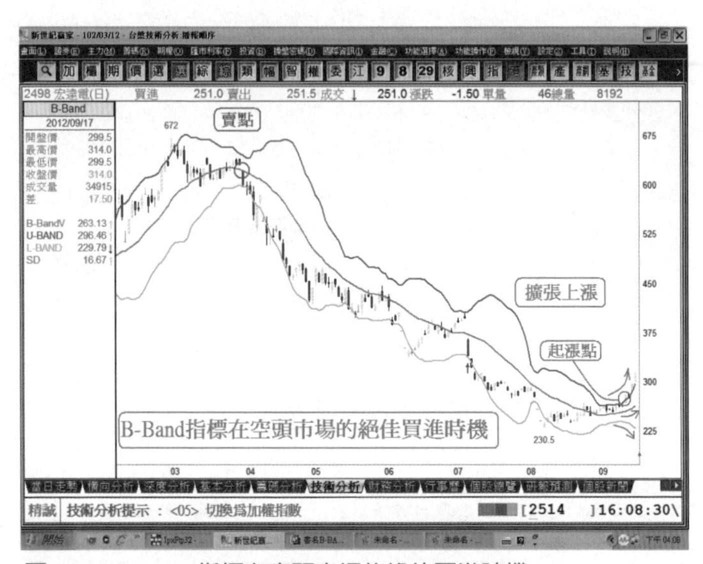


圖14-3：B-Band指標在空頭市場的絕佳買進時機

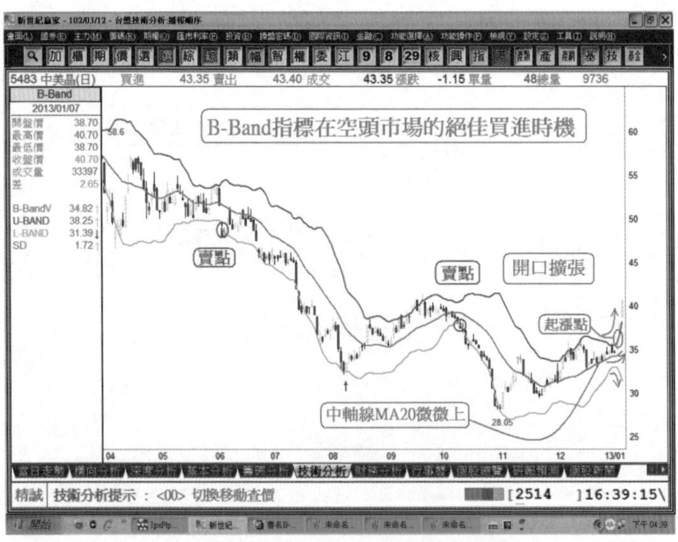


圖14-4：B-Band指標在空頭市場的絕佳買進時機

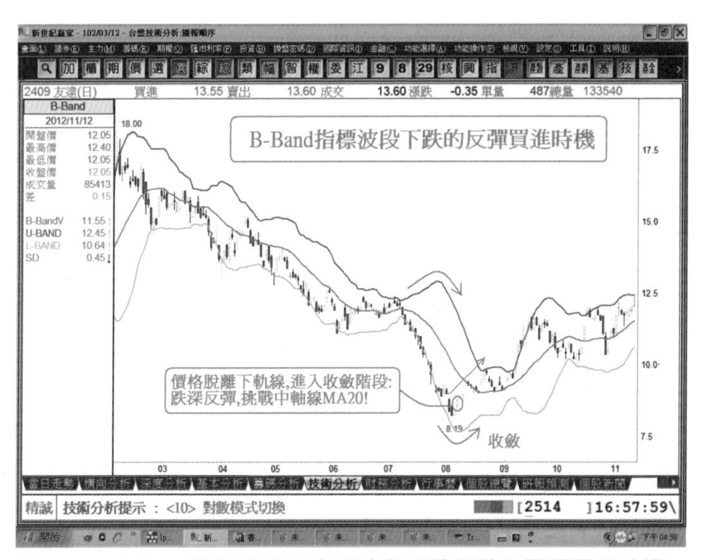


圖14-5：B-Band指標在空頭市場波段下跌的跌深反彈買進時機

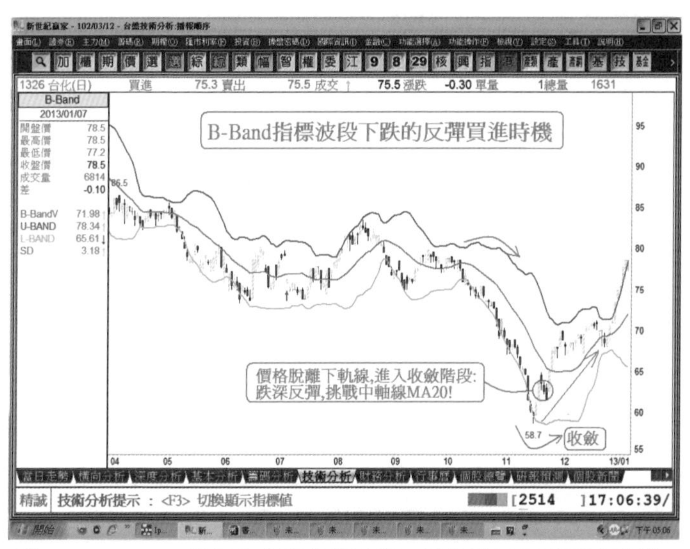


圖14-6：B-Band指標在空頭市場波段下跌的跌深反彈買進時機

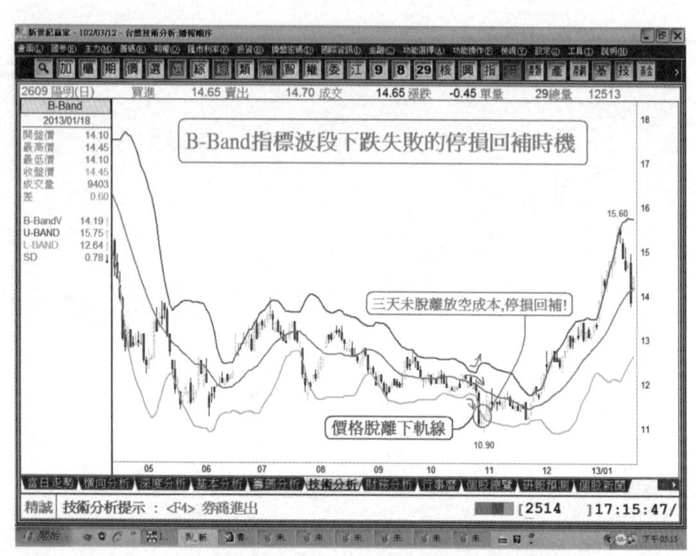


圖14-7：B-Band指標波段下跌失敗的停損回補買進時機

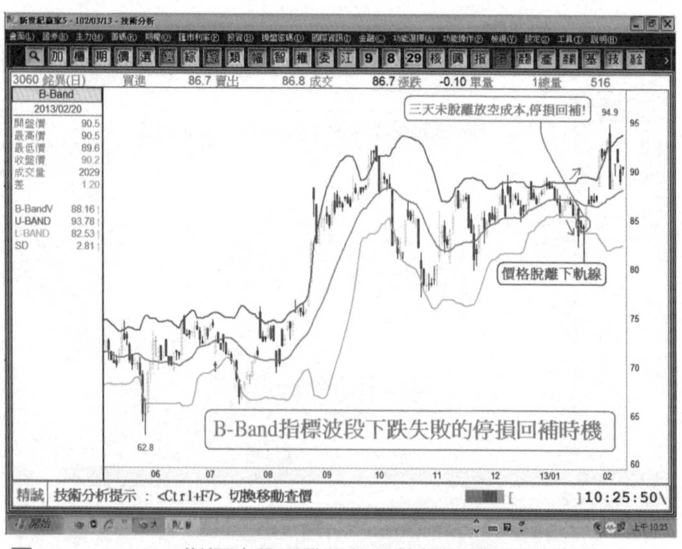


圖14-8：B-Band指標波段下跌失敗的停損回補買進時機

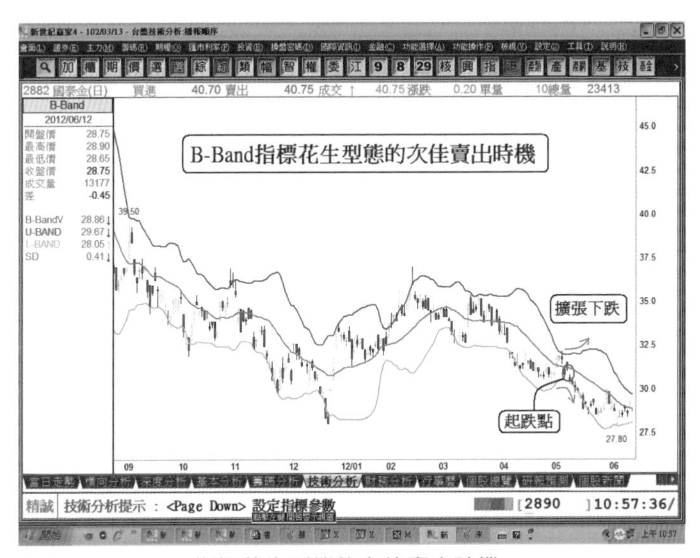


圖14-9：B-Band指標花生型態的次佳賣出時機

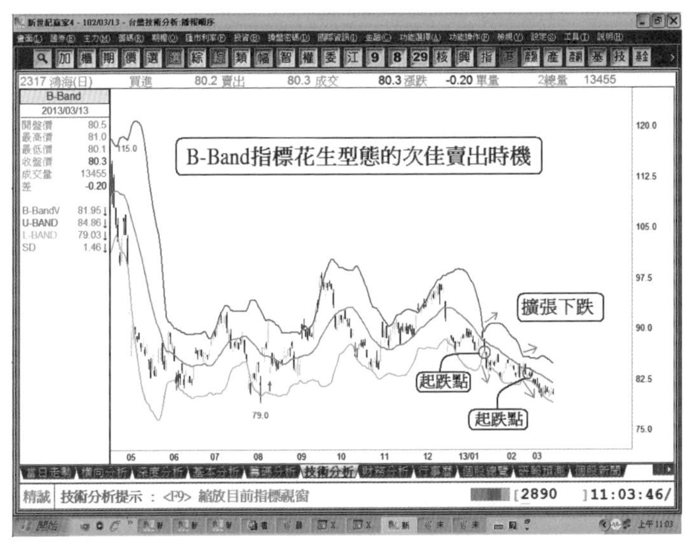


圖14-10：B-Band指標花生型態的次佳賣出時機

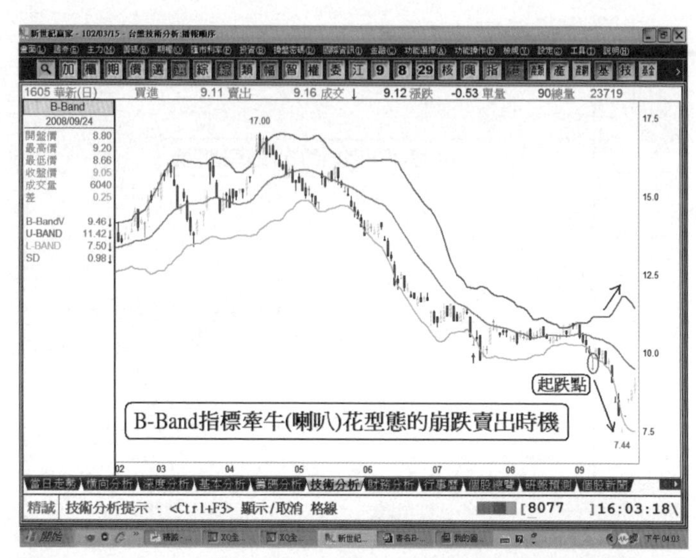


圖14-11：B-Band指標牽牛（喇叭）花型態的崩跌賣出時機

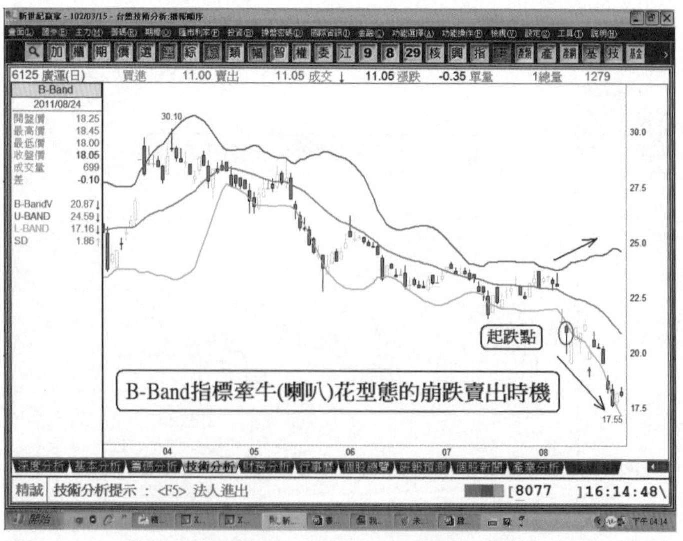


圖14-12：B-Band指標牽牛（喇叭）花型態的崩跌賣出時機

在空頭市場，B-Band指標的賣出時機（賣點）和買進時機（買點）有跡可循：

1. 當B-Band指標從『擠壓』盤整階段，變成『開口擴張』向下時，是第一波下跌的絕佳賣出時機（賣點）。

2. 當B-Band指標『開口擴張』向下時，展開第一波下跌，待跌深之後會進入『收斂』階段，也就是『跌深反彈』走勢，這是跌深反彈的買進時機（買點）。

3. 當B-Band指標『開口擴張』向下時，通常會展開三波下跌：
   - 第一波爲『蓮藕型態』的下跌，待跌深之後會進入『收斂』階段，也就是『跌深反彈』走勢，這是第一波的逢低買進時機（買點）。

   - 第二波爲『花生型態』的下跌，待跌深之後會進入『收斂』階段，也就是『跌深反彈』走勢，這是第二波的逢低買進時機（買點）。

   - 第三波爲『牽牛（喇叭）花型態』的下跌，待跌深之後會進入『收斂』階段，也就是『跌深反彈』走勢，這是第三波的逢低買進時機（買點）。

4. 當B-Band指標『開口擴張』向下且完成『蓮藕型態』、『花生型態』、『牽牛（喇叭）花型態』等三波段下跌。之後，非常可能出現：『開口擴張』向上的『蓮藕買進型態』，這是空頭市場（下跌趨勢）的絕佳買進時機（買點），表示空頭市場（下跌趨勢）結束，多頭市場（上漲趨勢）來臨。

# 第十五章

# B-Band指標的絕佳買點

B-Band指標的絕佳買進時機（買點）爲『擠壓』（盤整）後的『擴張』，也就是標的價格盤整一段時間之後，盤勢醞釀待變？當它的形態出現『開口擴張』，中軸線MA20（月線）微微向上，就是B-Band指標的絕佳買進時機（買點）。當B-Band指標的絕佳買進時機（買點）『開口擴張』出現，標的的價格通常都會形成一波大漲（參閱圖15-1至圖15-10）。

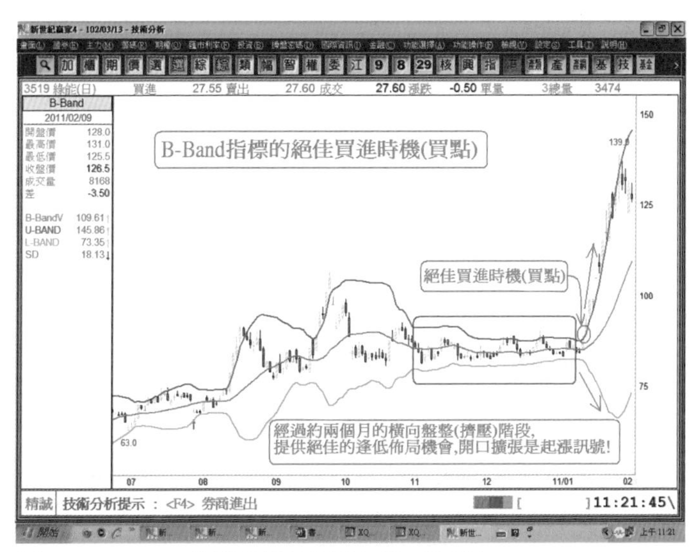


圖15-1：B-Band指標的絕佳買進時機（買點）

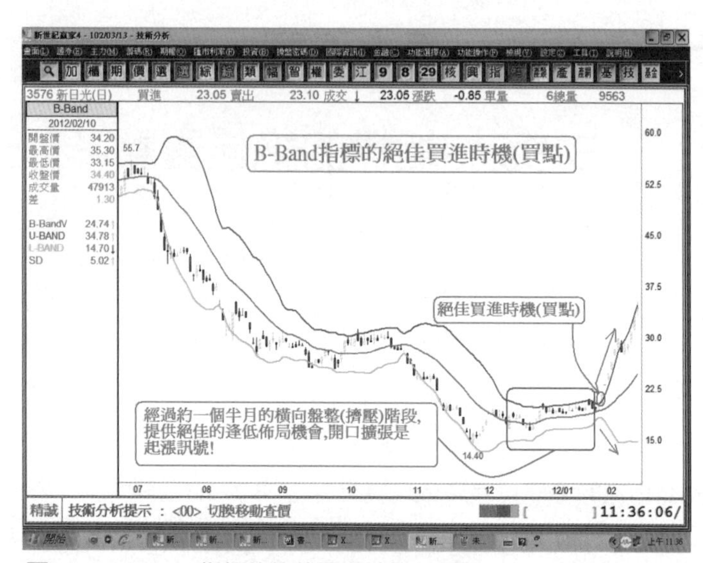


圖15-2：B-Band指標的絕佳買進時機（買點）

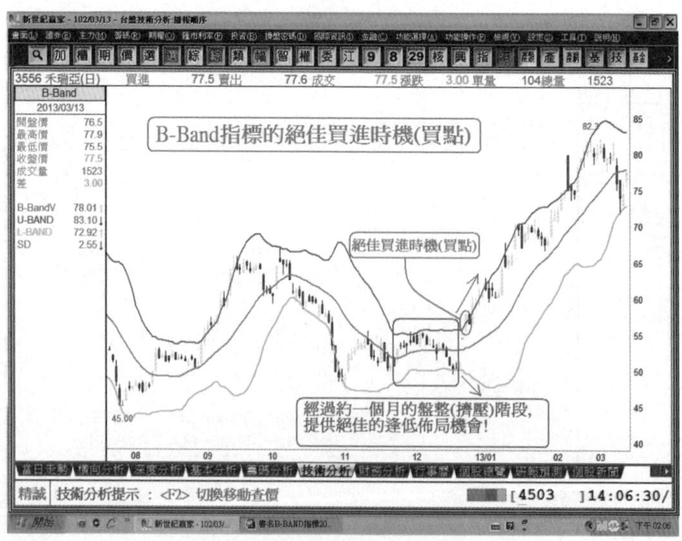


圖15-3：B-Band指標的絕佳買進時機（買點）

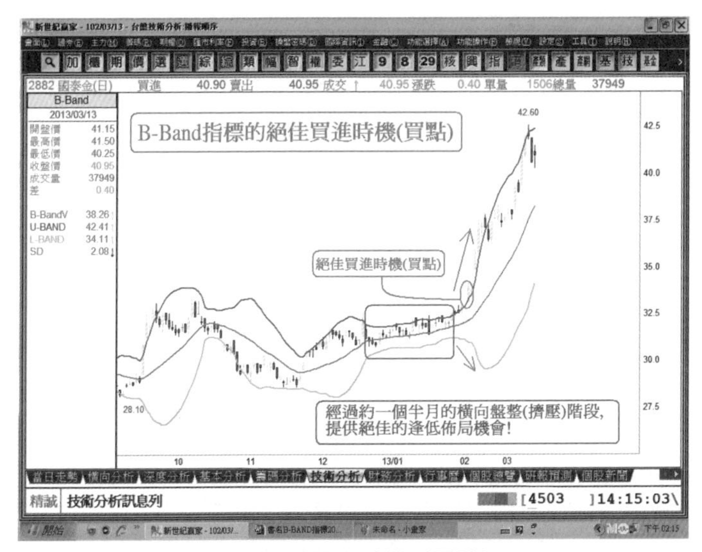


圖15-4：B-Band指標的絕佳買進時機（買點）

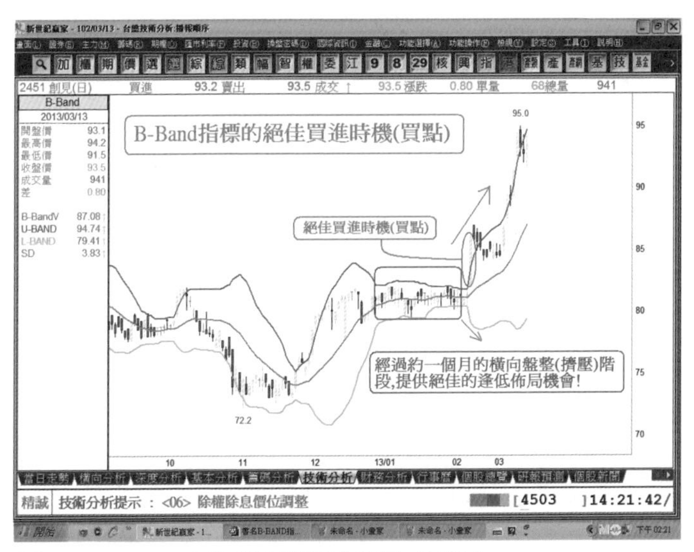


圖15-5：B-Band指標的絕佳買進時機（買點）

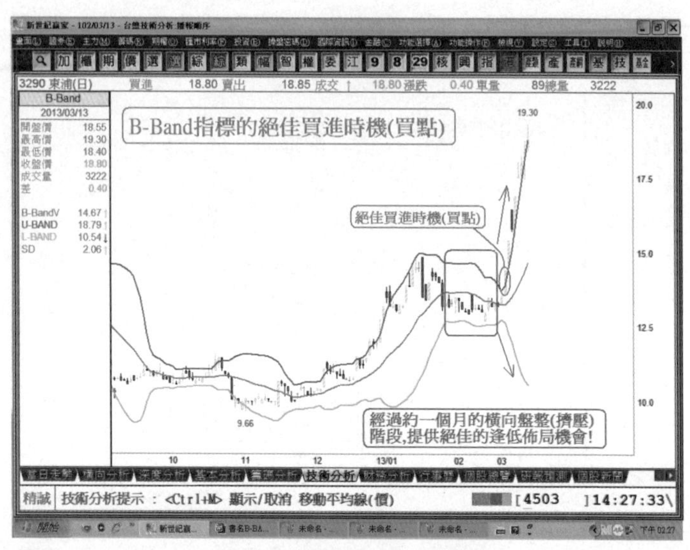


圖15-6：B-Band指標的絕佳買進時機（買點）

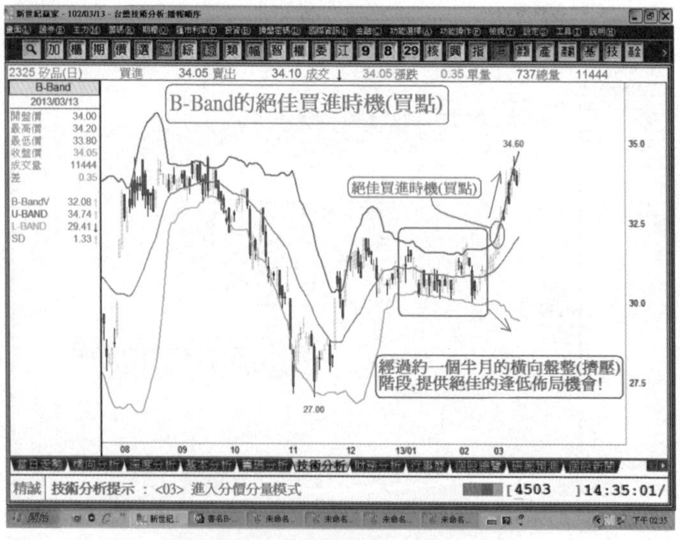


圖15-7：B-Band指標的絕佳買進時機（買點）

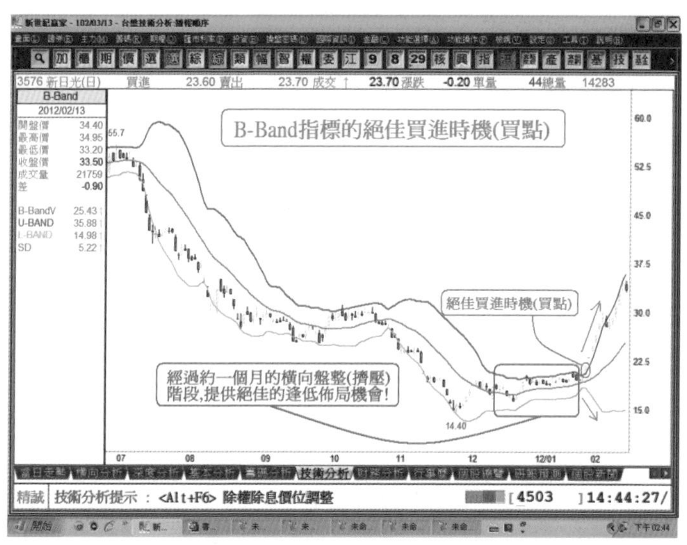


圖15-8：B-Band指標的絕佳買進時機（買點）

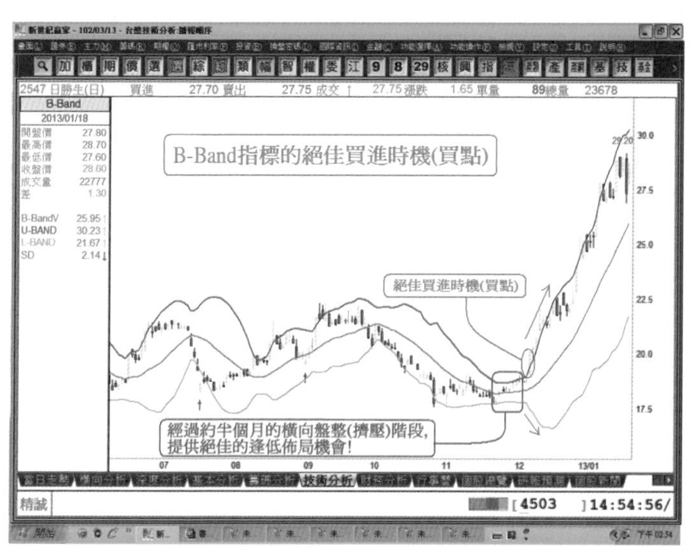


圖15-9：B-Band指標的絕佳買進時機（買點）

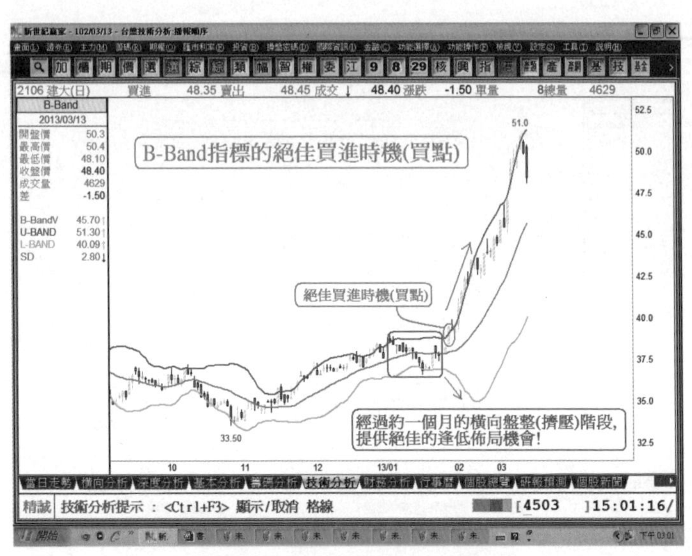


圖15-10：B-Band指標的絕佳買進時機（買點）

B-Band指標也是發掘『飆股』的絕佳指標，『飆股』的特徵有三：

(1) 飆股二部曲，分兩波段飆漲。
(2) 股本小或無量飆漲。
(3) 軋空——飆漲。

參閱圖15-11至圖15-21。

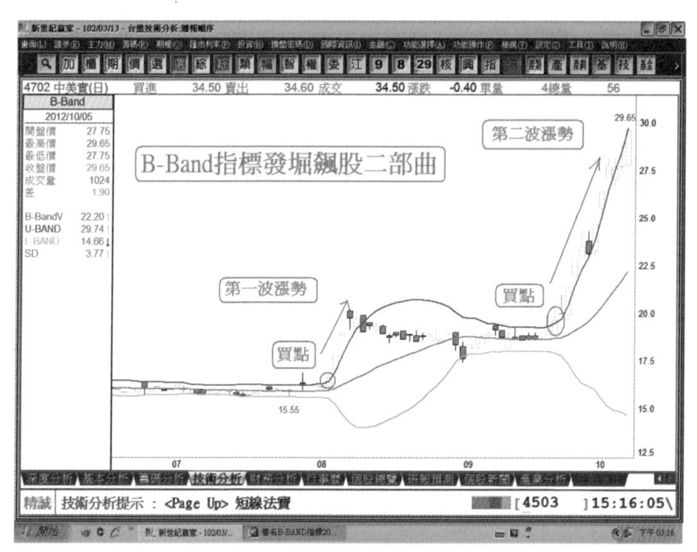


圖15-11：B-Band指標發掘的飆股二部曲

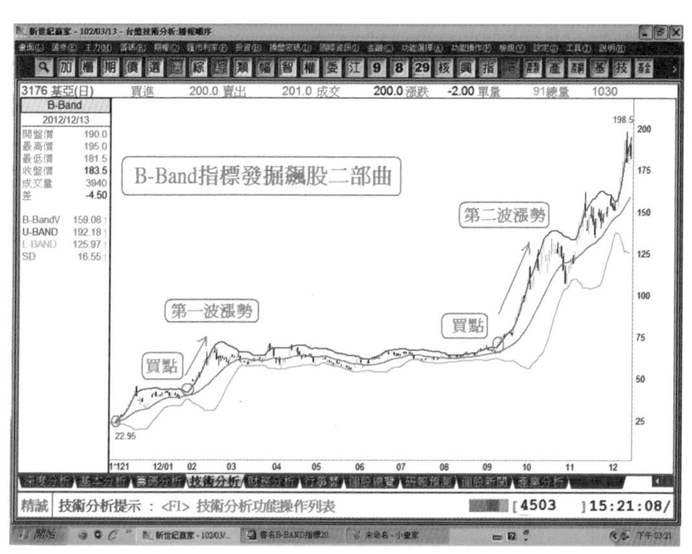


圖15-12：B-Band指標發掘的飆股二部曲

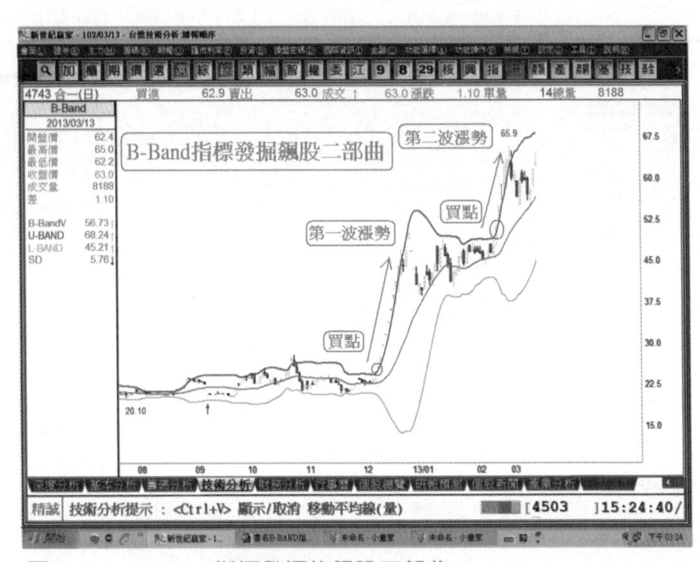


圖15-13：B-Band指標發掘的飆股二部曲

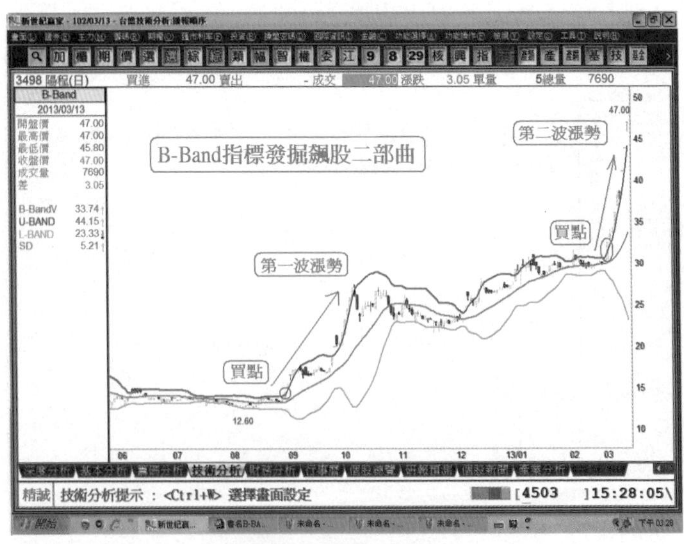


圖15-14：B-Band指標發掘的飆股二部曲

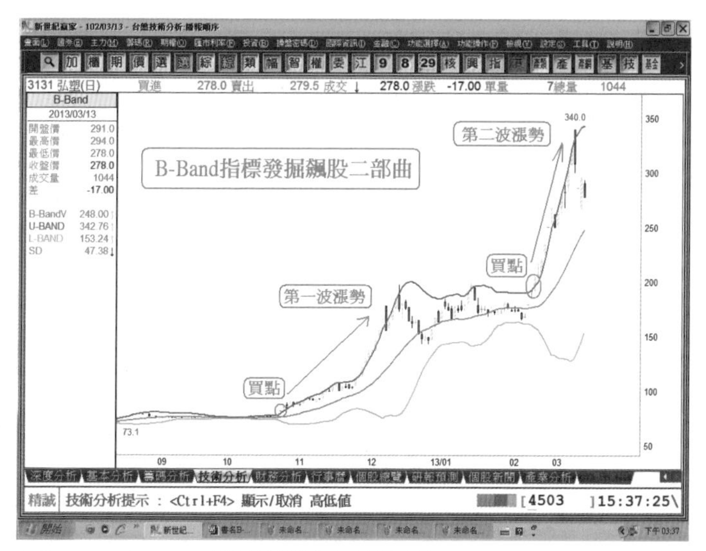


圖15-15：B-Band指標發掘的飆股二部曲

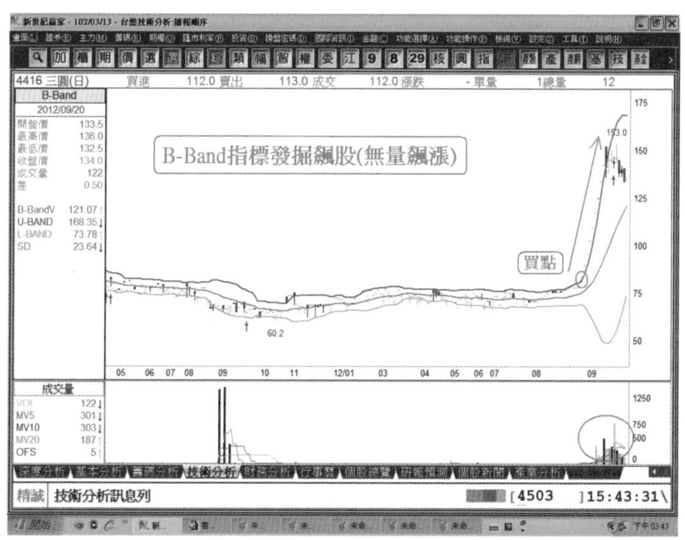


圖15-16：B-Band指標發掘的飆股（無量飆漲）

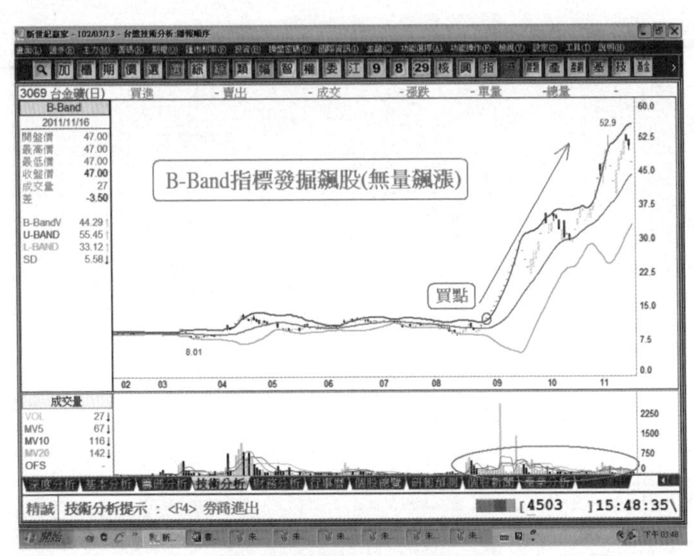


圖15-17：B-Band指標發掘的飆股（無量飆漲）

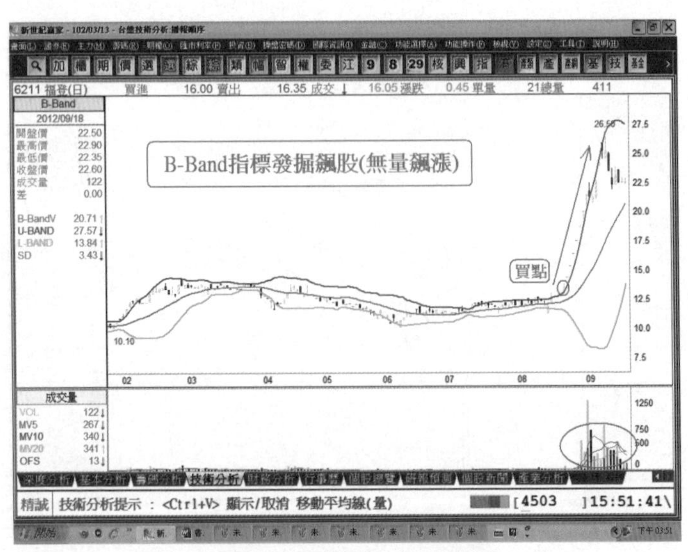


圖15-18：B-Band指標發掘的飆股（無量飆漲）

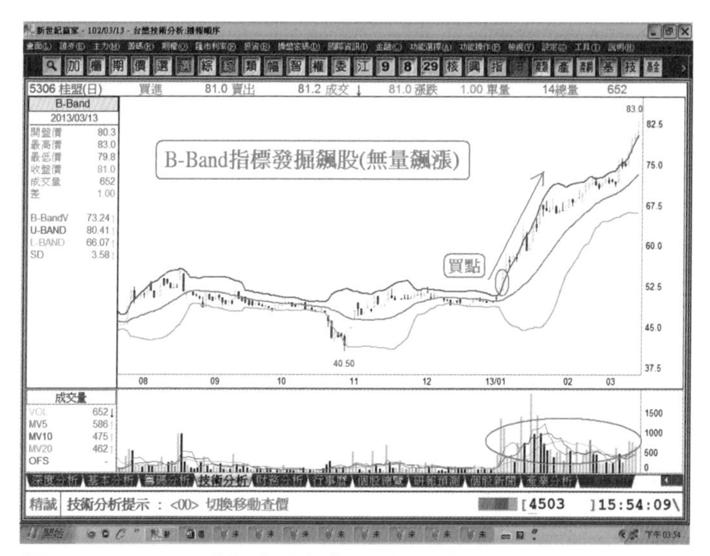


圖15-19：B-Band指標發掘的飆股（無量飆漲）

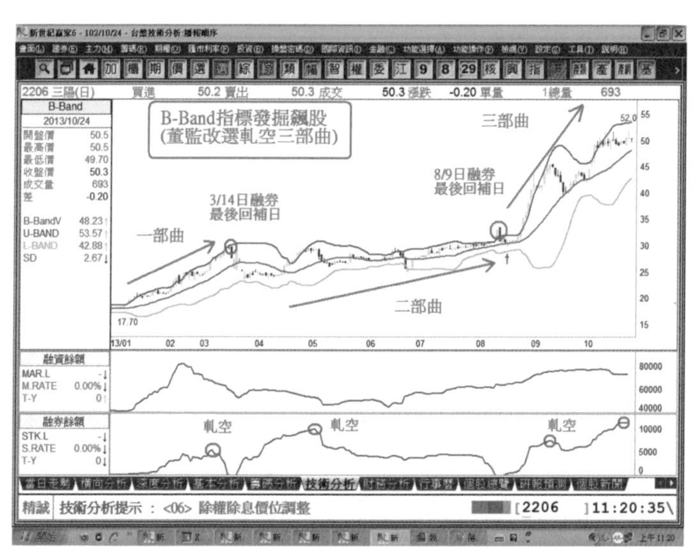


圖15-20：B-Band指標發掘的飆股（軋空飆漲）

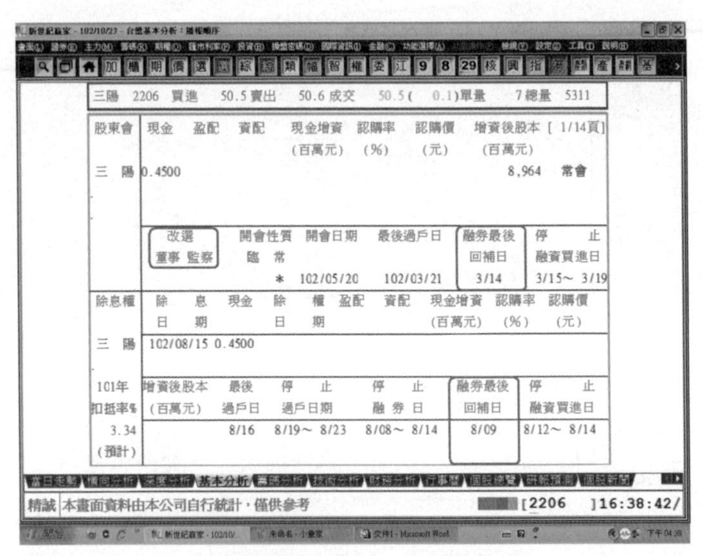

圖15-21：B-Band指標發掘的飆股（軋空飆漲）

股東會召開前兩個月，融券放空者，必須強制回補。三陽公司擬定5/20日召開股東會改選董監事，融券最後回補日為3/14日，至3/6日融券餘額未回補，反而創下波段新高為5489張，股價形成軋空走勢，一去不回頭，2013年3/13日股價創波段新高，隔天3/14日為最後回補日，融券放空者輸得一敗塗地。

1. 1/10日B-Band指標形成『開口擴張』且中軸線MA20微微向上的絕佳買進時機（買點），當日收盤價為19.5元，融券張數只有157張；迄3/6日融券張數高達5489張，收盤價為27.75元，融券張數激增5332張，期間股價上漲8.25元，漲幅42.31%，形成軋空走勢。

2. 1/10日到3/13日，融券張數仍有2493張未回補，迄3/13日收盤價29.65元，波段上漲了10.15元，漲幅52.05％，融券放空者損失慘重。

3. 到了最後回補日3/14日，當天盤中最高價爲29.9元，盤中最低價爲29.15元，收盤價爲29.6元，2493張的融券張數沒有低價可回補，幾乎都回補在相對最高點，眞的是一路被軋到最高點，更諷刺的是，3/15日當天開高走低跌停板收盤。

4. 股東會召開前，股價上漲軋空到融券最後回補日，形成董監改選軋空一部曲；除息日前，股價上漲軋空到融券最後回補日，形成軋空二部曲；除息後，形成軋空三部曲，完成標準董監改選軋空三部曲的經典範例。

這個案例告訴我們：

1. 千萬不可以意氣用事，做錯方向一定要儘早認賠停損出場。

2. 千萬不可以『死多頭』或『死空頭』，投資操作要靈活，隨時修正多、空策略。

3. 融券放空一定要避開4-6月的股東會期間和7-9月的除權、除息期間。

附註：融券股票被要求強制回補之依據爲何？不依期限回補者，其後果爲何？

1. 融券股票被要求強制回補，係依「證券商辦理有價證券融資融券業務操作辦法」第35條及各證金公司融資融券業務操作辦法規定，即融券之有價證券，於停止過戶前七個營業日起，停止融券賣出五日；已融券者，應於停止過戶第六個營業日前，還券了結。但公司因召開臨時股東會或不影響行使股東權者而停止過戶者，則不必回補。另依據公司法第165條規定，「公開發行公司」股東會之停止過戶期間提早至股東常會開會前60日內，股東臨時會開會前30日內。

2. 按信用交易有關融券強制回補之規定，係因上市櫃公司召開股東常會，除權或除息時，因融券之券源係融資而尚未賣出者所有，考量融資者之股東權行使等利益，故要求融券者必須在特定日前回補股票，以利市場正常運作。融券投資人不依期限回補者，依前揭辦法即視爲違約，除證券商會處分該違約各筆之擔保品外，投資人之信用帳戶已爲違約戶將不得再行融資融券買賣，並且違約後1年內或尚未結案者不得於任何一家證券商另開信用帳戶。

當B-Band指標的絕佳買進時機（買點）『開口擴張』出現，標的的價格通常都會形成一波大漲，但是也有無法形成波段大漲的失敗案例（參閱圖15-22至圖15-31）。

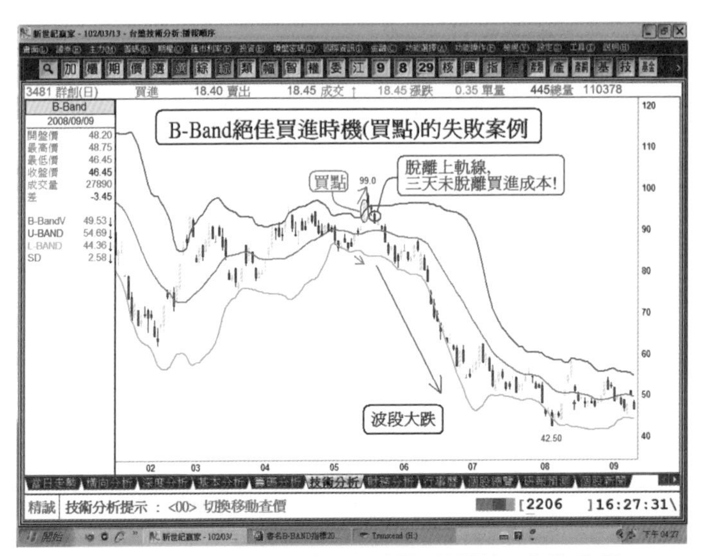

圖15-22：B-Band指標的絕佳買進時機（買點），失敗案例#1

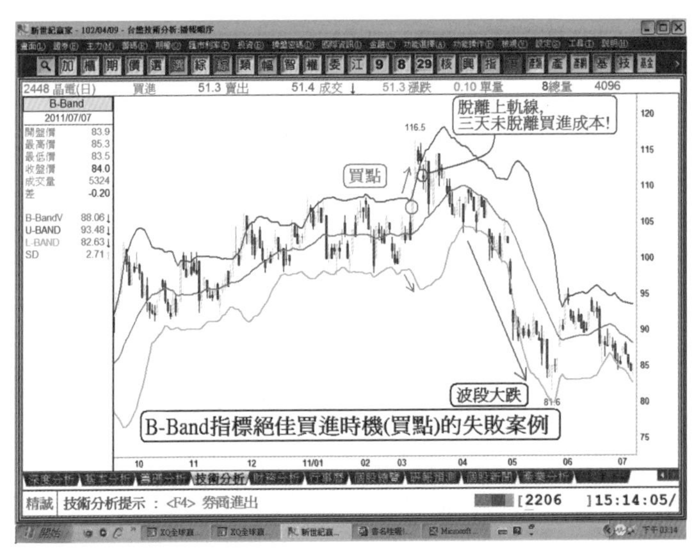

圖15-23：B-Band指標的絕佳買進時機（買點），失敗案例#2

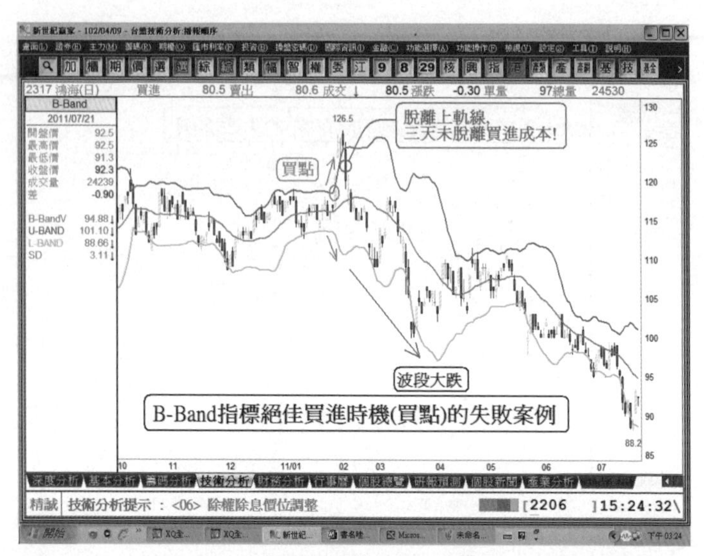


圖15-24：B-Band指標的絕佳買進時機（買點），失敗案例#3

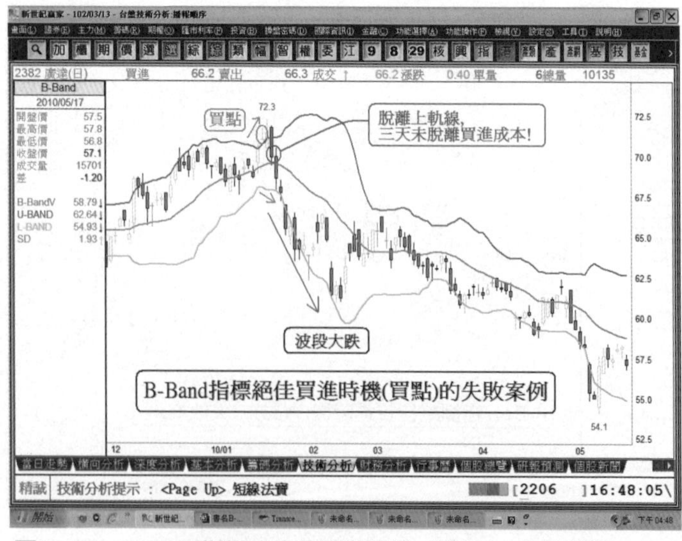


圖15-25：B-Band指標的絕佳買進時機（買點），失敗案例#4

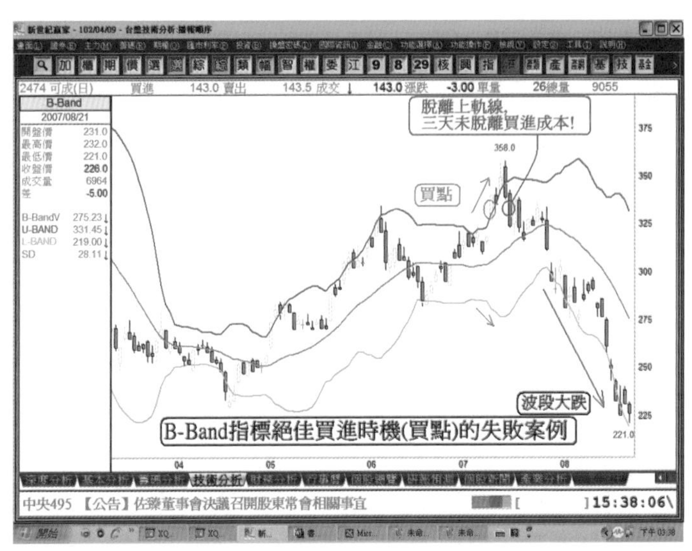


圖15-26：B-Band指標的絕佳買進時機（買點），失敗案例#5

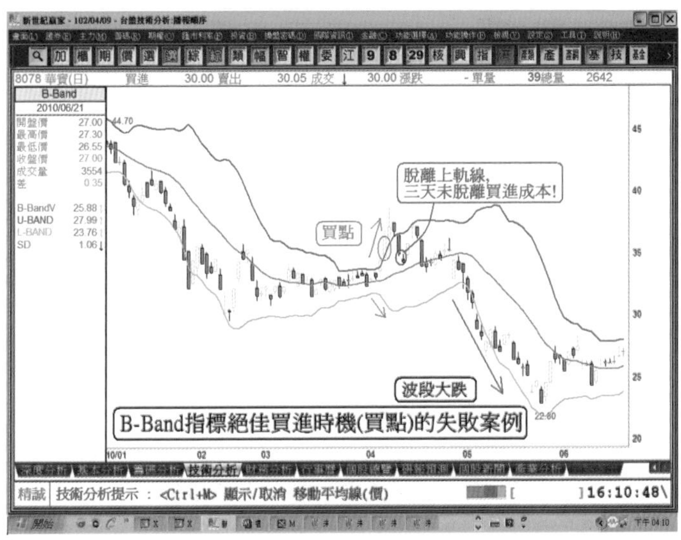


圖15-27：B-Band指標的絕佳買進時機（買點），失敗案例#6

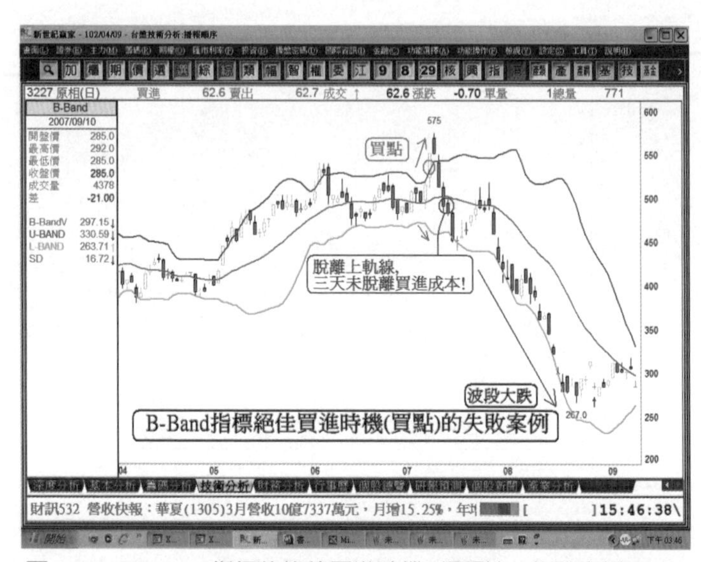


圖15-28：B-Band指標的絕佳買進時機（買點），失敗案例#7

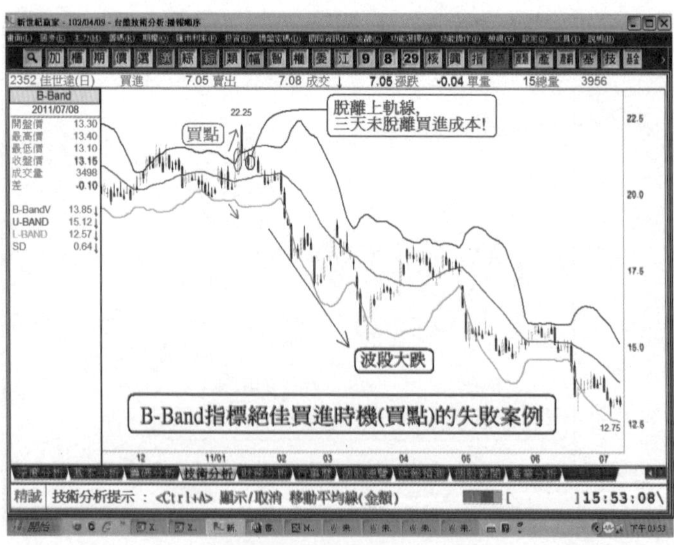


圖15-29：B-Band指標的絕佳買進時機（買點），失敗案例#8

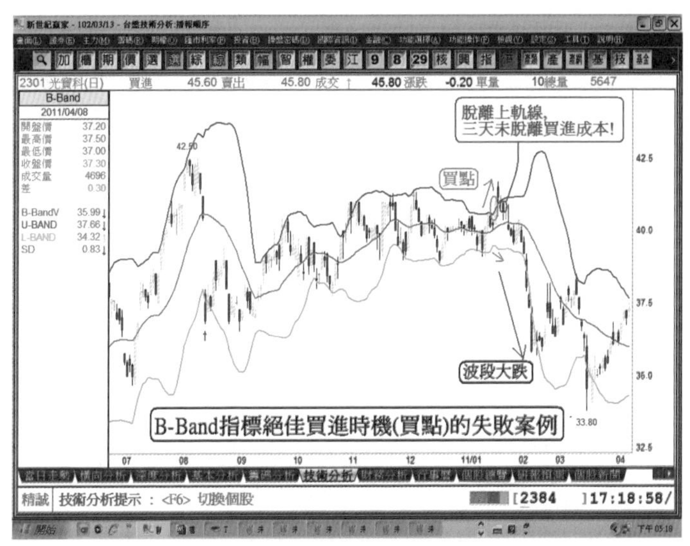


圖15-30：B-Band指標的絕佳買進時機（買點），失敗案例#9

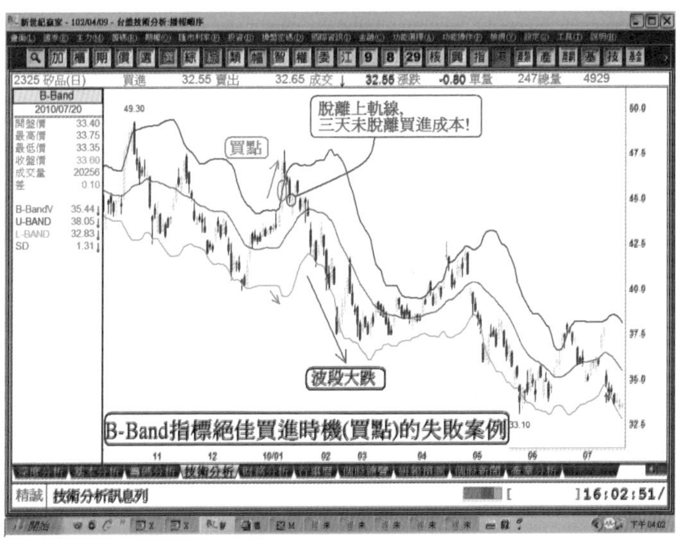


圖15-31：B-Band指標的絕佳買進時機（買點），失敗案例#10

表15-1：B-Band指標絕佳買進時機（買點）失敗案例跌幅統計表

| 順序 | 代號 | 股名 | 第四天收盤價 | 圖例中最低點 | 跌點(元) | 跌幅(%) |
|---|---|---|---|---|---|---|
| 1 | 3481 | 群創 | 92 | 42.5 | -49.5 | -53.80 |
| 2 | 2448 | 晶電 | 111 | 81.6 | -29.4 | -26.49 |
| 3 | 2317 | 鴻海 | 120 | 67.5 | -52.5 | -43.75 |
| 4 | 2382 | 廣達 | 67.7 | 54.1 | -13.6 | -20.09 |
| 5 | 2474 | 可成 | 323.5 | 221 | -102.5 | -31.68 |
| 6 | 8078 | 華寶 | 34.3 | 22.8 | -11.5 | -33.53 |
| 7 | 3227 | 原相 | 482.5 | 267 | -215.5 | -44.66 |
| 8 | 2352 | 佳世達 | 20.9 | 12.75 | -8.15 | -39.00 |
| 9 | 2301 | 光寶科 | 40.65 | 33.8 | -6.85 | -16.85 |
| 10 | 2325 | 矽品 | 45 | 33.1 | -11.9 | -26.44 |

由表15-1得知：

當B-Band指標的絕佳買進時機（買點）出現失敗的跡象：『開口擴張』時買進，隔天未形成開高（平）走高走勢，價格脫離上軌線且三天未脫離買進成本，必須在第四天認賠停損賣出，若不當機立斷，斷臂求生，其後果相當嚴重，虧損的幅度少則16.85%，多則高達53.8%，讀者不得不慎！

B-Band指標的絕佳買進時機（買點）為『擠壓』（盤整）後的『擴張』，也就是標的價格經過一段時間的盤整之後，它的形態會出現『開口擴張』，中軸線MA20（月線）微微向上，這就是B-Band指標的絕佳買進時機（買點）。

『蓮藕型態』的藕節，就是『擠壓』階段，也就是技術分析所稱的『橫向盤整』或『區間盤整』，這在多頭市場上漲的過程中，是可遇而不可求的機會，當『擠壓』（盤整）的時間越長，便提供我們非常好的逢低佈局買進時機。一旦『擠壓』（盤整）結束，出現『開口擴張』的上漲訊號，就是波段的絕佳買進時機（買點）。

當B-Band指標出現『開口擴張』就是多頭的攻擊發起訊號，也是波段上漲的啓漲訊號，實務上，常常可以透過B-Band指標出現『開口擴張』，發掘出『飆股』；當讀者熟悉B-Band指標的絕佳買進時機（買點）之後，不妨自己也去發掘一下『飆股』，享受發掘出『飆股』的喜悅和成就感。

有成功的案例，必有失敗的案例，當買到成功的案例——『飆股』，讀者必須學會『長抱』、『抱牢』而不會被洗掉；反之，當買到失敗的案例，一定要有當機立斷的智慧和勇氣。

# 第十六章

# B-Band指標的絕佳賣點

B-Band指標的絕佳賣出時機（賣點）為『擠壓』（盤整）後的『擴張』，也就是標的價格盤整一段時間之後，盤勢醞釀待變？當它的形態出現『開口擴張』，中軸線MA20（月線）微微向下，就是B-Band指標的絕佳賣出時機（賣點）。當B-Band指標的絕佳賣出時機（賣點）『開口擴張』出現，標的的價格通常都會形成一波大跌（參閱圖16-1至圖16-10）。

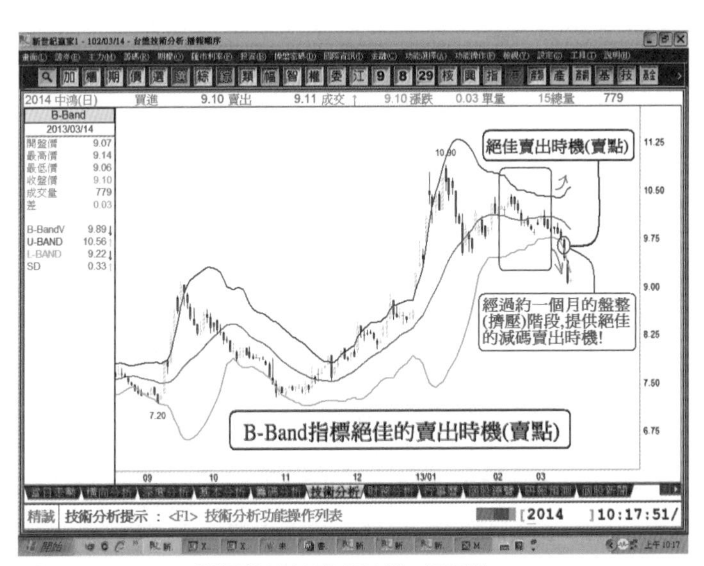


圖16-1：B-Band指標的絕佳賣出時機（賣點）

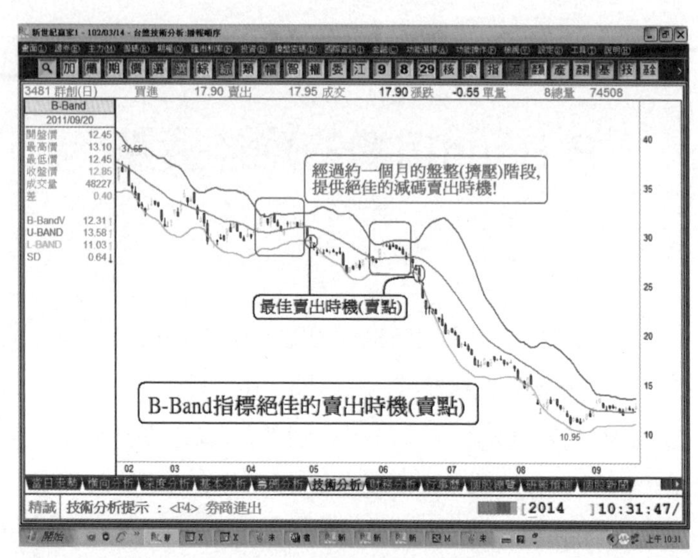


圖16-2：B-Band指標的絕佳賣出時機（賣點）

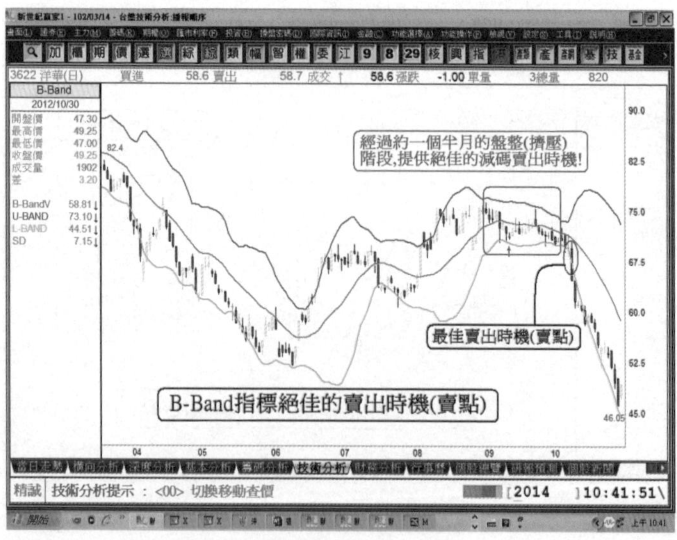


圖16-3：B-Band指標的絕佳賣出時機（賣點）

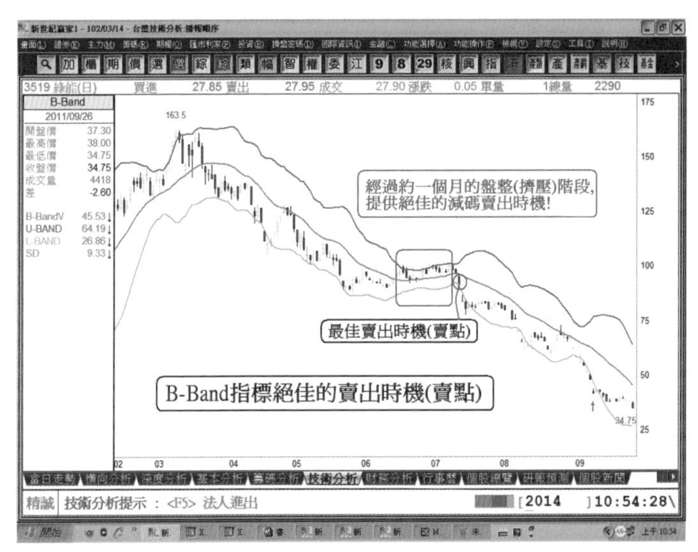


圖16-4：B-Band指標的絕佳賣出時機（賣點）

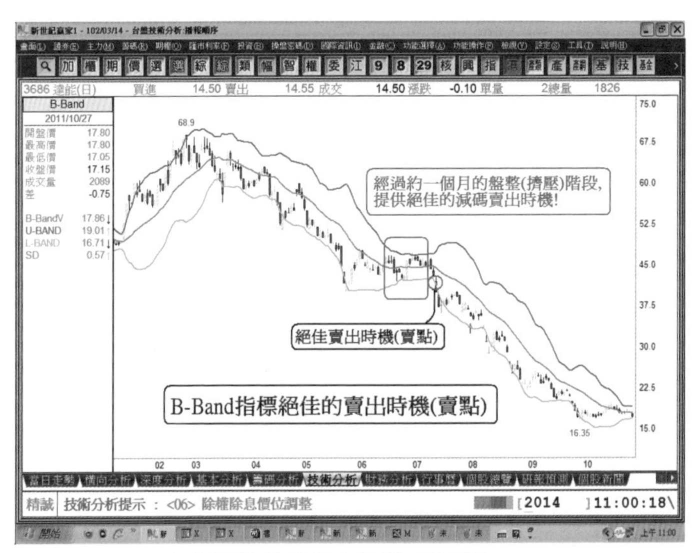


圖16-5：B-Band指標的絕佳賣出時機（賣點）

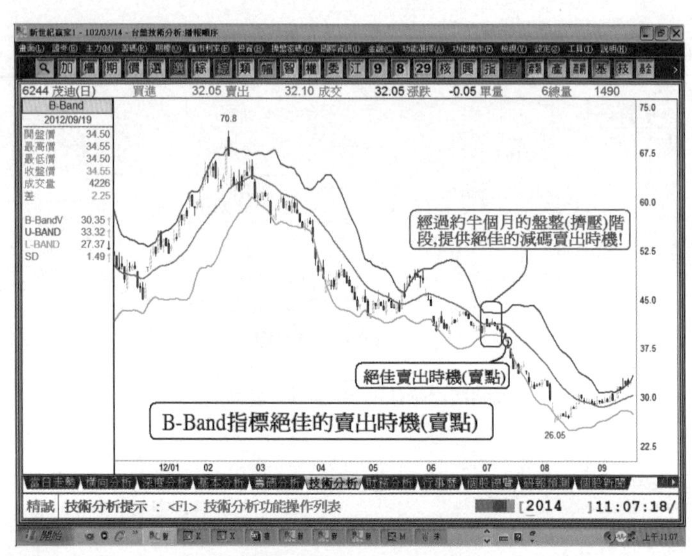


圖16-6：B-Band指標的絕佳賣出時機（賣點）

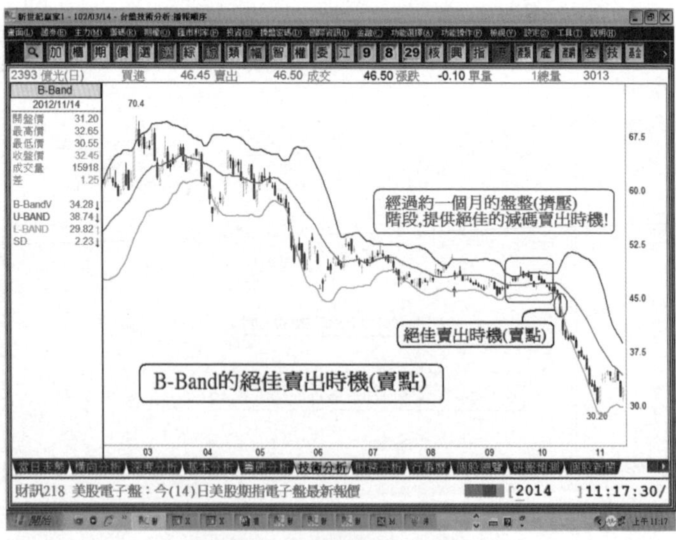


圖16-7：B-Band指標的絕佳賣出時機（賣點）

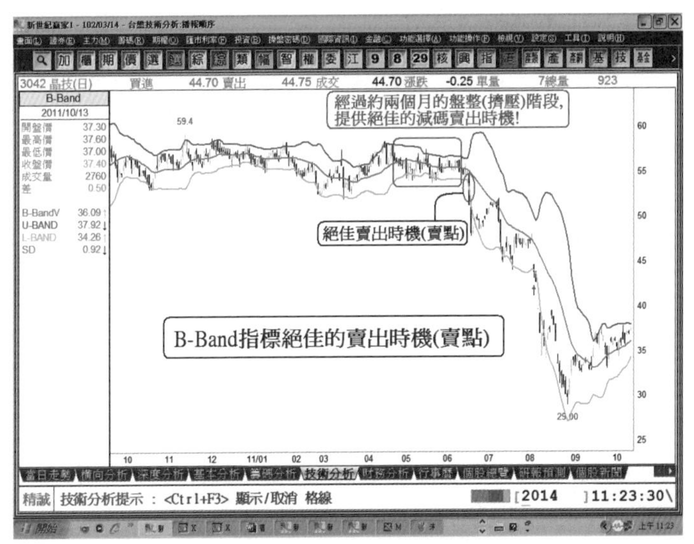


圖16-8：B-Band指標的絕佳賣出時機（賣點）

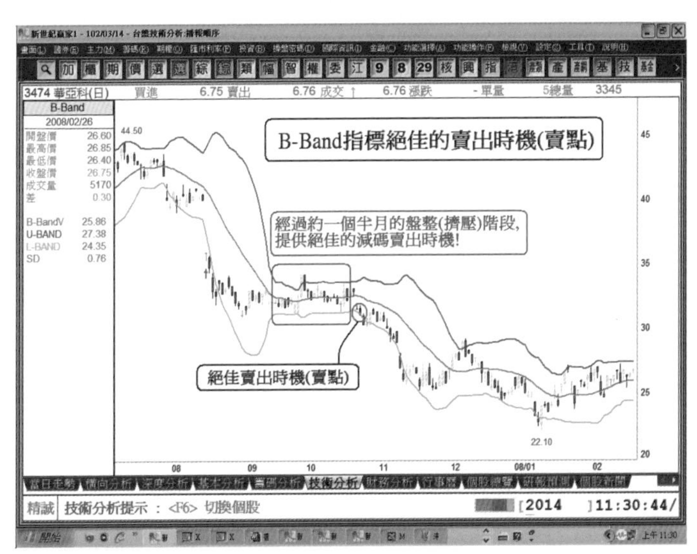


圖16-9：B-Band指標的絕佳賣出時機（賣點）

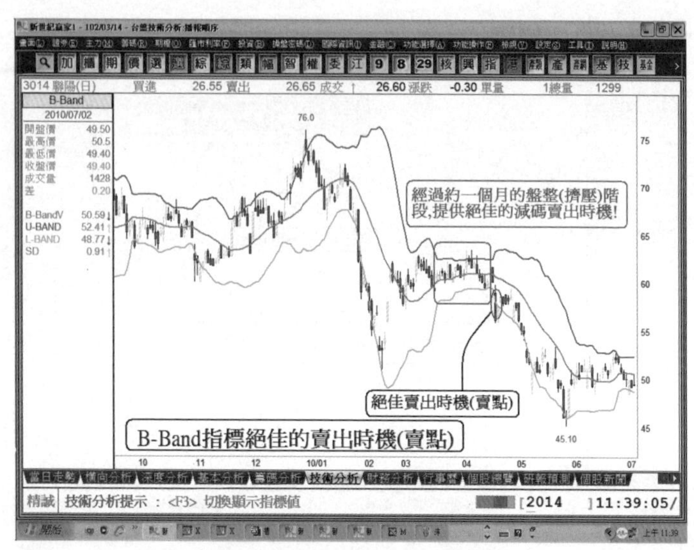


圖16-10：B-Band指標的絕佳賣出時機（賣點）

B-Band指標也是發掘『地雷股』的絕佳指標，『地雷股』的特徵有三：

(1) A字型，飆漲上-崩跌下。

(2) A字型，飆漲上-兩波段崩跌下，大多爲股本小或無量個股。

(3) 題材性炒作結束（例如：董監改選、減資……等），崩跌。

參閱圖16-11至圖16-21。

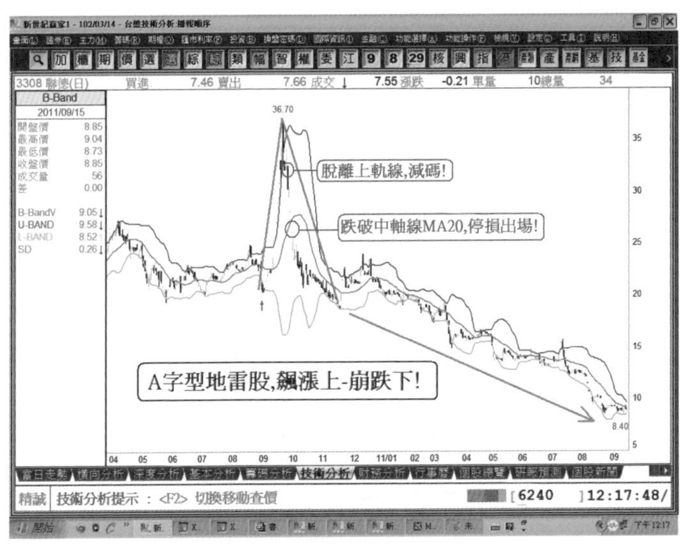


圖16-11：B-Band指標發掘的地雷股一

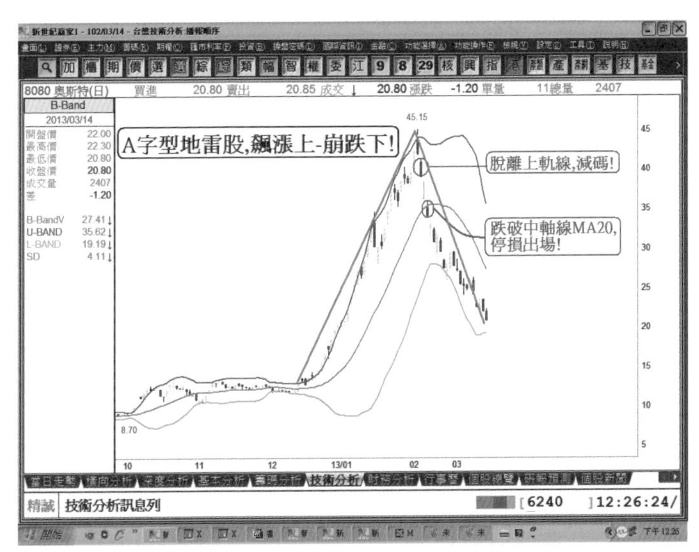


圖16-12：B-Band指標發掘的地雷股二

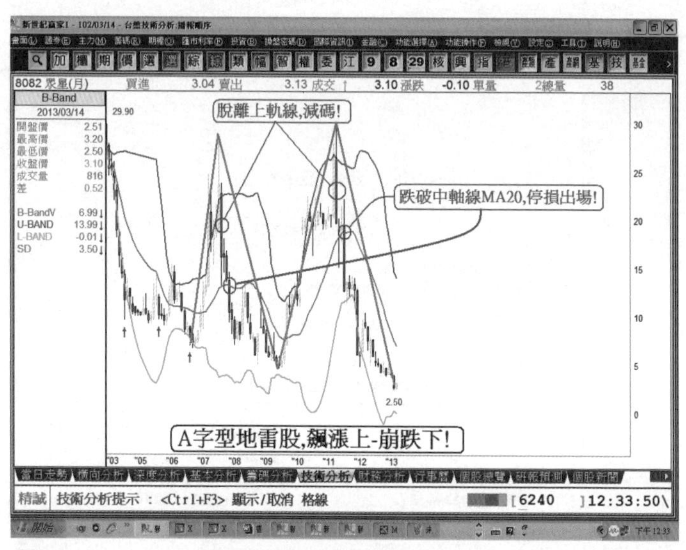


圖16-13：B-Band指標發掘的地雷股三

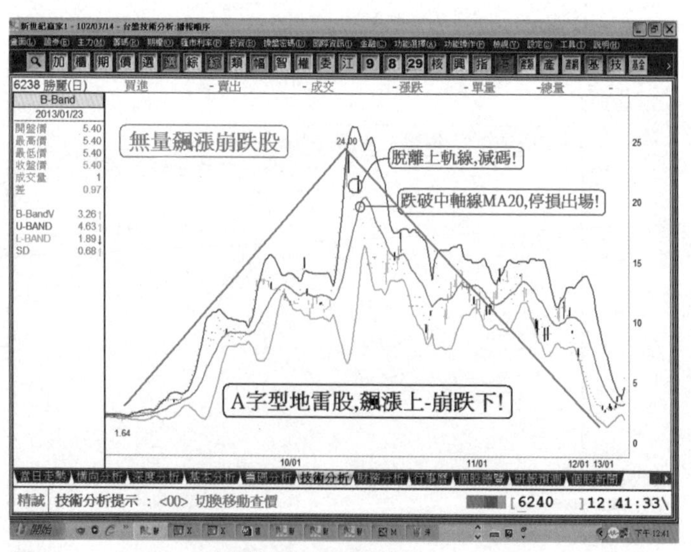


圖16-14：B-Band指標發掘的地雷股四

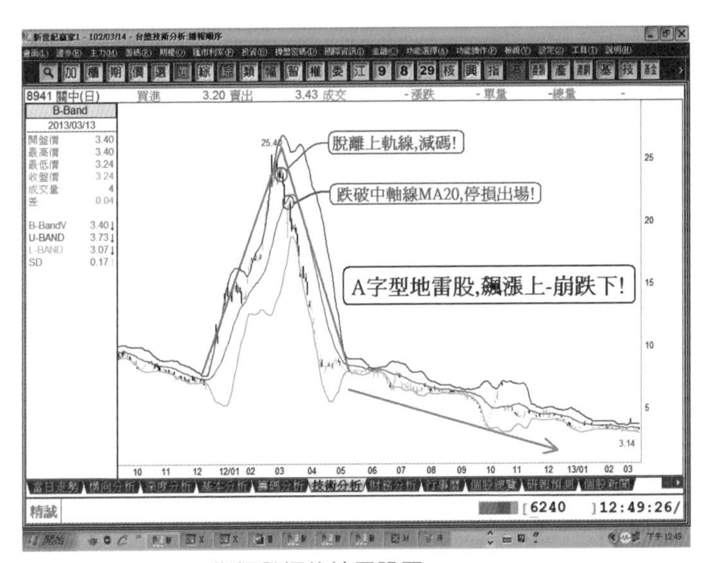


圖16-15：B-Band指標發掘的地雷股五

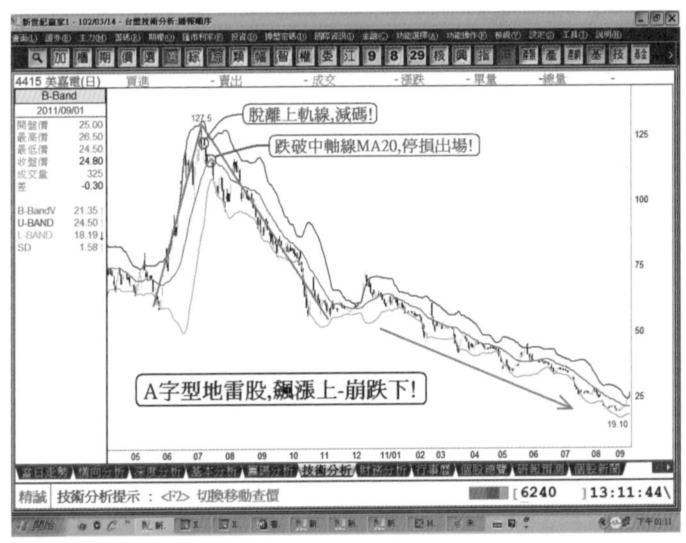


圖16-16：B-Band指標發掘的地雷股六

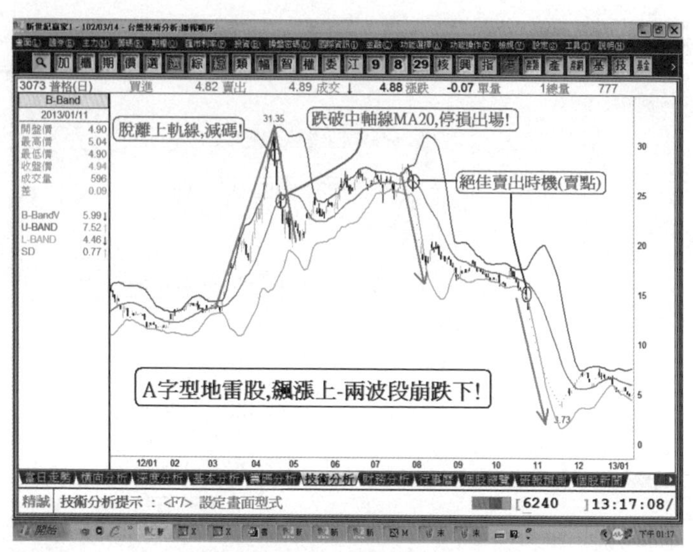


圖16-17：B-Band指標發掘的地雷股七

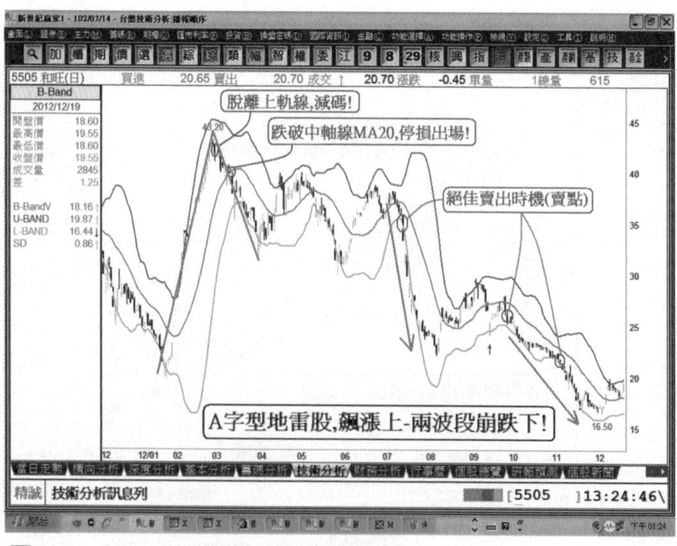


圖16-18：B-Band指標發掘的地雷股八

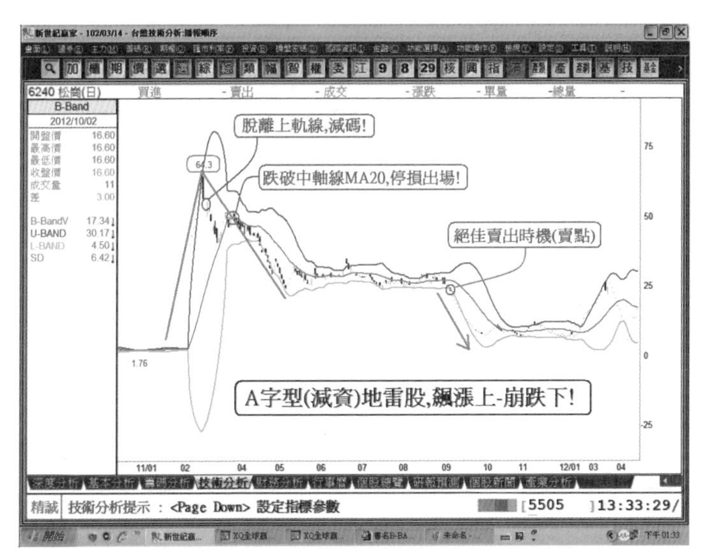


圖16-19：B-Band指標發掘的地雷股九

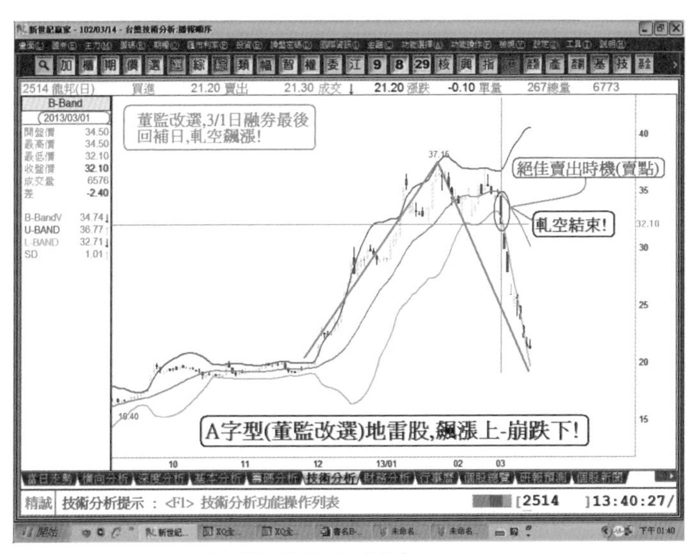


圖16-20：B-Band指標發掘的地雷股十

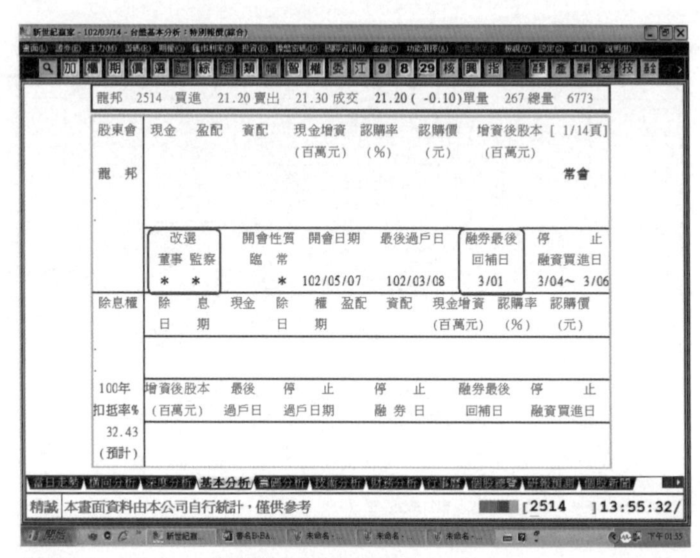


圖16-21：B-Band指標發掘的地雷股十一

龍邦擬召開董監改選，3/1日為融券最後回補日，形成軋空飆漲！

(1) 12/3日B-Band指標形成『開口擴張』且中軸線MA20微微向上的絕佳買進時機（買點），當日收盤價為21.65元，迄1/24日收盤價為36.5元，期間股價上漲14.85元，漲幅68.59%。

(2) 到了最後回補日3/1日，當天開高走低跌停板32.1元收盤，軋空秀結束。

當天B-Band指標形成『開口擴張』且中軸線MA20微微向下的絕佳賣出時機（賣點），股價隨後立即沿著下軌線下跌，形成A字型崩跌走勢。

這個案例告訴我們：

(1) 股市名言：『萬般拉抬皆為出』。董監改選只是炒作題材，其背後的目的還是為了拉高出貨，沒有基本面作支撐的炒作題材，讀者千萬不可貿然重押追高買進，炒作題材到頭來一定是一場空，飆漲上必定崩跌下。

(2) 沒有基本面的飆股，其型態大都是『A字型』——飆漲上崩跌下，飆股僅可少量為之且手腳要快，千萬不可以和飆股談戀愛，當B-Band指標形成『開口擴張』且中軸線MA20微微向下的絕佳賣出時機（賣點），千萬要立即停損認賠賣出或獲利了結，全身而退，如此才不會住7星級的總統套房（永遠無法解套），更慘的結局可能還會變成全額交割股或下市，讀者不得不慎！

B-Band指標的絕佳賣出時機（賣點）爲『擠壓』（盤整）後的『擴張』，也就是標的價格經過一段時間的盤整之後，它的形態會出現『開口擴張』，中軸線MA20（月線）微微向下，這就是B-Band指標的絕佳賣出時機（賣點）。

『蓮藕型態』的藕節，就是『擠壓』階段，也就是技術分析所稱的『橫向盤整』或『區間盤整』，這在空頭市場下跌的過程中，是可遇而不可求的機會，當『擠壓』（盤整）的時間越長，便提供我們非常好的減碼賣出時機。一旦『擠壓』（盤整）結束，出現『開口擴張』的下跌訊號，就是波段的絕佳賣出（放空）時機（賣點）。

當B-Band指標出現『開口擴張』就是空頭出動的攻擊發起訊號，也是波段下跌的啓跌訊號，實務上，常常可以透過B-Band指標出現『開口擴張』，避開『地雷股』；當讀者熟悉B-Band指標的絕佳賣出時機（賣點）之後，不妨自己也去發掘一下可以放空的『地雷股』，享受放空『地雷股』的喜悅和成就感。

# 第十七章

# B-Band指標當沖的妙用

『當沖』就是當日沖銷的簡稱。筆者不鼓勵讀者們『當沖』，爲何不鼓勵呢？坊間的書店不是有一些出版社出版『當沖』相關的書籍？告訴投資人如何把股市當提款機，甚至提供交易對帳單，強調藉由『當沖』，從股市賺了多少多少錢？筆者相信這些作者是短線高手，也從股市賺得了財富；但是試問：有多少散戶或菜鳥投資人能眞正把股市當提款機？每日、每週、每月、每年都獲利？因爲大部分的散戶或菜鳥投資人，功夫底子尙淺，還沒有三兩三，就想要學人家上梁山，其後果可想而知！爲何被稱之爲『散戶』或『菜鳥投資人』？除了功夫底子尙淺外，最重要的是『投資觀念』、『投資策略』、『投資心理』、『交易成本概念』……都欠缺。進股市本來是想做投資，參加除權、除息，領取股票股利和現金股息，順便賺差價，本是輕鬆、簡單、穩健的投資方式；卻因起了貪念，想要以小搏大，玩期貨、選擇權、認購（售）權證或貪求一夕致富，玩『當日沖銷』。結果：眞正賺大錢的有幾人？筆者講了這麼多，就是希望讀者們在投入『期貨』、『選擇權』、『認購（售）權證』或『當日沖銷』之前，一定要先把功夫底子打好，就像少林寺的武僧學藝完成下山前，要先闖過十八銅人陣，才能闖蕩武林。武林中有許多名門正派，不會使壞、暗中傷人；但是在『股林』中，卻是充滿邪門歪道一大堆，處處充滿危機，一不小心，就會迷失在『股林』中或是消逝在『股林』中，讀者進入『股林』不能不愼！

B-Band指標是萬用指標，不僅可以運用在股市、債市、期貨、權證外，還可以運用在『當日沖銷』。『當日沖銷』一般是運用在股票市場或是期貨市場，筆者會先爲大家介紹B-Band指標如何運用在極短線的『當日沖銷』上，然後再舉例介紹，實務上如何運用在股票和期貨的標的上，如何找到絕佳的買進和賣出時機。讀者學會了藉由B-Band指標找到絕佳的買進和賣出時機，掌握了『當日沖銷』的技巧，最好備而不用。如果你是積極型的投資人，也奉勸你先少量試單，待經驗豐富、技術熟練後，再積極操作。

預備『當日沖銷』之前，必須先研判長線（月線圖）、中線（週線圖）、短線（日線圖）的多空方向和所處的位置高低，以及極短線的30分鐘和5分鐘走勢圖的多空方向如何？由此才能決定『當日沖銷』的多空方向爲何？甚至還要參考歐美股市的長線（月線圖）、中線（週線圖）、短線（日線圖）的多空方向和所處的位置高低，才能精確地掌握『當日沖銷』的多空方向。就以2013年3/18日（一）爲例：我們先看美股四大指數3/15日（五）的長線（月線圖）、中線（週線圖）、短線（日線圖）的多空方向和所處的位置高低，以及極短線的30分鐘和5分鐘走勢圖的多空方向如何？以此作爲台股期貨和大盤的多空參考，請參閱圖17-1至圖17-20。

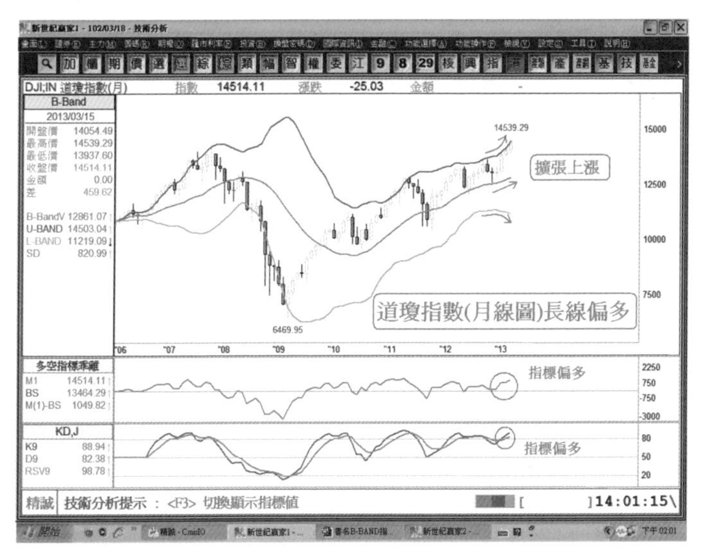


圖17-1：道瓊指數（月線圖）多空方向

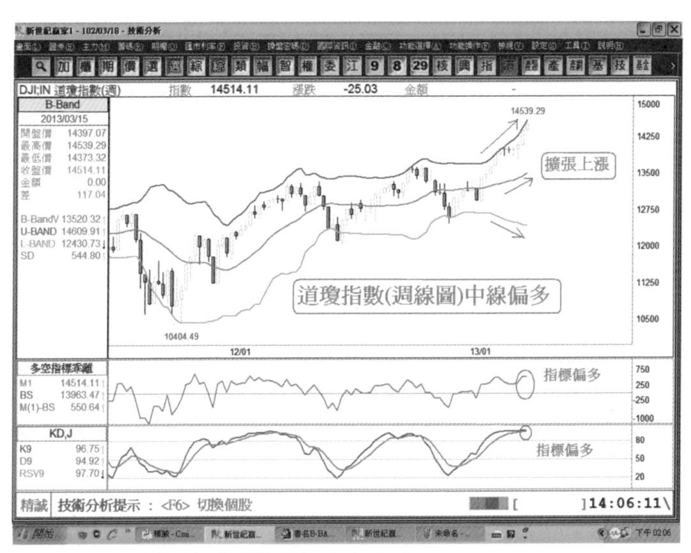


圖17-2：道瓊指數（週線圖）多空方向

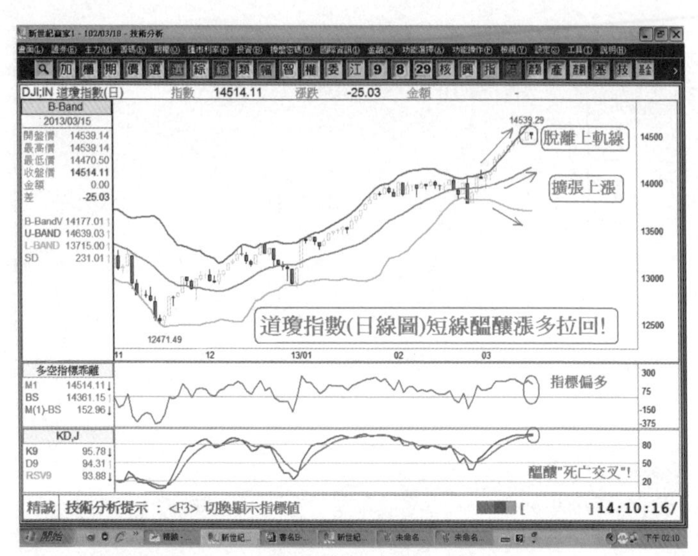


圖17-3：道瓊指數（日線圖）多空方向

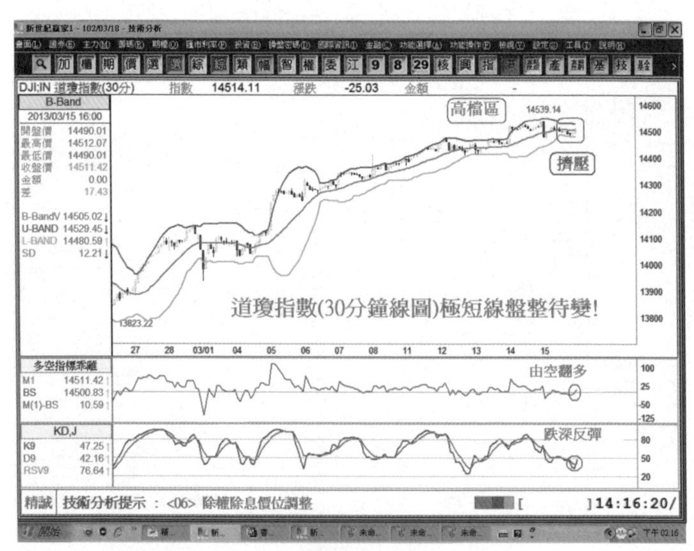


圖17-4：道瓊指數（30分鐘線圖）多空方向

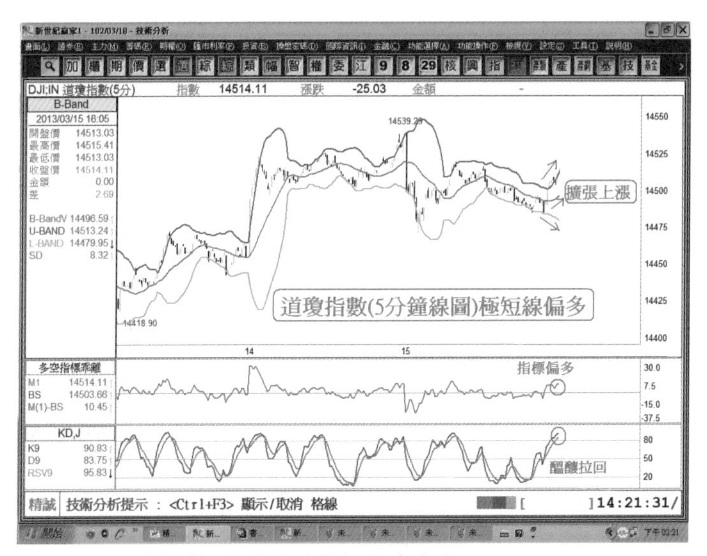


圖17-5：道瓊指數（5分鐘線圖）多空方向

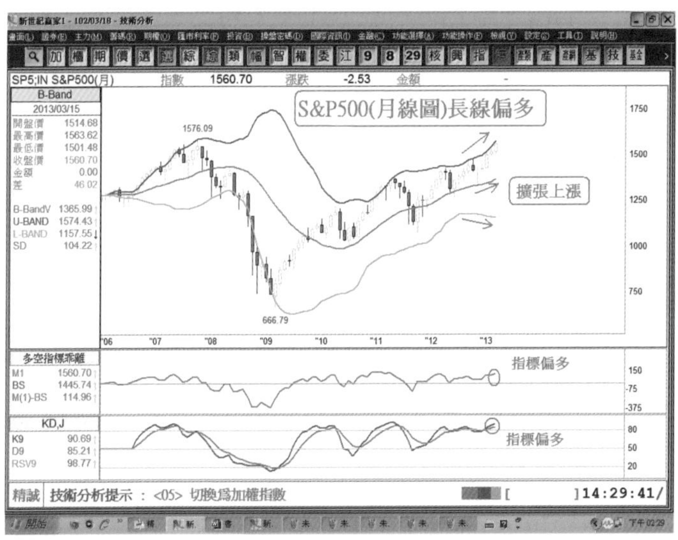


圖17-6：S&P500（月線圖）多空方向

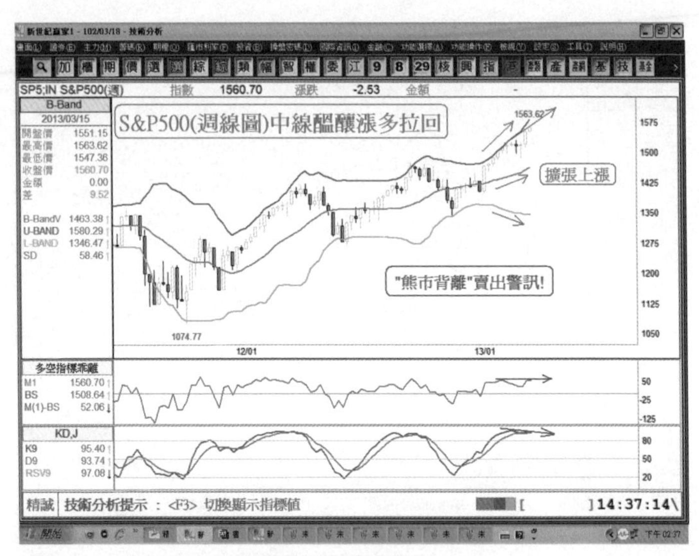


圖17-7：S&P500（週線圖）多空方向

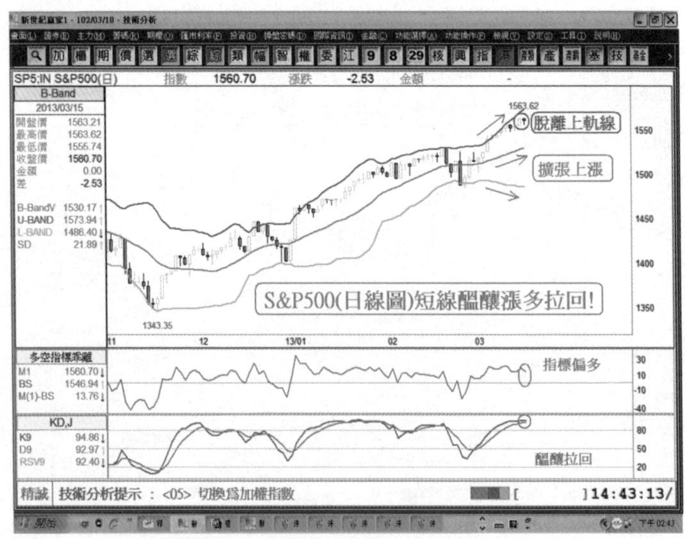


圖17-8：S&P500（日線圖）多空方向

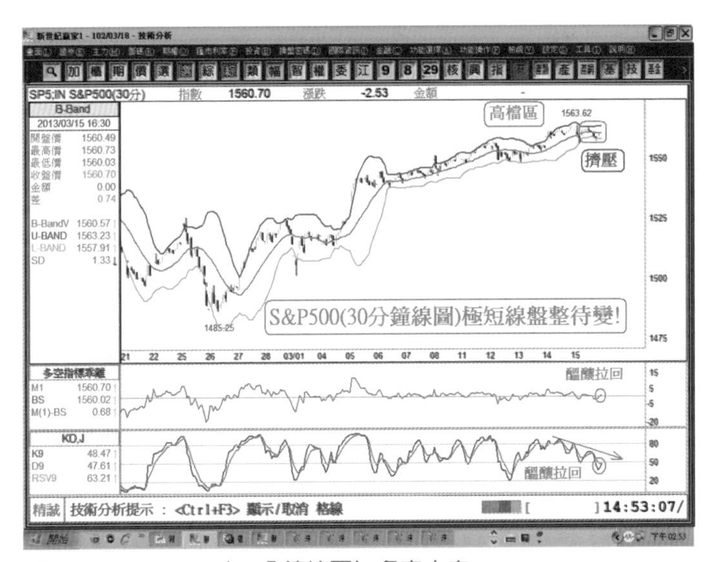


圖17-9：S&P500（30分鐘線圖）多空方向

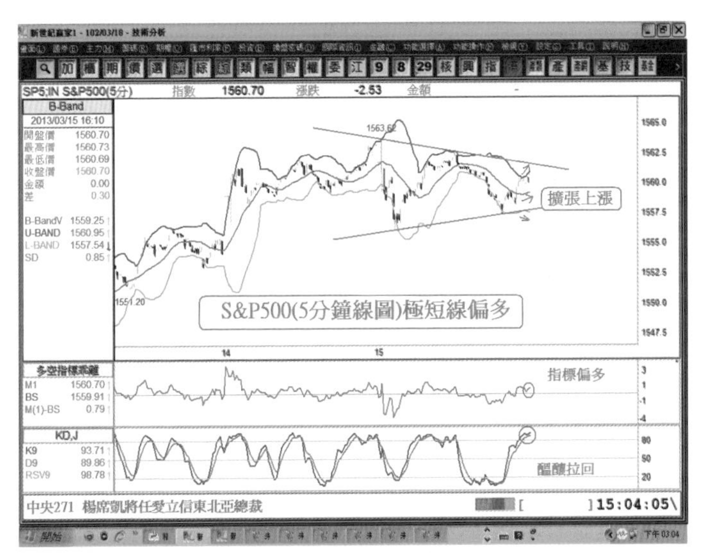


圖17-10：S&P500（5分鐘線圖）多空方向

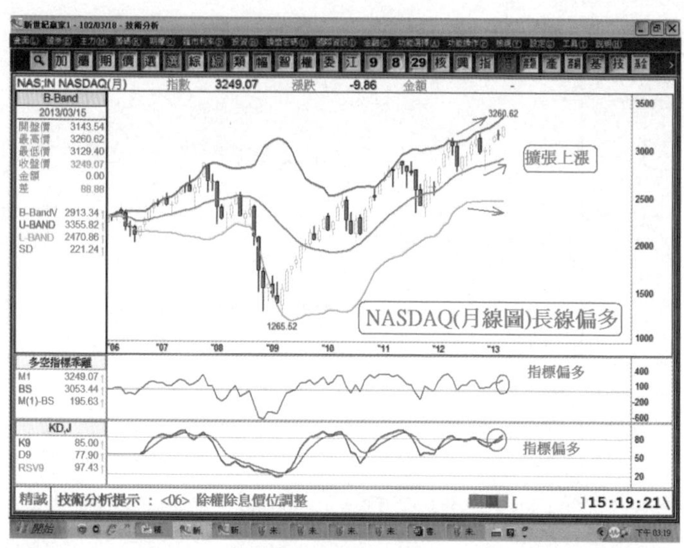


圖17-11：NASDAQ（月線圖）多空方向

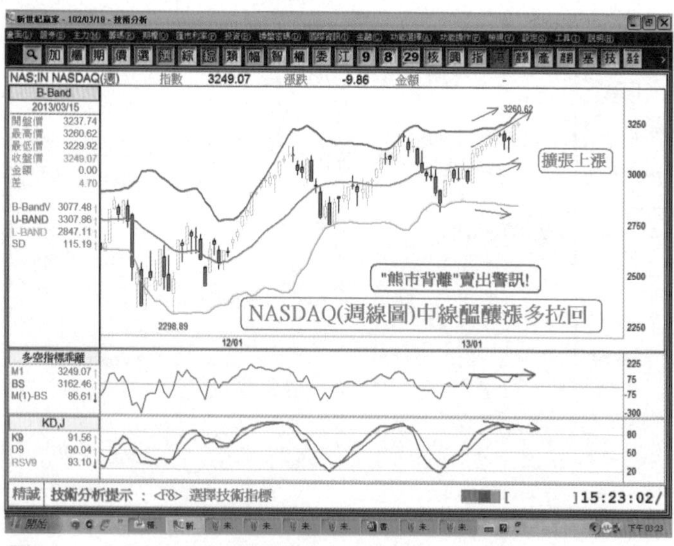


圖17-12：NASDAQ（週線圖）多空方向

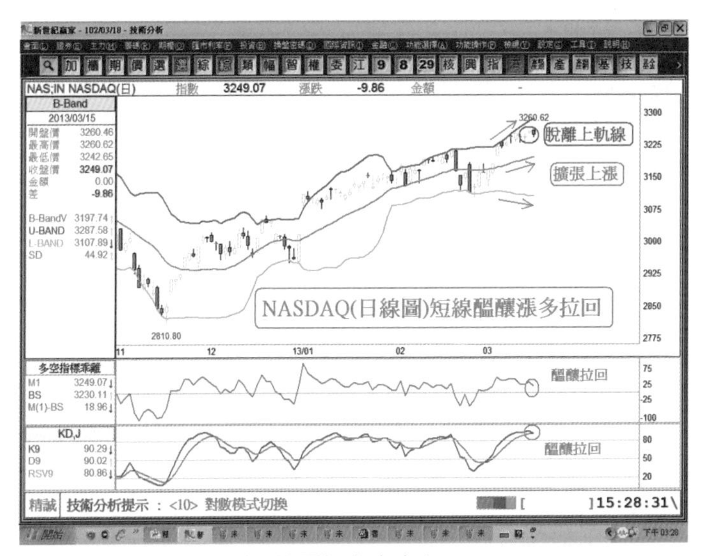


圖17-13：NASDAQ（日線圖）多空方向

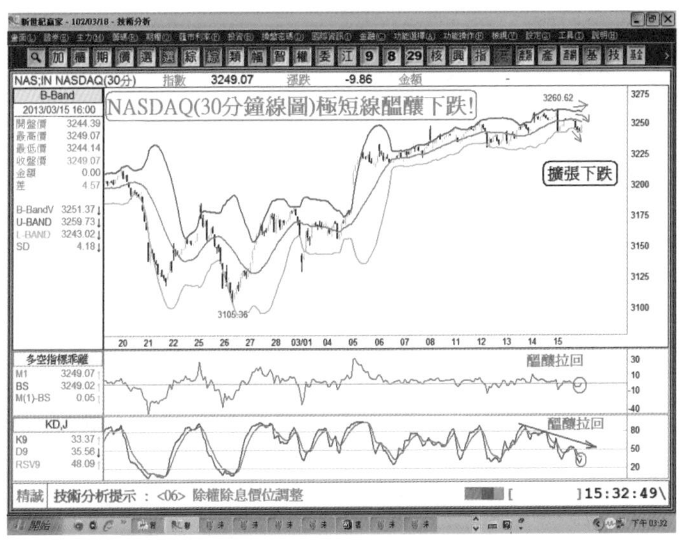


圖17-14：NASDAQ（30分鐘線圖）多空方向

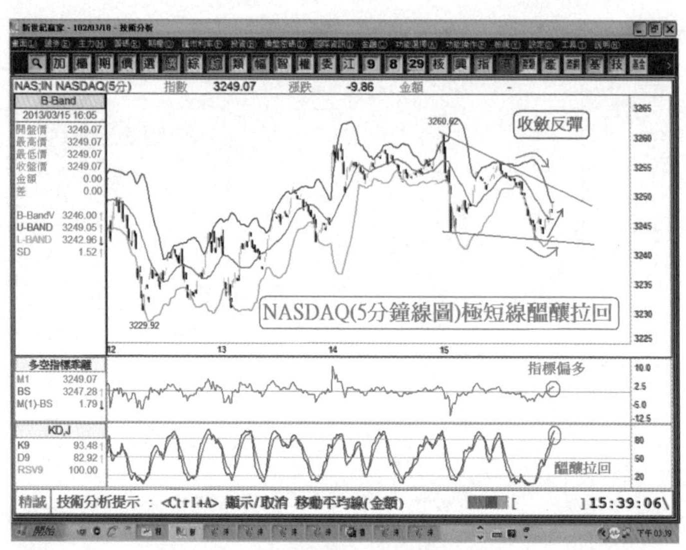


圖17-15：NASDAQ（5分鐘線圖）多空方向

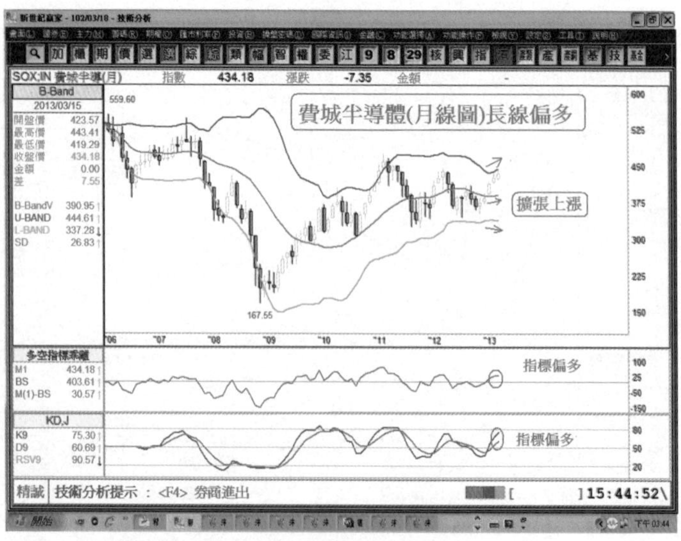


圖17-16：費城半導體（月線圖）多空方向

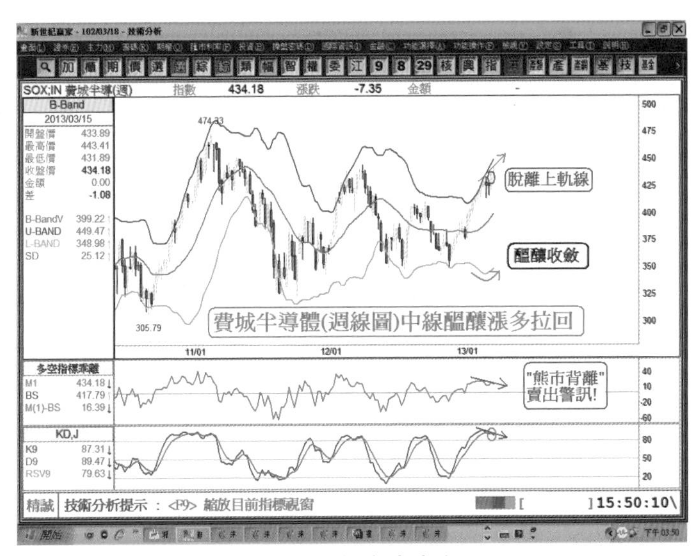


圖17-17：費城半導體（週線圖）多空方向

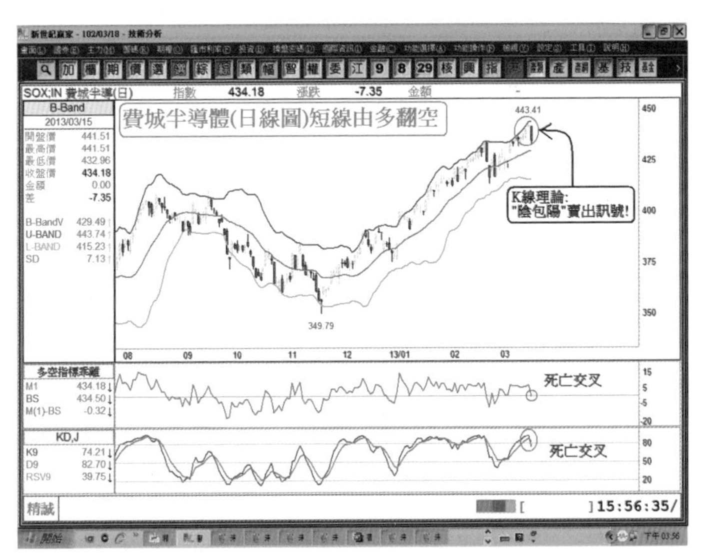


圖17-18：費城半導體（日線圖）多空方向

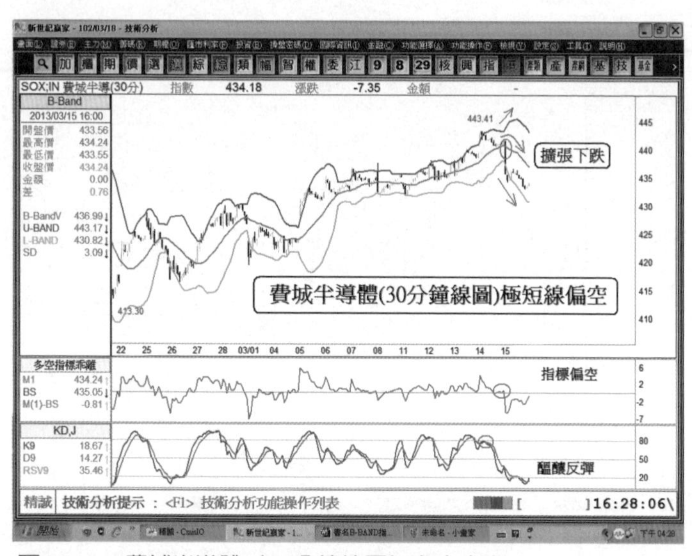


圖17-19：費城半導體（30分鐘線圖）多空方向

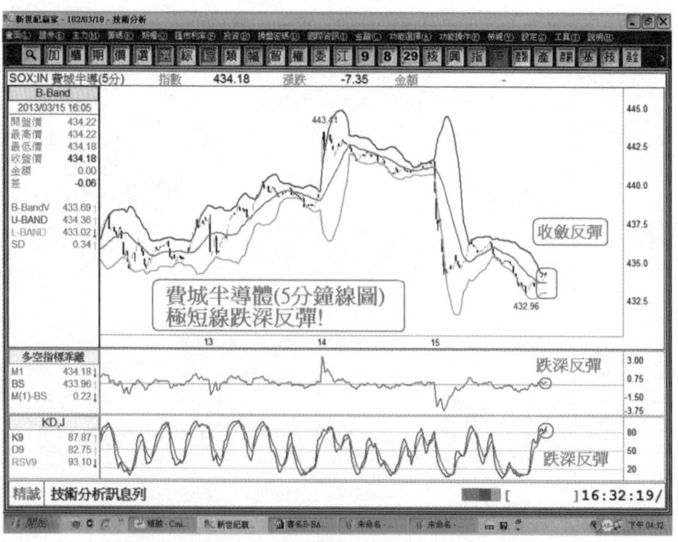


圖17-20：費城半導體（5分鐘線圖）多空方向

**小結**：美股長線（月線圖）偏多。中線（週線圖）出現『熊市背離』賣出警訊，醞釀漲多拉回修正。短線（日線圖）醞釀漲多拉回修正。極短線（30分鐘線圖）醞釀漲多拉回修正（偏空）。極短線（5分鐘線圖）醞釀漲多拉回修正。

美股中、短線和極短線都有拉回修正的壓力；台股的『當日沖銷』方向應該是偏空爲宜。我們再來觀察台灣股市和期貨台股指數033的長線（月線圖）、中線（週線圖）、短線（日線圖）的多空方向和所處的位置高低，以及極短線的30分鐘和5分鐘走勢圖的多空方向如何？由此才能決定『當日沖銷』的多空方向爲何？（參閱圖17-21至圖17-26）

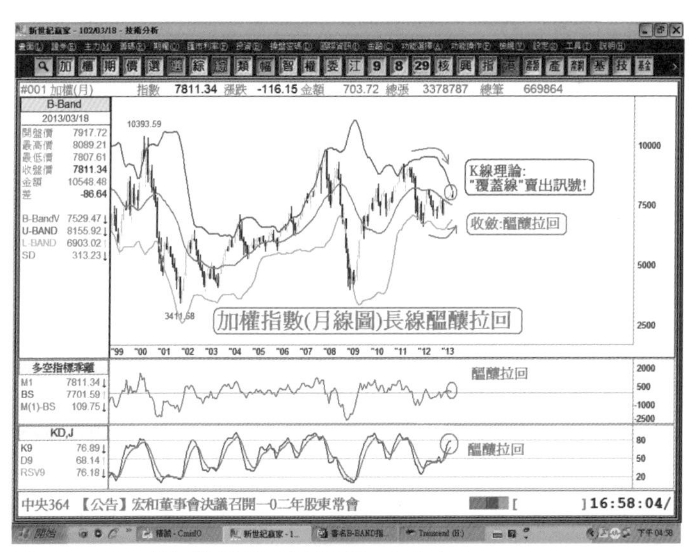


圖17-21：台灣加權指數（月線圖）多空方向

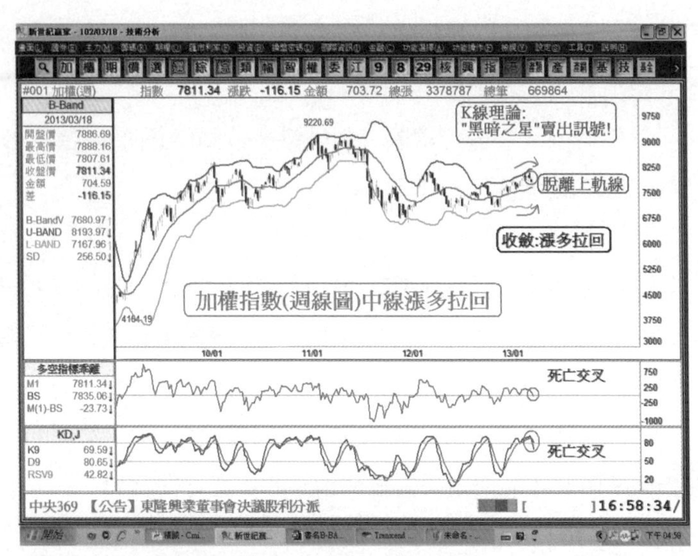


圖17-22：台灣加權指數（週線圖）多空方向

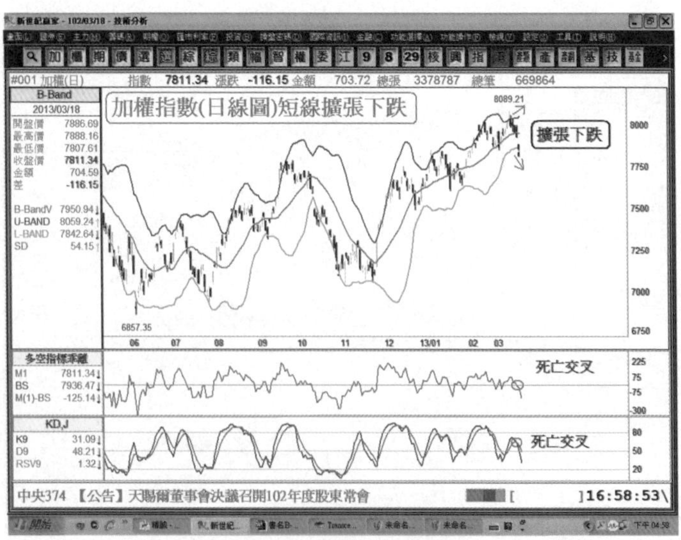


圖17-23：台灣加權指數（日線圖）多空方向

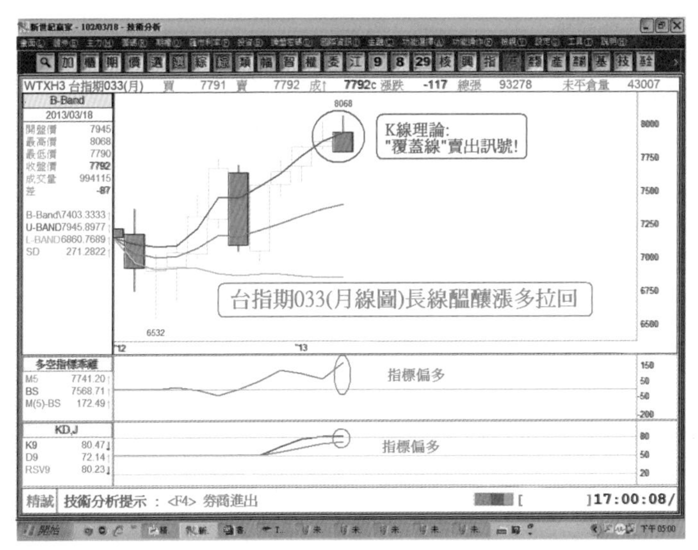


圖17-24：期貨台股指數033（月線圖）多空方向

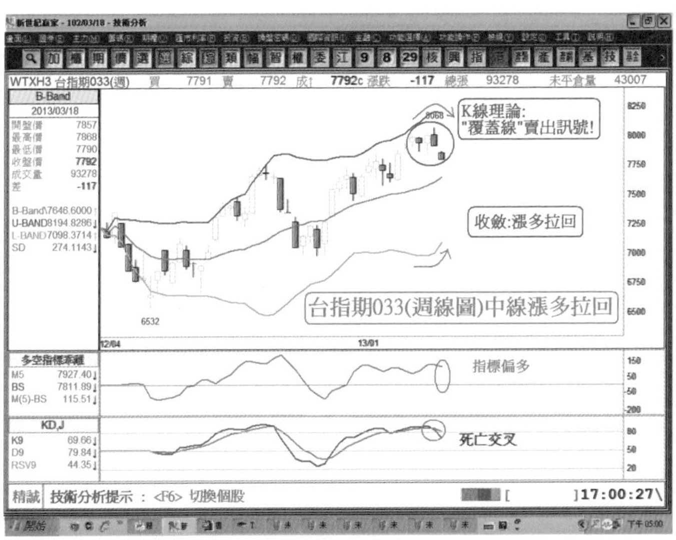


圖17-25：期貨台股指數033（週線圖）多空方向

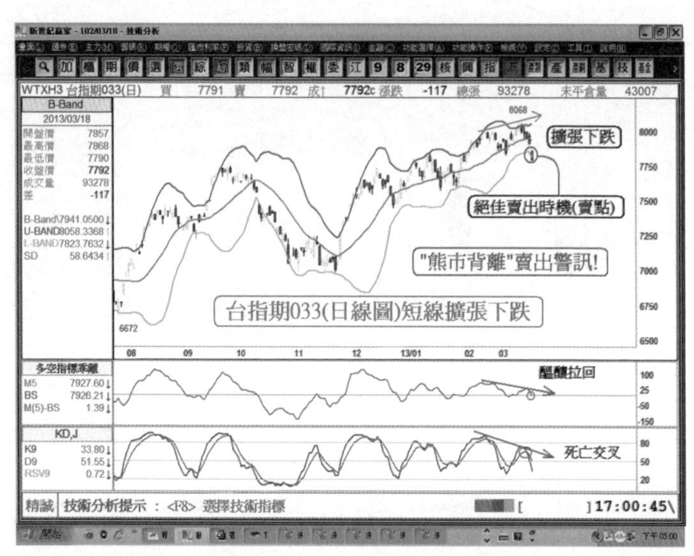


圖17-26：期貨台股指數033（日線圖）多空方向

小結：台灣加權指數和期貨台股指數033的長線（月線圖）醞釀拉回。中線（週線圖）漲多拉回（偏空）。短線（日線圖）擴張下跌（偏空）。

台灣加權指數和期貨台股指數033除了長線（月線圖）醞釀拉回外；其餘中線（週線圖）和短線（日線圖）皆呈現擴張下跌（偏空）走勢。

台灣加權指數中、短線都呈現擴張下跌（偏空）走勢；台股的『當日沖銷』方向應該是偏空爲宜。當美股、台股和台期指的中短線趨勢皆呈現醞釀拉回修正或擴張下跌走勢，我們就可以確立『當日沖銷』的方向是偏空操作。

既然決定了作空方向，就可以針對期貨台股指數或弱勢類股的指標股先放空，然後在盤中或是在尾盤，當有利潤差價時，即獲利回補（平倉）。

期貨台股指數033『當日沖銷』的要領——『看長作短』。何謂『看長作短』？就是先研判長線（月線圖）、中線（週線圖）和短線（日線圖）的多空方向，然後依據30分鐘線圖和5分鐘線圖短線操作（參閱圖17-27至圖17-30）。

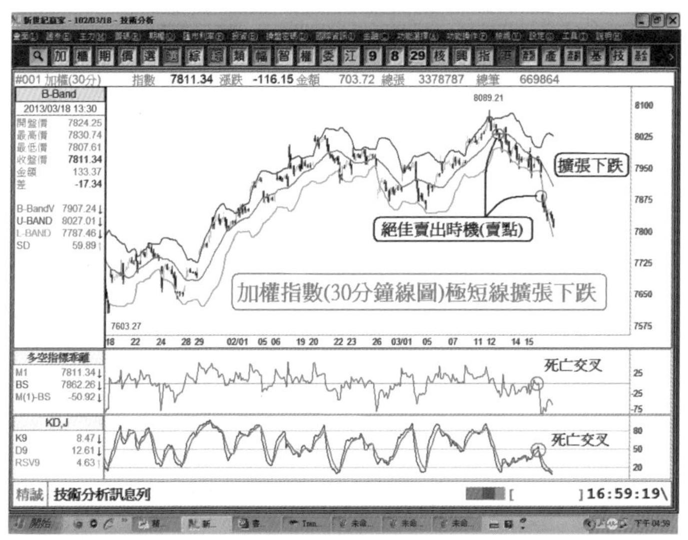


圖17-27：台灣加權指數（30分鐘線圖）多空方向

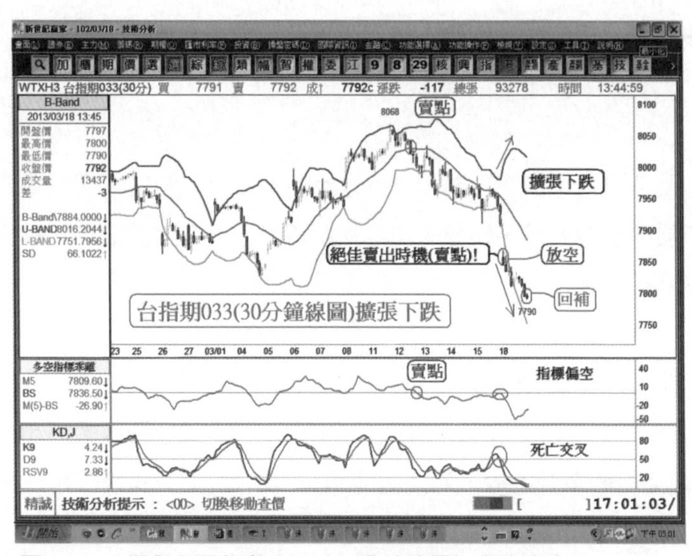


圖17-28：期貨台股指數033（30分鐘線圖）多空方向

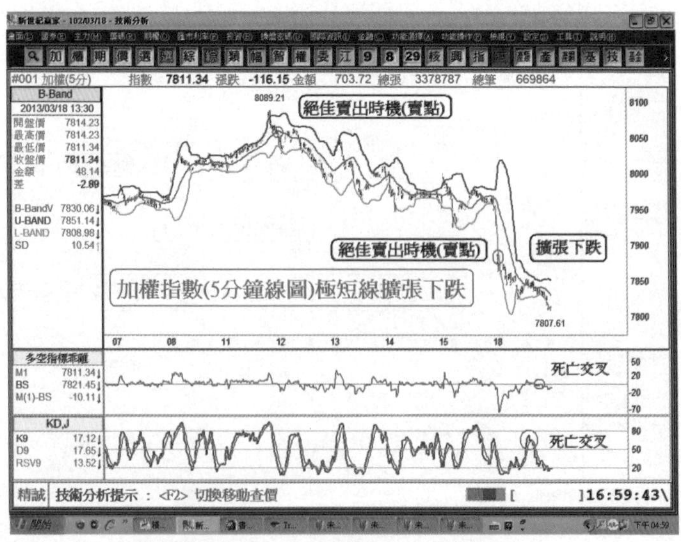


圖17-29：台灣加權指數（5分鐘線圖）多空方向

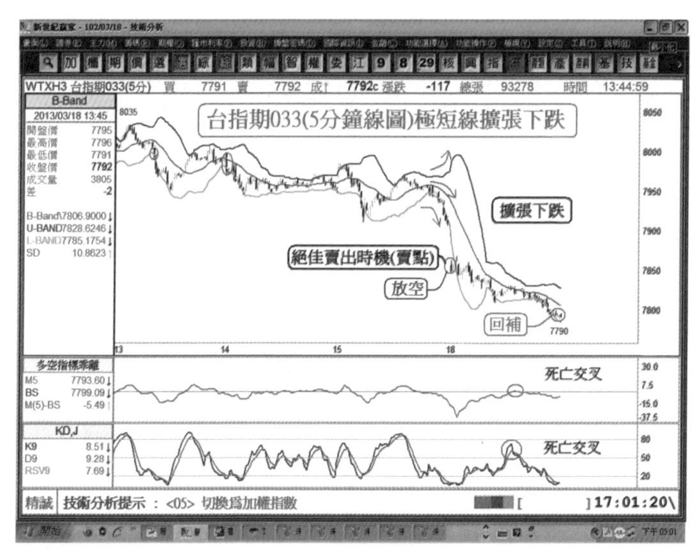

圖17-30：期貨台股指數033（5分鐘線圖）多空方向

讀者若要『當日沖銷』台指期，筆者建議：盤中開一個有四格圖的視窗，其中有加權指數的30分鐘線圖和5分鐘線圖，以及台指期的30分鐘線圖和5分鐘線圖，這樣就能及時掌握極短線的『擴張下跌賣點』和『擴張上漲買點』，非常好用（參閱圖17-31、圖17-32）。

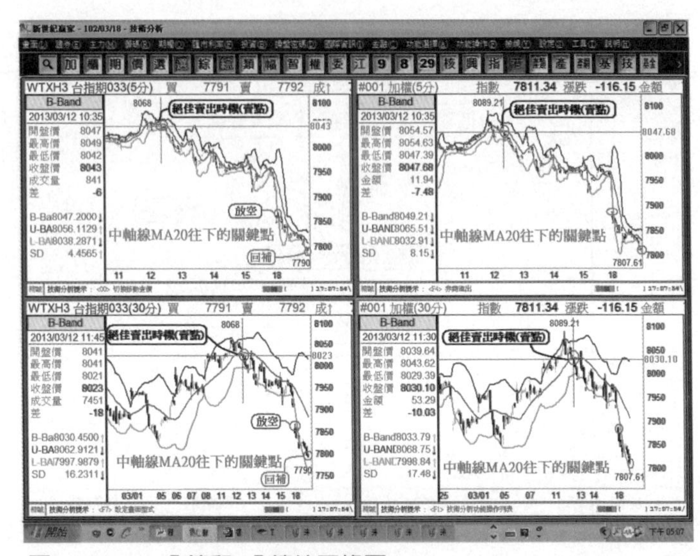


圖17-31：30分鐘和5分鐘線四格圖

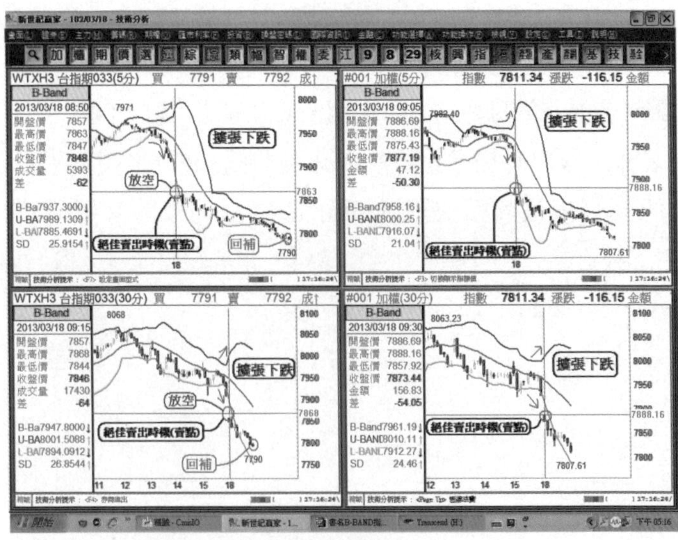


圖17-32：30分鐘和5分鐘線四格圖

3/18日（一）盤勢偏空，『當日沖銷』的策略是放空弱勢類股的指標股。

首先我們要先觀察各類股走勢圖中，那一個類股走勢最弱？答案是金融類股（參閱圖17-33）。

其次，我們要再觀察上市分類成交量分析表中，弱勢金融股的比重是否佔大盤成交量比重10%以上，若是，表示量大收黑，賣壓沉重（參閱圖17-34）。

確定今日大盤偏空，金融類股弱勢且量大收黑，賣壓沉重，『當日沖銷』的標的就是弱勢金融類股的弱勢指標股（參閱圖17-35至圖17-38）。

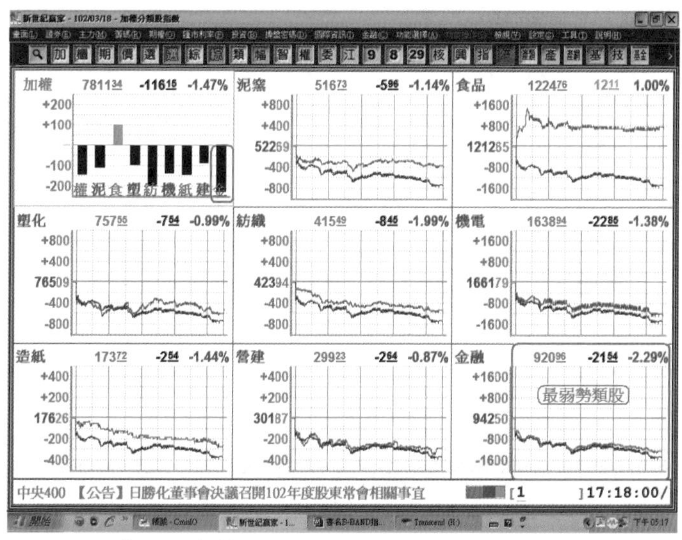


圖17-33：各類股走勢圖

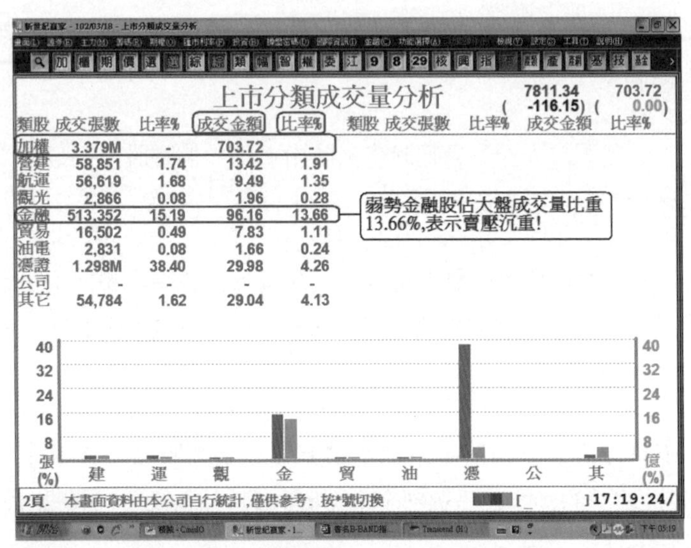


圖17-34：上市分類成交量分析

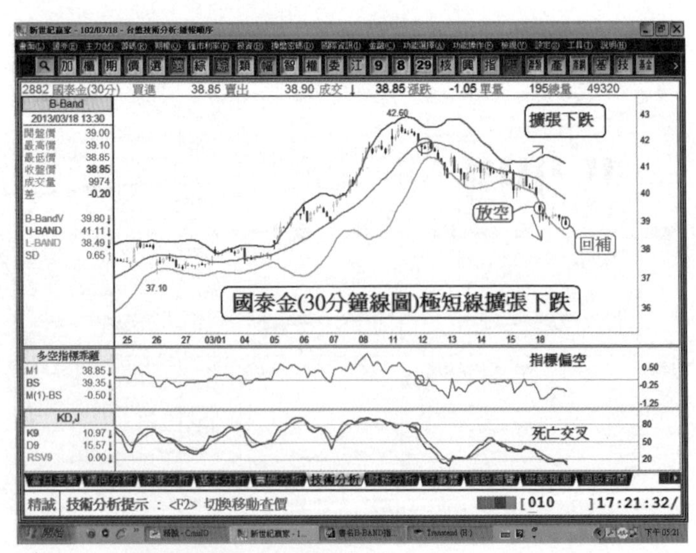


圖17-35：弱勢金融股（國泰金）

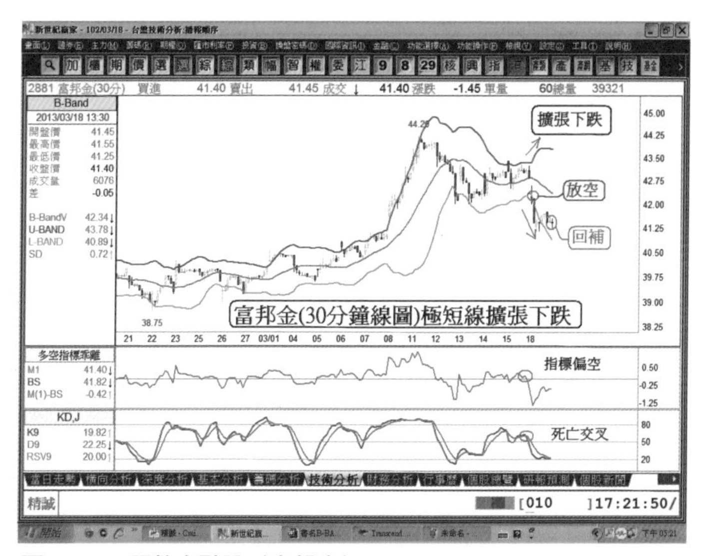


圖17-36：弱勢金融股（富邦金）

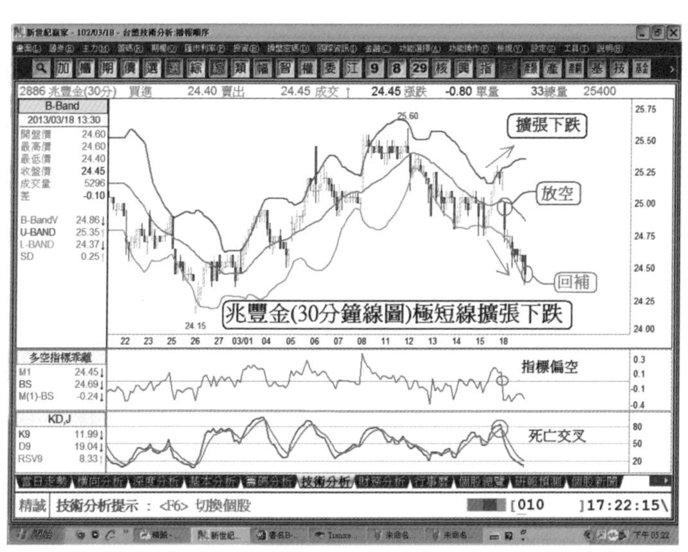


圖17-37：弱勢金融股（兆豐金）

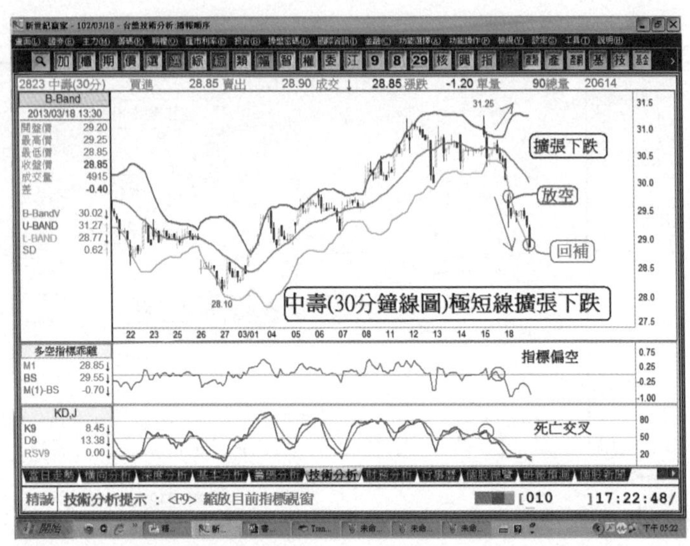


圖17-38：弱勢金融股（中壽）

## 讀後心得

『當日沖銷』不宜天天操作，必須有兩個條件配合：（一）當國際股市或國內股市利多頻傳，（二）成交量多頭排列且攻擊量＞五日均量時，才適合『當日沖銷』偏多操作。反之，（一）當國際股市或國內股市利空頻傳，（二）成交量空頭排列且攻擊量＜五日均量時，才適合『當日沖銷』偏空操作。

若國際股市或國內股市消息面多空紛雜，多、空趨勢方向未明，盤勢陷入盤整階段，則不宜『當日沖銷』。在趨勢方向未明朗之前，作多或作空的『當日沖銷』，勝算非常低，機率約25%，故在盤整市場時，『當日沖銷』的最佳投資策略就是『忍』。

B-Band指標『開口擴張』上漲，為絕佳買進時機（買點）；『開口擴張』下跌，為絕佳賣出時機（賣點）。『當日沖銷』可以多、空雙向操作，若運用B-Band指標來操作『當日沖銷』，其獲利步驟為：

（一）偏多『當日沖銷』步驟：

・B-Band指標『開口擴張』上漲時，『買進』。

・B-Band指標『開口擴張』下跌時，『賣出』。

（二）偏空『當日沖銷』步驟：

・B-Band指標『開口擴張』下跌時，『賣出（放空）』。

・B-Band指標『開口擴張』上漲時，『買進（回補）』。

# 第十八章

# B-Band指標秘笈（23條）

1. 當上軌線、中軸線和下軌線三條線呈現類似水平的盤整走勢，就是『擠壓』階段，表示盤勢即將變盤——脫離盤整區。當上軌線往上且下軌線往下，形成『開口擴張』型態，表示多頭漲勢或空頭跌勢啓動。

2. 當上軌線往上且下軌線往下，形成『開口擴張』型態，中軸線MA20微微向上，表示『多頭漲勢』啓動。

3. 當上軌線往上且下軌線往下，形成『開口擴張』型態，中軸線MA20微微向下，表示『空頭跌勢』啓動。

4. 在多頭市場（上漲趨勢），當B-Band指標的下軌線由下往上反轉，表示價格來到相對高檔區。

5. 在空頭市場（下跌趨勢），當B-Band指標的上軌線由上往下反轉，表示價格來到相對低檔區。

6. 在多頭市場（上漲趨勢），價格會沿著上軌線上漲，當價格脫離上軌線，表示將醞釀漲多拉回修正，此時為逢高減碼的時機。

7. 在空頭市場（下跌趨勢），價格會沿著下軌線下跌，當價格脫離下軌線，表示將醞釀跌深反彈，此時為逢低買進的時機。

8. 在多頭市場（上漲趨勢），價格會沿著上軌線上漲，當價格脫離上軌線，表示將漲多拉回修正，此時會醞釀形成四種頭部的賣出型態：
第一種為『M頭』賣出型態。
第二種為『頭肩頂』賣出型態。
第三種為『島型（狀）反轉』賣出型態。
第四種為『熊市背離』賣出型態。

9. 在空頭市場（下跌趨勢），價格會沿著下軌線下跌，當價格脫離下軌線，表示將跌深反彈，此時會醞釀形成四種底部的買進型態：
第一種為『W底』買進型態。
第二種為『頭肩底』買進型態。
第三種為『島型（狀）反轉』買進型態。
第四種為『牛市背離』買進型態。

10. 在多頭市場（上漲趨勢）漲多之後，會出現漲多拉回修正，拉回修正的跡象：
（1）下軌線會先上彎

（2）價格脫離上軌線

（3）上軌線下彎；也就是進入『收斂』階段，價格將回測中軸線MA20。

11. 在空頭市場（下跌趨勢）跌深之後，會出現跌深反彈，跌深反彈的跡象：

（1）上軌線會先下彎

（2）價格脫離下軌線

（3）下軌線上彎；也就是進入『收斂』階段，價格將反彈挑戰中軸線MA20。

12. B-Band指標在多頭市場上漲的步驟（循環）：【擠壓-擴張-收斂】，也就是【盤整-上漲-下跌（漲多拉回）】，謂之多頭市場上漲三部曲。

13. B-Band指標在空頭市場下跌的步驟（循環）：【擠壓-擴張-收斂】，也就是【盤整-下跌-上漲（跌深反彈）】，謂之空頭市場下跌三部曲。

14. 在多頭市場（上漲趨勢）第一波漲勢之後，會出現漲多拉回修正，價格將回測中軸線MA20，修正結束後，第二波漲勢將發動，其特徵：當上軌線往上且下軌線往下，再次形成『開口擴張』型態，中軸線MA20微微向上，且其形態類似『花生』，表示多頭第二波漲勢啓動。

15. 在空頭市場（下跌趨勢）第一波跌勢之後，會出現跌深反彈走勢，價格將反彈挑戰中軸線MA20，反彈結束後，第二波跌勢將發動，其特徵：當上軌線往上且下軌線往下，再次形成『開口擴張』型態，中軸線MA20微微向下，且其形態類似『花生』，表示空頭第二波跌勢啓動。

16. 在多頭市場（上漲趨勢）第二波漲勢之後，會出現漲多拉回修正，價格將再度回測中軸線MA20，但是價格並未回測中軸線MA20且修正只進行到一半，第三波漲勢隨即展開，其特徵：當上軌線往上且下軌線往下，再次形成『開口擴張』型態，中軸線MA20明顯向上，且其形態類似『牽牛花（喇叭花）』，表示多頭第三波漲勢啓動。

17. 在空頭市場（下跌趨勢）第二波跌勢之後，會出現跌深反彈走勢，價格將再度反彈挑戰中軸線MA20，但是價格並未挑戰中軸線MA20且反彈只進行到一半，第三波跌勢隨即展開，其特徵：當上軌線往上且下軌線往下，再次形成『開口擴張』型態，中軸線MA20明顯向下，且其形態類似『牽牛花（喇叭花）』，表示空頭第三波跌勢啓動。

18. 在多頭市場（上漲趨勢）漲多之後，會出現漲多拉回修正，價格將回測中軸線MA20，若中軸線MA20的趨勢仍是向上，會形成助漲和支撐的作用；當價格拉回修正未跌破中軸線MA20，爲葛蘭碧八大法則的第二買點（正乖離過大修正買點）。

19. 在空頭市場（下跌趨勢）跌深之後，會出現跌深反彈走勢，價格將反彈挑戰中軸線MA20，若中軸線MA20的趨勢仍是向下，會形成助跌和壓力的作用；當價格反彈未突破中軸線MA20，為葛蘭碧八大法則的第二賣點（負乖離過大修正賣點）。

20. 在多頭市場（上漲趨勢）漲多之後，會出現漲多拉回修正，價格將回測中軸線MA20，若中軸線MA20的趨勢仍是向上，會形成助漲和支撐的作用；當價格拉回跌破中軸線MA20，隨即又由下往上穿越中軸線MA20，為葛蘭碧八大法則的第三買點（假跌破買點）。

21. 在空頭市場（下跌趨勢）跌深之後，會出現跌深反彈走勢，價格將反彈挑戰中軸線MA20，若中軸線MA20的趨勢仍是向下，會形成助跌和壓力的作用；當價格反彈突破中軸線MA20，隨即又由上往下跌破中軸線MA20，為葛蘭碧八大法則的第三賣點（假突破賣點）。

22. 當上軌線往上且下軌線往下，形成『開口擴張』型態，中軸線MA20微微向上，表示多頭漲勢啓動。若買進之後，隔天未能開高（平）走高且三天未脫離買進的成本，第四天若未能重啓漲勢，形成『敗部復活』模式，宜停損賣出觀望。

23. 當上軌線往上且下軌線往下，形成『開口擴張』型態，中軸線MA20微微向下，表示空頭跌勢啓動。若賣出放空之後，隔天未能開低（平）走低且三天未脫離賣出放空的成本，第四天若未能重啓跌勢，宜停損買進回補。

筆者花了很多時間，整理出B-Band指標的重要經驗法則，共二十三條，稱之爲『B-Band指標秘笈（23條）』。只要讀者讀通本書且熟記『B-Band指標秘笈（23條）』，在投資市場必能遊刃有餘。B-Band指標適用於股票市場、期貨市場、外匯市場、債券市場˘等，若讀者無法熟記『B-Band指標秘笈（23條）』，不妨學筆者將其影印縮小、護貝，隨身攜帶，以利看盤操作時作爲參考依據。

# 結論

閱讀至此，先謝謝讀者們的用心與耐心；希望本書能帶給大家在操作上，前所未有的新認知和不一樣的新觀點。

B-Band指標發明迄今已逾三十年，風行全球金融市場，無論是專業的操盤經理人或個別投資人，大家都風聞聽說過：布林線、布林通道、保力加通道、包寧傑帶狀操作法。大家在運用上或教學上，都是遵循發明人約翰·包寧傑（John Bollinger）的原理和十五條基本規則；惟獨筆者化繁為簡，另創『B-Band指標秘笈（23條）』，用圖例的方式介紹B-Band指標，分享B-Band指標型態波動的『眉角』：

(1) 多頭市場上漲三部曲：『擠壓』－『擴張』－『收斂』（盤整－上漲－下跌，漲多拉回）。
(2) 空頭市場下跌三部曲：『擠壓』－『擴張』－『收斂』（盤整－下跌－上漲，跌深反彈）。

因為還有太多投資人不知道B-Band指標，或是仍然不得其門而入，筆者將多年的研究、使用心得，公開分享給有緣和有心學習的讀者，希望本書的出版能帶給大家在操作上有全新的體驗和助益。

中國人自古以來，師徒傳承間有一種潛規則——『留一手』。『祖傳秘方』只傳家人，不傳外人。老師傅傳授功夫都要『留一手』，深怕徒弟超越師傅。在金融市場，競爭更是激烈，不是你贏就是我輸，任何『好康』的內線消息或明牌，都守口如瓶，絕不外洩；如果是散戶都知道的明牌，那絕對不是明牌，因爲連散戶都能握有的『好康』內線消息，那絕對不是帶你上天堂的好消息，而是主力出（倒）貨『坑殺散戶』的假內線消息。在爾虞我詐的股海叢林裡，老師傅的『研究心得』、『經驗法則』、『實務經驗』、『獲利方程式』更不可能輕易與人分享或傳授，深怕大家都知道後，指標會不準、『經驗法則』或『獲利方程式』也會失眞。

筆者深信，有錢大家賺，只要股市不打烊，永遠有賺錢的機會。但是，在想要賺錢之前，一定要先下工夫認眞學習，學得一身好本領，並且能夠嚴格執行每次出現的買進訊號和賣出訊號；如此，才能在股市中穩操勝券。

B-Band指標是發掘『起漲點』和『起跌點』的有效指標，只要讀者們能夠多看圖例、多練習，熟悉多頭市場上漲三部曲：『擠壓－擴張－收斂』和空頭市場下跌三部曲：『擠壓－擴張－收斂』。再熟悉B-Band指標的多頭市場上漲型態：『上升蓮藕－上升花生－上升牽牛（喇叭）花』和空頭市場下跌型態：『下降蓮藕－

下降花生－下降牽牛（喇叭）花』。如此一來，就可以進入股票、期貨、權證……等金融市場，小試身手；待得心應手之後，才可以積極操作。

最後，若讀者因本書的經驗傳授而能在金融市場受益，筆者懇請大家能共襄盛舉，每個月用700元台幣義助世界展望會，認養一位貧困國家（地區）的小朋友，筆者由衷爲小朋友們感謝大家。希望讀者們皆能持續投資賺大錢，如此，才能多多認養幫助世界各國（地區）的貧困小天使。

# 附錄

## 世界展望會資助兒童計畫

全球有10億兒童沒有足夠的營養、沒有乾淨的飲水、沒有基本的醫療，沒有避雨的住所；更有1億4千萬兒童，從來沒有上過學，稚嫩的生命，看不到未來。

『資助兒童計畫』是結合全球愛心人士，共同關懷貧苦兒童的生活景況，讓他們因爲資助人的愛心捐助，能擁有基本的生存條件、基礎教育，良好的健康照護，並有機會改善家庭經濟，藉由世界展望會的關顧與發展，進而自力自助，轉變自己與家庭的未來；更透過資助人的關懷、支持、鼓勵，陪伴受助童順利度過艱辛童年，豐富生命價値。

每個月捐700元，就可以幫助一名國外貧童（或每個月捐款1000元，幫助一名國內貧童），少少的錢就可以幫助一個貧窮國家、落後地區的兒童，可以讓他們有乾淨的水喝、基本的醫療、遮風避雨的住所，還可以讓他們上學，讓他們獲得生命轉變的希望。台灣世界展望會在亞洲、非洲、拉丁美洲、東歐及台灣等國家及地區，幫助兒童獲得基本生存與教育發展機會，讓他們的生命能獲得轉變。這些在世界各個貧窮國家及地區的孩子們，雖然我們沒有見過他們，終其一生我們可能也不會認識他們，但是您小小的一念，卻可以改變他們的未來。

朋友們！歡迎您共襄盛舉，每個月捐700元，就能成爲別人大大的幫助。

- **世界展望會資助兒童計畫愛心熱線**：02-21751995
- **郵政劃撥**：01022760
- **戶名：台灣世界展望會**

以下是相關網站的網址：

- 台灣世界展望會網址：
  http://www.worldvision.org.tw/
- 資助兒童計畫網頁：
  http://www.worldvision.org.tw/sp/index.htm
- 資助關係答客問：
  http://sponsorship.worldvision.org.tw/sp/zh_TW/sponsor/service
- 受助國介紹：
  http://sponsorship.worldvision.org.tw/sp/zh_TW/sponsor/contury/home
- 各類捐款管道說明：
  https://i-payment.worldvision.org.tw/html/tw/service/#directions

# 寰宇圖書分類

## 技　術　分　析

| 分類號 | 書名 | 書號 | 定價 |
|---|---|---|---|
| 1 | 波浪理論與動量分析 | F003 | 320 |
| 2 | 股票K線戰法 | F058 | 600 |
| 3 | 市場互動技術分析 | F060 | 500 |
| 4 | 陰線陽線 | F061 | 600 |
| 5 | 股票成交當量分析 | F070 | 300 |
| 6 | 操作生涯不是夢 | F090 | 420 |
| 7 | 動能指標 | F091 | 450 |
| 8 | 技術分析&選擇權策略 | F097 | 380 |
| 9 | 史瓦格期貨技術分析（上） | F105 | 580 |
| 10 | 史瓦格期貨技術分析（下） | F106 | 400 |
| 11 | 市場韻律與時效分析 | F119 | 480 |
| 12 | 完全技術分析手冊 | F137 | 460 |
| 13 | 技術分析初步 | F151 | 380 |
| 14 | 金融市場技術分析（上） | F155 | 420 |
| 15 | 金融市場技術分析（下） | F156 | 420 |
| 16 | 網路當沖交易 | F160 | 300 |
| 17 | 股價型態總覽（上） | F162 | 500 |
| 18 | 股價型態總覽（下） | F163 | 500 |
| 19 | 包寧傑帶狀操作法 | F179 | 330 |
| 20 | 陰陽線詳解 | F187 | 280 |
| 21 | 技術分析選股絕活 | F188 | 240 |
| 22 | 主控戰略K線 | F190 | 350 |
| 23 | 精準獲利K線戰技 | F193 | 470 |
| 24 | 主控戰略開盤法 | F194 | 380 |
| 25 | 狙擊手操作法 | F199 | 380 |
| 26 | 反向操作致富 | F204 | 260 |
| 27 | 掌握台股大趨勢 | F206 | 300 |
| 28 | 主控戰略移動平均線 | F207 | 350 |
| 29 | 主控戰略成交量 | F213 | 450 |
| 30 | 盤勢判讀技巧 | F215 | 450 |
| 31 | 巨波投資法 | F216 | 480 |
| 32 | 20招成功交易策略 | F218 | 360 |
| 33 | 主控戰略即時盤態 | F221 | 420 |
| 34 | 技術分析・靈活一點 | F224 | 280 |
| 35 | 多空對沖交易策略 | F225 | 450 |
| 36 | 線形玄機 | F227 | 360 |
| 37 | 墨菲論市場互動分析 | F229 | 460 |
| 38 | 主控戰略波浪理論 | F233 | 360 |
| 39 | 股價趨勢技術分析——典藏版（上） | F243 | 600 |
| 40 | 股價趨勢技術分析——典藏版（下） | F244 | 600 |
| 41 | 量價進化論 | F254 | 350 |
| 42 | 技術分析首部曲 | F257 | 420 |
| 43 | 股票短線OX戰術（第3版） | F261 | 480 |
| 44 | 統計套利 | F263 | 480 |
| 45 | 探金實戰・波浪理論（系列1） | F266 | 400 |
| 46 | 主控技術分析使用手冊 | F271 | 500 |
| 47 | 費波納奇法則 | F273 | 400 |
| 48 | 點睛技術分析一心法篇 | F283 | 500 |
| 49 | 散戶革命 | F286 | 350 |
| 50 | J線正字圖・線圖大革命 | F291 | 450 |
| 51 | 強力陰陽線(完整版) | F300 | 650 |
| 52 | 買進訊號 | F305 | 380 |
| 53 | 賣出訊號 | F306 | 380 |
| 54 | K線理論 | F310 | 480 |
| 55 | 機械化交易新解：技術指標進化論 | F313 | 480 |
| 56 | 技術分析精論（上） | F314 | 450 |
| 57 | 技術分析精論（下） | F315 | 450 |
| 58 | 趨勢交易 | F323 | 420 |
| 59 | 艾略特波浪理論新創見 | F332 | 420 |
| 60 | 量價關係操作要訣 | F333 | 550 |
| 61 | 精準獲利K線戰技(第二版) | F334 | 550 |
| 62 | 短線投機養成教育 | F337 | 550 |
| 63 | XQ洩天機 | F342 | 450 |
| 64 | 當沖交易大全(第二版) | F343 | 400 |
| 65 | 擊敗控盤者 | F348 | 420 |
| 66 | 圖解B-Band指標 | F351 | 480 |
| 67 | 多空操作秘笈 | F353 | 460 |
| 68 | 主控戰略型態學 | F361 | 480 |
| 69 | 買在起漲點 | F362 | 450 |
| 70 | 賣在起跌點 | F363 | 450 |
| 71 | 酒田戰法—圖解80招台股實證 | F366 | 380 |
| 72 | 跨市交易思維—墨菲市場互動分析新論 | F367 | 550 |
| 73 | 漲不停的力量—黃綠紅海撈操作法 | F368 | 480 |
| 74 | 股市放空獲利術—歐尼爾教賺全圖解 | F369 | 380 |
| 75 | 賣出的藝術—賣出時機與放空技巧 | F373 | 600 |
| 76 | 新操作生涯不是夢 | F375 | 600 |
| 77 | 新操作生涯不是夢-學習指南 | F376 | 280 |
| 78 | 亞當理論 | F377 | 250 |
| 79 | 趨向指標操作要訣 | F379 | 360 |
| 80 | 甘氏理論(第二版)型態-價格-時間 | F383 | 500 |

# 智慧投資

| 分類號 | 書名 | 書號 | 定價 |
|---|---|---|---|
| 1 | 股市大亨 | F013 | 280 |
| 2 | 新股市大亨 | F014 | 280 |
| 3 | 新金融怪傑（上） | F022 | 280 |
| 4 | 新金融怪傑（下） | F023 | 280 |
| 5 | 金融煉金術 | F032 | 600 |
| 6 | 智慧型股票投資人 | F046 | 500 |
| 7 | 瘋狂、恐慌與崩盤 | F056 | 450 |
| 8 | 股票作手回憶錄 | F062 | 450 |
| 9 | 超級強勢股 | F076 | 420 |
| 10 | 非常潛力股 | F099 | 360 |
| 11 | 約翰・奈夫談設資 | F144 | 400 |
| 12 | 與操盤贏家共舞 | F174 | 300 |
| 13 | 掌握股票群眾心理 | F184 | 350 |
| 14 | 掌握巴菲特選股絕技 | F189 | 390 |
| 15 | 高勝算操盤（上） | F196 | 320 |
| 16 | 高勝算操盤（下） | F197 | 270 |
| 17 | 透視避險基金 | F209 | 440 |
| 18 | 倪德厚夫的投機術（上） | F239 | 300 |
| 19 | 倪德厚夫的投機術（下） | F240 | 300 |
| 20 | 交易・創造自己的聖盃 | F241 | 500 |
| 21 | 圖風勢──股票交易心法 | F242 | 300 |
| 22 | 從躺椅上操作：交易心理學 | F247 | 550 |
| 23 | 華爾街傳奇：我的生存之道 | F248 | 280 |
| 24 | 金融投資理論史 | F252 | 600 |
| 25 | 華爾街一九〇一 | F264 | 300 |
| 26 | 費雪・布萊克回憶錄 | F265 | 480 |
| 27 | 歐尼爾投資的24堂課 | F268 | 300 |
| 28 | 探金實戰・李佛摩投機技巧（系列2） | F274 | 320 |
| 29 | 金融風暴求勝術 | F278 | 400 |
| 30 | 交易・創造自己的聖盃（第二版） | F282 | 600 |
| 31 | 索羅斯傳奇 | F290 | 450 |
| 32 | 華爾街怪傑巴魯克傳 | F292 | 500 |
| 33 | 交易者的101堂心理訓練課 | F294 | 500 |
| 34 | 兩岸股市大探索（上） | F301 | 450 |
| 35 | 兩岸股市大探索（下） | F302 | 350 |
| 36 | 專業投機原理 I | F303 | 480 |
| 37 | 專業投機原理 II | F304 | 400 |
| 38 | 探金實戰・李佛摩手稿解密（系列3） | F308 | 480 |
| 39 | 證券分析第六增訂版（上冊） | F316 | 700 |
| 40 | 證券分析第六增訂版（下冊） | F317 | 700 |
| 41 | 探金實戰・李佛摩資金情緒管理（系列4） | F319 | 350 |
| 42 | 期俠股義 | F321 | 380 |
| 43 | 探金實戰・李佛摩18堂課（系列5） | F325 | 250 |
| 44 | 交易贏家的21週全紀錄 | F330 | 460 |
| 45 | 量子盤感 | F339 | 480 |
| 46 | 探金實戰・作手談股市內幕（系列6） | F345 | 380 |
| 47 | 柏格頭投資指南 | F346 | 500 |
| 48 | 股票作手回憶錄-註解版（上冊） | F349 | 600 |
| 49 | 股票作手回憶錄-註解版（下冊） | F350 | 600 |
| 50 | 探金實戰・作手從錯中學習 | F354 | 380 |
| 51 | 趨勢誡律 | F355 | 420 |
| 52 | 投資悍客 | F356 | 400 |
| 53 | 王力群談股市心理學 | F358 | 420 |
| 54 | 新世紀金融怪傑（上冊） | F359 | 450 |
| 55 | 新世紀金融怪傑（下冊） | F360 | 450 |
| 56 | 金融怪傑(全新修訂版)(上冊) | F371 | 350 |
| 57 | 金融怪傑(全新修訂版)(下冊) | F372 | 350 |
| 58 | 股票作手回憶錄(完整版) | F374 | 650 |
| 59 | 超越大盤的獲利公式 | F380 | 300 |

# 共同基金

| 分類號 | 書名 | 書號 | 定價 |
|---|---|---|---|
| 1 | 柏格談共同基金 | F178 | 420 |
| 2 | 基金趨勢戰略 | F272 | 300 |
| 3 | 定期定值投資策略 | F279 | 350 |
| 4 | 理財贏家16問 | F318 | 280 |
| 5 | 共同基金必勝法則-十年典藏版（上） | F326 | 420 |
| 6 | 共同基金必勝法則-十年典藏版（下） | F327 | 380 |

## 投資策略

| 分類號 | 書名 | 書號 | 定價 |
|---|---|---|---|
| 1 | 股市心理戰 | F010 | 200 |
| 2 | 經濟指標圖解 | F025 | 300 |
| 3 | 經濟指標精論 | F069 | 420 |
| 4 | 股票作手傑西・李佛摩操盤術 | F080 | 180 |
| 5 | 投資幻象 | F089 | 320 |
| 6 | 史瓦格期貨基本分析（上） | F103 | 480 |
| 7 | 史瓦格期貨基本分析（下） | F104 | 480 |
| 8 | 操作心經：全球頂尖交易員提供的操作建議 | F139 | 360 |
| 9 | 攻守四大戰技 | F140 | 360 |
| 10 | 股票期貨操盤技巧指南 | F167 | 250 |
| 11 | 金融特殊投資策略 | F177 | 500 |
| 12 | 回歸基本面 | F180 | 450 |
| 13 | 華爾街財神 | F181 | 370 |
| 14 | 股票成交量操作戰術 | F182 | 420 |
| 15 | 股票長短線致富術 | F183 | 350 |
| 16 | 交易，簡單最好！ | F192 | 320 |
| 17 | 股價走勢圖精論 | F198 | 250 |
| 18 | 價值投資五大關鍵 | F200 | 360 |
| 19 | 計量技術操盤策略（上） | F201 | 300 |
| 20 | 計量技術操盤策略（下） | F202 | 270 |
| 21 | 震盪盤操作策略 | F205 | 490 |
| 22 | 透視避險基金 | F209 | 440 |
| 23 | 看準市場脈動投機術 | F211 | 420 |
| 24 | 巨波投資法 | F216 | 480 |
| 25 | 股海奇兵 | F219 | 350 |
| 26 | 混沌操作法 II | F220 | 450 |
| 27 | 傑西・李佛摩股市操盤術 (完整版) | F235 | 380 |
| 28 | 股市獲利倍增術 (增訂版) | F236 | 430 |
| 29 | 資產配置投資策略 | F245 | 450 |
| 30 | 智慧型資產配置 | F250 | 350 |
| 31 | SRI 社會責任投資 | F251 | 450 |
| 32 | 混沌操作法新解 | F270 | 400 |
| 33 | 在家投資致富術 | F289 | 420 |
| 34 | 看經濟大環境決定投資 | F293 | 380 |
| 35 | 高勝算交易策略 | F296 | 450 |
| 36 | 散戶升級的必修課 | F297 | 400 |
| 37 | 他們如何超越歐尼爾 | F329 | 500 |
| 38 | 交易，趨勢雲 | F335 | 380 |
| 39 | 沒人教你的基本面投資術 | F338 | 420 |
| 40 | 隨波逐流～台灣50平衡比例投資法 | F341 | 380 |
| 41 | 李佛摩操盤術詳解 | F344 | 400 |
| 42 | 用賭場思維交易就對了 | F347 | 460 |
| 43 | 企業評價與選股秘訣 | F352 | 520 |
| 44 | 超級績效—金融怪傑交易之道 | F370 | 450 |
| 45 | 你也可以成為股市天才 | F378 | 350 |
| 46 | 順勢操作-多元化管理的期貨交易策略 | F382 | 550 |
| 47 | 陷阱分析法 | F384 | 480 |

## 程式交易

| 分類號 | 書名 | 書號 | 定價 |
|---|---|---|---|
| 1 | 高勝算操盤（上） | F196 | 320 |
| 2 | 高勝算操盤（下） | F197 | 270 |
| 3 | 狙擊手操作法 | F199 | 380 |
| 4 | 計量技術操盤策略（上） | F201 | 300 |
| 5 | 計量技術操盤策略（下） | F202 | 270 |
| 6 | 《交易大師》操盤密碼 | F208 | 380 |
| 7 | TS程式交易全攻略 | F275 | 430 |
| 8 | PowerLanguage 程式交易語法大全 | F298 | 480 |
| 9 | 交易策略評估與最佳化（第二版） | F299 | 500 |
| 10 | 全民貨幣戰爭首部曲 | F307 | 450 |
| 11 | HSP計量操盤策略 | F309 | 400 |
| 12 | MultiCharts快易通 | F312 | 280 |
| 13 | 計量交易 | F322 | 380 |
| 14 | 策略大師談程式密碼 | F336 | 450 |
| 15 | 分析師關鍵報告2-張林忠教你程式交易 | F364 | 580 |

## 期　　貨

| 分類號 | 書名 | 書號 | 定價 |
|---|---|---|---|
| 1 | 股價指數期貨及選擇權 | F050 | 350 |
| 2 | 高績效期貨操作 | F141 | 580 |
| 3 | 征服日經225期貨及選擇權 | F230 | 450 |
| 4 | 期貨賽局（上） | F231 | 460 |
| 5 | 期貨賽局（下） | F232 | 520 |
| 6 | 雷達導航期股技術（期貨篇） | F267 | 420 |
| 7 | 期指格鬥法 | F295 | 350 |
| 8 | 分析師關鍵報告（期貨交易篇） | F328 | 450 |
| 9 | 期貨交易策略 | F381 | 360 |

## 選　擇　權

| 分類號 | 書名 | 書號 | 定價 |
|---|---|---|---|
| 1 | 股價指數期貨及選擇權 | F050 | 350 |
| 2 | 技術分析＆選擇權策略 | F097 | 380 |
| 3 | 認購權證操作實務 | F102 | 360 |
| 4 | 交易，選擇權 | F210 | 480 |
| 5 | 選擇權策略王 | F217 | 330 |
| 6 | 征服日經225期貨及選擇權 | F230 | 450 |
| 7 | 活用數學・交易選擇權 | F246 | 600 |
| 8 | 選擇權交易總覽（第二版） | F320 | 480 |
| 9 | 選擇權安心賺 | F340 | 420 |
| 10 | 選擇權36計 | F357 | 360 |

## 債　券　貨　幣

| 分類號 | 書名 | 書號 | 定價 |
|---|---|---|---|
| 1 | 貨幣市場＆債券市場的運算 | F101 | 520 |
| 2 | 賺遍全球：貨幣投資全攻略 | F260 | 300 |
| 3 | 外匯交易精論 | F281 | 300 |
| 4 | 外匯套利 ① | F311 | 450 |

## 財　務　教　育

| 分類號 | 書　名 | 書號 | 定價 | 分類號 | 書　名 | 書號 | 定價 |
|---|---|---|---|---|---|---|---|
| 1 | 點時成金 | F237 | 260 | 6 | 就是要好運 | F288 | 350 |
| 2 | 蘇黎士投機定律 | F280 | 250 | 7 | 黑風暗潮 | F324 | 450 |
| 3 | 投資心理學（漫畫版） | F284 | 200 | 8 | 財報編製與財報分析 | F331 | 320 |
| 4 | 歐尼爾成長型股票投資課（漫畫版） | F285 | 200 | 9 | 交易駭客任務 | F365 | 600 |
| 5 | 貴族・騙子・華爾街 | F287 | 250 | | | | |

## 財　務　工　程

| 分類號 | 書　名 | 書號 | 定價 | 分類號 | 書　名 | 書號 | 定價 |
|---|---|---|---|---|---|---|---|
| 1 | 固定收益商品 | F226 | 850 | 3 | 可轉換套利交易策略 | F238 | 520 |
| 2 | 信用性衍生性&結構性商品 | F234 | 520 | 4 | 我如何成為華爾街計量金融家 | F259 | 500 |

## 金　融　證　照

| 分類號 | 書　名 | 書號 | 定價 | 分類號 | 書　名 | 書號 | 定價 |
|---|---|---|---|---|---|---|---|
| 1 | FRM 金融風險管理（第四版） | F269 | 1500 | | | | |

國家圖書館出版品預行編目資料

圖解B-Band指標 / 董鍾祥 著； -- 初版.
-- 臺北市：寰宇, 2013.11
面； 公分. --（寰宇技術分析：351）

ISBN 978-986-6320-62-0（平裝）

1.股票投資 2.投資技術 3.投資分析

563.53 102022398

寰宇技術分析 351

# 圖解B-Band指標


| | |
|---|---|
| 作　　者 | 董鍾祥 |
| 主　　編 | 藍子軒 |
| 美術設計 | 黃雲華 |
| 發 行 人 | 江聰亮 |
| 出 版 者 | 寰宇出版股份有限公司 |
| | 臺北市仁愛路四段109號13樓 |
| | TEL: (02) 2721-8138 FAX: (02)2711-3270 |
| | E-mail: service@ipci.com.tw |
| | http://www.ipci.com.tw |
| | 劃撥帳號　1146743-9 |
| 登 記 證 | 局版台省字第3917號 |
| 定　　價 | 480元 |
| 出　　版 | 2013年11月初版一刷 |
| | 2016年 1 月初版八刷 |

ISBN 978-986-6320-62-0（平裝）